獣医事法規

渡邉剛央

信山社

はしがき

　本書の目的は，獣医師がその業務を遂行するために知る必要のある法規（いわゆる獣医事法規）の概要について解説することである。特に獣医学部（科）の学生が本書により獣医事法規について学習することを目的としている。このため本書の内容は基本的には全国大学獣医学関係代表者協議会編「獣医学教育モデル・コア・カリキュラム」に準拠したものとなっている。ただし読者の理解を深めるため【補足】という形でより詳細な説明を行っている。また読者による知識の確認の便宜のため，各章末には問題を掲載している。

　獣医師は獣医事法規に従ってその業務を遂行しなければならない。したがって獣医師にとって獣医事法規を学ぶことは不可欠である。ところが科学技術の進歩に伴う獣医療の高度化や国民の中での動物福祉意識の広まりやコロナ禍といった社会の変化などにより，獣医事法規にも変化が求められる。これにより愛玩動物看護師法の制定に見られるように獣医事法規に含まれる法規の数が増加し，しかも各法規の内容も度々改正され，複雑化してきており，獣医事法規を学習することが困難になってきている。このため本書は各法規の内容を網羅的に解説するのではなく，獣医師が知っておくべき部分を重点的に解説した。また改正刑法のように本書発行時にはまだ施行されていない法規など可能な限り最新の法規の内容を本書に盛り込んだ。それゆえ本書の内容には個々の法規については十分な解説とはいえないところがある。読者が個々の法規についてより深く学習したい場合には，主要参考文献に掲げられている文献などを用いていただきたい。

　私が2023年より勤務校において獣医事法規の授業を担当するにあたり，前任者である吉川泰弘先生から非常に多くの資料を提供していただいた。本書の執筆においてもその資料を大変参考にさせていただいた。授業における学生からの質問は本書の内容を充実させるうえで非常に参考になった。本書の出版にあたっては今井守様をはじめとする信山社出版の方々にご尽力いただいた。研究教育活動だけでなく多くの大学運営業務を抱えることにより執筆意欲が衰えたり体調を悪くしたりすることもあったが，妻真由美の深い愛情によりそれを乗り越えることができた。曲がりなりにも私が本書を執筆できるようになったの

はしがき

は亡き父母の大恩のおかげである。このように多くの人の支えにより本書は出版に至った。皆様に深く感謝申し上げる。

2025年1月

渡邉 剛央

目　次

はしがき（*iii*）
主要参考文献（*xxii*）

◆第1編　基　礎　法　学◆

第1章　基　礎　法　学 …………………………………… 3

- 1　法とは何か …………………………………… 3
  - (1) 規　範 …………………………………… 3
  - (2) 法 …………………………………… 4
- 2　法　　源 …………………………………… 5
  - (1) 意　味 …………………………………… 5
  - (2) 制度上の法源 …………………………………… 6
  - (3) 事実上の法源 …………………………………… 9
- 3　実定法の分類 …………………………………… 10
  - (1) 成文法と不文法 …………………………………… 10
  - (2) 公法と私法 …………………………………… 10
  - (3) 一般法と特別法 …………………………………… 11
  - (4) 実体法と手続法 …………………………………… 11
  - (5) 強行法規と任意法規 …………………………………… 12
- 4　3つの法的責任 …………………………………… 13
  - (1) 民事上の責任 …………………………………… 13
  - (2) 刑事上の責任 …………………………………… 13
  - (3) 行政上の責任 …………………………………… 13
- 5　刑　の　種　類 …………………………………… 18
- 6　行政法及び法律による行政の原理 …………………………………… 19
  - (1) 行政法とは何か …………………………………… 19
  - (2) 法律による行政の原理 …………………………………… 19

◆ 第2編　獣医事関連法規 ◆

第2章　獣医師法 …… 27

- 1　獣医師の任務 …… 27
  - (1) 獣医師の任務 …… 27
  - (2) 広義の飼育動物の意味 …… 28
  - (3) 名称独占 …… 28
  - (4) 業務独占 …… 28
- 2　獣医師の免許 …… 29
  - (1) 獣医師免許 …… 29
  - (2) 欠格事由 …… 31
  - (3) 獣医師名簿 …… 32
  - (4) 獣医師免許の取消し・業務停止 …… 33
  - (5) 臨床研修 …… 33
- 3　獣医師の義務 …… 34
  - (1) 無診察診断書交付等の禁止 …… 34
  - (2) 応招義務 …… 35
  - (3) 診断書等交付義務 …… 39
  - (4) 保健衛生指導義務 …… 40
  - (5) 診療簿及び検案簿の記載及び保存義務 …… 40
  - (6) 届出義務 …… 41

第3章　獣医療法 …… 45

- 1　獣医療法の目的 …… 45
- 2　診療施設 …… 45
  - (1) 開設の届出義務 …… 45
  - (2) 診療施設の構造設備の基準適合義務 …… 46
  - (3) 獣医師による診療施設管理義務 …… 47

(4) 診療施設の使用制限命令等 …………………………… 48
　(5) 報告の徴収及び立入検査 ……………………………… 48
 3　獣医療提供体制の整備 …………………………………… 48
　(1) 獣医療提供体制整備のための基本方針 ……………… 48
　(2) 獣医療提供体制整備計画 ……………………………… 48
 4　広告の制限 ………………………………………………… 49
　(1) 広告の制限 ……………………………………………… 49
　(2) 広告制限の特例 ………………………………………… 50
　(3) 広告方法等の制限 ……………………………………… 59
　(4) 広告の定義 ……………………………………………… 60

第 4 章　愛玩動物看護師法 ……………………………………… 65

 1　目　的 ……………………………………………………… 65
 2　定　義 ……………………………………………………… 65
　(1) 愛 玩 動 物 ……………………………………………… 65
　(2) 愛玩動物看護師 ………………………………………… 66
 3　免　許 ……………………………………………………… 66
　(1) 免　許 …………………………………………………… 66
　(2) 欠 格 事 由 ……………………………………………… 66
　(3) 愛玩動物看護師名簿 …………………………………… 67
　(4) 登録及び免許証の交付 ………………………………… 67
　(5) 意見の聴取 ……………………………………………… 67
　(6) 愛玩動物看護師名簿の訂正 …………………………… 67
　(7) 免許の取消し等 ………………………………………… 68
　(8) 登録の消除 ……………………………………………… 68
　(9) 指定登録機関の指定 …………………………………… 68
 4　試　験 ……………………………………………………… 68
　(1) 試験の実施 ……………………………………………… 68
　(2) 受 験 資 格 ……………………………………………… 69
　(3) 試験の無効等 …………………………………………… 69

(4) 受験手数料 …………………………………… 69
　　(5) 指定試験機関の指定 ………………………… 70
　5　業　務　等 …………………………………………… 70
　　(1) 業　　務 ……………………………………… 70
　　(2) 獣医師との連携 ……………………………… 71
　　(3) 名称の使用制限 ……………………………… 71

◆ 第3編　家畜衛生関連法規 ◆

第5章　家畜伝染病予防法 …………………………… 77

　1　目　　的 ……………………………………………… 77
　2　各種伝染病 …………………………………………… 78
　　(1) 家畜伝染病（法定伝染病） ………………… 78
　　(2) 患畜及び疑似患畜 …………………………… 79
　　(3) 特定家畜伝染病 ……………………………… 79
　　(4) 届出伝染病 …………………………………… 81
　　(5) 監視伝染病 …………………………………… 81
　3　家畜の伝染性疾病の発生の予防 …………………… 81
　　(1) 届出伝染病の届出義務 ……………………… 81
　　(2) 新疾病についての届出義務 ………………… 82
　　(3) 監視伝染病に対する検査 …………………… 82
　　(4) 各種予防措置 ………………………………… 82
　　(5) 飼養衛生管理基準 …………………………… 83
　4　家畜の伝染性疾病のまん延の防止 ………………… 84
　　(1) 患畜等の届出義務 …………………………… 84
　　(2) 農林水産大臣の指定する症状を呈している家畜の届出義務 …… 84
　　(3) 隔　離　義　務 ……………………………… 85
　　(4) 通行制限又は遮断 …………………………… 85
　　(5) と　殺　義　務 ……………………………… 85

⑹ 患畜等の殺処分	86
⑺ 患畜等以外の家畜の殺処分	86
⑻ 死体の焼却等の義務	87
⑼ 汚染物品の焼却等の義務	88
⑽ 畜舎等の消毒義務	88
⑾ 病原体に触れた者の消毒義務	89
⑿ 家畜等の移動の制限	89
⒀ 家畜集合施設の開催等の制限	90
⒁ 放牧等の制限	90
5　輸出入検疫等	90
⑴ 輸 入 禁 止	90
⑵ 輸入のための検査証明書の添付	92
⑶ 輸入場所の制限	93
⑷ 動物の輸入に関する届出等	93
⑸ 輸 入 検 査	94
⑹ 輸入検疫証明書の交付等	95
⑺ 輸 出 検 査	95
6　病原体の所持に関する措置	96
⑴ 家畜伝染病病原体の所持の許可（46条の5）	96
⑵ 許可の基準	98
⑶ 家畜伝染病病原体の譲渡し及び譲受けの制限	98
⑷ 滅 菌 等	98
⑸ 家畜伝染病発生予防規程の作成等	99
⑹ 病原体取扱主任者の選任等	99
⑺ 教 育 訓 練	100
⑻ 記 帳 義 務	100
⑼ 施設の基準等	100
⑽ 保管等の基準等	100
⑾ 災害時の応急措置	101
⑿ 届出伝染病等病原体の所持の届出	101
⒀ 家畜伝染病病原体の所持に関する規定の届出伝染病等病原体の所持への準用	103

目　次

　　7　家畜防疫官及び家畜防疫員 …………………………………… 103
　　　(1) 家畜防疫官 ……………………………………………………… 103
　　　(2) 家畜防疫員 ……………………………………………………… 104

第6章　その他の家畜衛生関連法規 …………………………………… 107
　1　牛海綿状脳症対策特別措置法 ………………………………… 107
　2　牛の個体識別のための情報の管理及び伝達に関する
　　　特別措置法 ………………………………………………………… 108
　3　家畜保健衛生所法 ……………………………………………… 109
　4　農業保険法 ……………………………………………………… 109
　5　国際獣疫事務局 ………………………………………………… 111
　　　(1) 沿　革 …………………………………………………………… 111
　　　(2) 目　的 …………………………………………………………… 111

◆第4編　医薬品及び畜産資材の安全確保に関連する法規◆

第7章　医薬品，医療機器等の品質，有効性及び安全性の確保等に関する法律（薬機法）……………………… 117
　1　法の目的 ………………………………………………………… 118
　2　法文の読み替え ………………………………………………… 119
　3　用語の定義 ……………………………………………………… 119
　　　(1) 医薬品（この項は法文の読み替えなし）…………………… 119
　　　(2) 医薬部外品（この項は法文の読み替えなし）……………… 120
　　　(3) 化粧品（この項は法文の読み替えなし）…………………… 120
　　　(4) 医療機器（この項は法文の読み替えなし）………………… 120
　　　(5) 動物用高度管理医療機器 …………………………………… 121
　　　(6) 動物用管理医療機器 ………………………………………… 121
　　　(7) 動物用一般医療機器 ………………………………………… 121
　　　(8) 再生医療等製品（この項は法文の読み替えなし）………… 121

(9) 生物由来製品（この項は法文の読み替えなし）…………………… *122*
　(10) 特定生物由来製品（この項は法文の読み替えなし）………… *122*
　(11) 体外診断用医薬品（この項は法文の読み替えなし）………… *122*
4　薬　　局……………………………………………………………………… *122*
　(1) 定　　義……………………………………………………………… *122*
　(2) 開　　設……………………………………………………………… *122*
　(3) 許可基準（この項は法文の読み替えなし）……………………… *123*
　(4) 名称使用の制限……………………………………………………… *124*
　(5) 管　　理……………………………………………………………… *124*
5　動物用医薬品及び動物用医薬部外品の製造販売業及び製造業
　………………………………………………………………………………… *124*
　(1) 製造販売業の許可…………………………………………………… *124*
　(2) 製造業の許可………………………………………………………… *126*
　(3) 製造販売の承認……………………………………………………… *126*
　(4) 動物用医薬品等の基準……………………………………………… *132*
　(5) 動物用医薬品等の検定……………………………………………… *132*
6　動物用医療機器及び動物用体外診断用医薬品の製造販売……… *133*
　(1) 製造販売業の許可…………………………………………………… *133*
　(2) 製造業の登録………………………………………………………… *133*
　(3) 製造販売の承認・認証・届出……………………………………… *134*
7　動物用再生医療等製品の製造販売………………………………… *136*
　(1) 製造販売業の許可…………………………………………………… *136*
　(2) 製造業の許可………………………………………………………… *136*
　(3) 製造販売の承認……………………………………………………… *136*
8　動物用医薬品の販売………………………………………………… *137*
　(1) 動物用医薬品の販売業の許可……………………………………… *137*
　(2) 動物用医薬品の販売業の許可の種類……………………………… *137*
　(3) 指定医薬品…………………………………………………………… *137*
　(4) 登録販売者…………………………………………………………… *138*
　(5) 要指示医薬品………………………………………………………… *138*
　(6) 店舗販売業の許可…………………………………………………… *139*
　(7) 配置販売業の許可…………………………………………………… *141*

(8) 卸売販売業の許可 ……………………………………………… *141*
　9　毒薬及び劇薬並びに指定薬物 …………………………………… *141*
　　(1) 毒薬及び劇薬 …………………………………………………… *141*
　　(2) 指 定 薬 物 …………………………………………………… *142*
　10　動物用医薬品に関する特則 ……………………………………… *143*
　　(1) 動物用医薬品及び動物用再生医療等製品の製造禁止 ……… *143*
　　(2) 動物用医薬品の使用の規制 …………………………………… *144*
　11　副作用等の報告義務 ……………………………………………… *146*
　12　広告規制（この項は法文の読み替えなし）…………………… *146*

第8章　その他の医薬品及び畜産資材の安全確保に関連する法規 …………………………………………………… *151*

　1　麻薬及び向精神薬取締法 ………………………………………… *151*
　　(1) 目　的 …………………………………………………………… *151*
　　(2) 麻薬取扱者等 …………………………………………………… *152*
　　(3) 麻薬に関する取締り …………………………………………… *153*
　　(4) 向精神薬に関する取締り ……………………………………… *156*
　2　覚醒剤取締法 ……………………………………………………… *157*
　　(1) 目　的 …………………………………………………………… *157*
　　(2) 定　義 …………………………………………………………… *157*
　　(3) 覚醒剤施用機関又は覚醒剤研究者の指定 …………………… *158*
　　(4) 覚醒剤所持の原則禁止 ………………………………………… *159*
　　(5) 覚醒剤原料取扱者の指定 ……………………………………… *159*
　　(6) 覚醒剤原料所持の原則禁止 …………………………………… *159*
　　(7) 覚醒剤原料譲渡及び譲受の原則禁止 ………………………… *160*
　　(8) 覚醒剤原料使用の原則禁止 …………………………………… *160*
　　(9) 覚醒剤原料の保管 ……………………………………………… *161*
　　(10) 帳簿具備・記載義務保管義務 ………………………………… *161*
　3　毒物及び劇物取締法 ……………………………………………… *161*
　　(1) 目　的 …………………………………………………………… *161*

(2) 定　義………………………………………………………… *162*
　　(3) 販売等の禁止………………………………………………… *162*
　　(4) 営 業 登 録…………………………………………………… *162*
　　(5) 毒物又は劇物の取扱………………………………………… *162*
　　(6) 表　示………………………………………………………… *163*
　　(7) 事故の際の措置……………………………………………… *164*
　　(8) 立入検査等…………………………………………………… *164*
　4　飼料の安全性の確保及び品質の改善に関する法律
　　　（飼料安全法）……………………………………………………… *164*
　　(1) 目　的………………………………………………………… *164*
　　(2) 定　義………………………………………………………… *164*
　　(3) 飼料の製造等に関する規制………………………………… *165*
　5　愛がん動物用飼料の安全性の確保に関する法律
　　　（ペットフード安全法）…………………………………………… *166*
　　(1) 成 立 背 景…………………………………………………… *166*
　　(2) 目　的………………………………………………………… *167*
　　(3) 定　義………………………………………………………… *167*
　　(4) 事業者及び国の責務………………………………………… *167*
　　(5) 愛がん動物用飼料の製造等に関する規制………………… *168*
　　(6) 輸出用愛がん動物用飼料に関する特例…………………… *171*
　　(7) 愛玩動物用飼料の成分規格等に関する省令の概要……… *171*

◆　第５編　食品の安全性確保に関する法規　◆

第９章　食品安全基本法 ……………………………………… *179*

　1　沿　革…………………………………………………………… *179*
　2　目　的…………………………………………………………… *181*
　3　定　義…………………………………………………………… *181*
　4　基 本 理 念……………………………………………………… *181*
　5　各関係者の責務及び役割……………………………………… *181*

目　次

　　(1) 国 ……………………………………………………………… *181*
　　(2) 地方公共団体 ………………………………………………… *182*
　　(3) 食品関連事業者 ……………………………………………… *182*
　　(4) 消 費 者 ……………………………………………………… *182*
　6　施策の策定に係る基本的な方針 ………………………………… *182*
　7　食品安全委員会 …………………………………………………… *183*

第10章　食品衛生法 …………………………………………………… *187*

　1　目　　的 …………………………………………………………… *187*
　2　各関係者の責務 …………………………………………………… *188*
　　(1) 国等の責務 …………………………………………………… *188*
　　(2) 食品等事業者の責務 ………………………………………… *188*
　3　定　　義 …………………………………………………………… *189*
　　(1) 食　　品 ……………………………………………………… *189*
　　(2) 添 加 物 ……………………………………………………… *190*
　　(3) 天 然 香 料 …………………………………………………… *190*
　　(4) 器　　具 ……………………………………………………… *190*
　　(5) 容 器 包 装 …………………………………………………… *190*
　　(6) 食 品 衛 生 …………………………………………………… *190*
　　(7) 営　　業 ……………………………………………………… *190*
　4　食品及び添加物 …………………………………………………… *191*
　　(1) 清潔及び衛生義務 …………………………………………… *191*
　　(2) 不衛生食品等の販売等の禁止 ……………………………… *191*
　　(3) 厚生労働大臣による食品の販売禁止 ……………………… *192*
　　(4) 指定成分等含有食品による健康被害の届出義務 ………… *193*
　　(5) 特定国・地域の食品等の販売禁止 ………………………… *194*
　　(6) 疾病に罹患した獣畜の肉等の販売等の禁止 ……………… *195*
　　(7) 食品衛生上の危害の発生を防止するために特に重要な工程を
　　　　管理するための措置が講じられた食品等以外の輸入禁止 …… *197*
　　(8) 添加物の販売等の禁止 ……………………………………… *198*
　　(9) 食品又は添加物の基準及び規格の策定 …………………… *198*

xiv

⑽　一般的衛生管理基準及び重要工程管理基準 …………………… *200*
　5　器具及び包装容器 ……………………………………………………… *204*
　6　表示及び広告 …………………………………………………………… *205*
　7　輸入届出 ………………………………………………………………… *205*
　8　食品衛生管理者 ………………………………………………………… *206*
　9　食品衛生監視員 ………………………………………………………… *207*
　　⑴　任命及び職務 ……………………………………………………… *207*
　　⑵　資　　格 …………………………………………………………… *207*

第11章　その他の食品の安全性確保に関する法規 ………… *211*

　1　と畜場法 ………………………………………………………………… *211*
　　⑴　目　　的 …………………………………………………………… *211*
　　⑵　責　　務 …………………………………………………………… *211*
　　⑶　定　　義 …………………………………………………………… *211*
　　⑷　と畜場設置許可 …………………………………………………… *212*
　　⑸　と畜場の衛生管理 ………………………………………………… *212*
　　⑹　と畜業者等による衛生措置 ……………………………………… *213*
　　⑺　と畜場の使用拒否等の制限 ……………………………………… *214*
　　⑻　獣畜のとさつ又は解体 …………………………………………… *214*
　　⑼　と畜検査 …………………………………………………………… *215*
　　⑽　譲受けの禁止 ……………………………………………………… *217*
　　⑾　とさつ解体の禁止等 ……………………………………………… *217*
　　⑿　報告の徴収等 ……………………………………………………… *218*
　　⒀　と畜検査員 ………………………………………………………… *218*
　2　食鳥処理の事業の規制及び食鳥検査に関する法律
　　　（食鳥検査法） ………………………………………………………… *218*
　　⑴　目　　的 …………………………………………………………… *218*
　　⑵　国等の責務 ………………………………………………………… *218*
　　⑶　定　　義 …………………………………………………………… *219*
　　⑷　食鳥処理事業の許可 ……………………………………………… *219*
　　⑸　食鳥処理業者の遵守事項 ………………………………………… *219*

(6) 食鳥検査等 ……………………………………………………………… 221

◆ 第6編　感染症予防関連法規 ◆

第12章　感染症の予防及び感染症の患者に対する医療に関する法律（感染症法） …………… 229

　1　前文，目的及び基本理念 …………………………………………… 229
　　(1) 前　文 ……………………………………………………………… 229
　　(2) 目　的 ……………………………………………………………… 230
　　(3) 基本理念 …………………………………………………………… 230
　2　立場ごとの責務 ……………………………………………………… 230
　　(1) 国及び地方公共団体の責務 ……………………………………… 230
　　(2) 国民の責務 ………………………………………………………… 231
　　(3) 医師等の責務 ……………………………………………………… 231
　　(4) 獣医師等の責務 …………………………………………………… 232
　3　感染症の定義及び分類 ……………………………………………… 232
　　(1) 感染症の定義 ……………………………………………………… 232
　　(2) 感染症 ……………………………………………………………… 232
　4　感染症対策 …………………………………………………………… 236
　　(1) 獣医師の届出義務 ………………………………………………… 236
　　(2) 発生状況の調査等 ………………………………………………… 236
　　(3) 消毒その他の措置 ………………………………………………… 238
　5　動物の輸入に関する措置 …………………………………………… 238
　　(1) 指定動物の輸入禁止 ……………………………………………… 238
　　(2) 輸入検疫 …………………………………………………………… 239
　　(3) 輸入届出 …………………………………………………………… 240
　6　特定病原体等に関する規制 ………………………………………… 242
　　(1) 定義及び分類 ……………………………………………………… 242
　　(2) 所持等に関する規制 ……………………………………………… 246

(3) 所持者等の義務 …………………………………………………………… 247

第13章　狂犬病予防法 ……………………………………………………… 253

　1　目　的 ……………………………………………………………………… 253
　2　適用範囲 …………………………………………………………………… 253
　3　通常措置 …………………………………………………………………… 254
　　(1) 登　録 …………………………………………………………………… 254
　　(2) 予防注射 ………………………………………………………………… 255
　　(3) 抑　留 …………………………………………………………………… 256
　　(4) 輸出入検疫 ……………………………………………………………… 256
　4　狂犬病発生時の措置 ……………………………………………………… 257
　　(1) 所有者及び獣医師の義務 ……………………………………………… 257
　　(2) 都道府県知事による措置 ……………………………………………… 258
　5　狂犬病予防員 ……………………………………………………………… 260
　　(1) 任　命 …………………………………………………………………… 260
　　(2) 職　務 …………………………………………………………………… 260
　　(3) 公務員等の協力義務 …………………………………………………… 260

◆　第7編　動物の愛護・管理・保護に関連する法規　◆

第14章　動物の愛護及び管理に関する法律
　　　　　（動物愛護管理法） …………………………………………………… 267

　1　目的及び基本原則 ………………………………………………………… 268
　　(1) 目　的 …………………………………………………………………… 268
　　(2) 基本原則 ………………………………………………………………… 268
　2　普及啓発 …………………………………………………………………… 268
　3　基本指針等 ………………………………………………………………… 269
　　(1) 国 ………………………………………………………………………… 269

目　次

　　(2) 都 道 府 県 ………………………………………………………… *269*
　4　動物の所有者及び占有者の責務 …………………………………… *270*
　　(1) 動物の健康安全保持努力義務及び人の生命身体等
　　　　侵害防止等努力義務 ……………………………………………… *270*
　　(2) 動物起因感染性疾病予防努力義務 …………………………… *270*
　　(3) 動物逸走防止努力義務 ………………………………………… *270*
　　(4) 終生飼養努力義務 ……………………………………………… *270*
　　(5) 繁殖適切措置努力義務 ………………………………………… *270*
　　(6) 所有者明示努力義務 …………………………………………… *270*
　5　環境大臣による基準策定 …………………………………………… *271*
　6　動物販売業者の責務 ………………………………………………… *271*
　7　地方公共団体の措置 ………………………………………………… *271*
　8　動物取扱業者に対する規制 ………………………………………… *272*
　　(1) 動物取扱業の分類 ……………………………………………… *272*
　　(2) 第1種動物取扱業者に対する規制 …………………………… *273*
　　(3) 犬猫等販売業者に対する上乗せ規制 ………………………… *280*
　　(4) 第2種動物取扱業者に対する規制 …………………………… *281*
　9　周辺の生活環境の保全等に係る措置 ……………………………… *283*
　10　動物による人の生命等に対する侵害を防止するための措置 …… *284*
　　(1) 特定動物の飼養及び保管の禁止 ……………………………… *284*
　　(2) 特定動物の飼養又は保管の許可 ……………………………… *286*
　　(3) 特定動物の飼養又は保管の方法 ……………………………… *286*
　　(4) 特定動物飼養者に対する措置命令等 ………………………… *287*
　　(5) 報告及び検査 …………………………………………………… *287*
　11　犬及び猫の引取り …………………………………………………… *287*
　　(1) 都道府県等の犬及び猫の引取り義務 ………………………… *287*
　　(2) 負傷動物等の発見者の通報措置 ……………………………… *289*
　　(3) 犬及び猫の繁殖制限 …………………………………………… *289*
　12　動物愛護管理センター等 …………………………………………… *290*
　　(1) 動物愛護管理センター ………………………………………… *290*
　　(2) 動物愛護管理担当職員 ………………………………………… *290*
　　(3) 動物愛護推進員 ………………………………………………… *291*

(4) 協　議　会 ··· *291*
　13　犬及び猫の登録 ··· *291*
　　　(1) マイクロチップの装着 ··· *291*
　　　(2) マイクロチップ装着証明書 ·· *292*
　　　(3) 取外しの禁止 ··· *292*
　　　(4) 登　録　等 ·· *293*
　　　(5) 変　更　登　録 ··· *294*
　　　(6) 狂犬病予防法の特例 ··· *294*
　　　(7) 死亡等の届出 ··· *295*
　14　その他の動物愛護に関する規則 ·· *295*
　　　(1) 動物を殺す場合の方法 ·· *295*
　　　(2) 動物を科学上の利用に供する場合の方法及び事後措置等 ······ *295*
　　　(3) 獣医師による通報 ··· *296*
　　　(4) 愛護動物の虐待の禁止 ·· *296*

第15章　その他の動物の愛護・管理・保護に関連する法規 ··········· *301*

　1　鳥獣の保護及び管理並びに狩猟の適正化に関する法律
　　　（鳥獣保護法） ··· *301*
　　　(1) 目　　的 ··· *301*
　　　(2) 定　　義 ··· *302*
　　　(3) 鳥獣の捕獲等又は鳥類の卵の採取等の規制 ······················· *303*
　　　(4) 鳥獣の飼養，販売等の規制 ·· *305*
　　　(5) 鳥獣保護区 ·· *308*
　　　(6) 狩猟の適正化 ··· *308*
　2　絶滅のおそれのある野生動植物の種の保存に関する法律
　　　（種の保存法） ··· *309*
　　　(1) 目　　的 ··· *309*
　　　(2) 絶滅のおそれ ··· *309*
　　　(3) 希少野生動植物種の分類 ··· *310*
　　　(4) 希少野生動植物種に関する規制 ····································· *311*

xix

(5) 認定保護増殖事業等 …………………………………………… *314*
　3　絶滅のおそれのある野生動植物の種の国際取引に関する条約
　　（ワシントン条約） ………………………………………………… *314*
　　(1) 目　　的 ……………………………………………………………… *314*
　　(2) 取引の規制 …………………………………………………………… *314*
　4　特に水鳥の生息地として国際的に重要な湿地に関する条約
　　（ラムサール条約） ………………………………………………… *316*
　　(1) 目　　的 ……………………………………………………………… *316*
　　(2) 湿　　地 ……………………………………………………………… *316*
　　(3) 水　　鳥 ……………………………………………………………… *316*
　　(4) 湿地の登録 …………………………………………………………… *316*
　　(5) 湿地の保全 …………………………………………………………… *316*

◆ 第8編　その他の獣医事関連法規 ◆

第16章　その他の獣医事関連法規 …………………………… *323*
　1　身体障害者補助犬法 ………………………………………………… *324*
　　(1) 身体障害者補助犬の歴史 …………………………………………… *324*
　　(2) 目　　的 ……………………………………………………………… *324*
　　(3) 定　　義 ……………………………………………………………… *325*
　　(4) 身体障害者補助犬の訓練 …………………………………………… *326*
　　(5) 身体障害者補助犬の使用に係る適格性 …………………………… *328*
　　(6) 施設等における身体障害者補助犬の同伴等 ……………………… *328*
　　(7) 身体障害者補助犬を同伴する身体障害者の義務 ………………… *330*
　　(8) 身体障害者補助犬に関する認定等 ………………………………… *332*
　　(9) 身体障害者補助犬の衛生の確保等 ………………………………… *333*
　　(10) 獣医師と身体障害者補助犬との関係 ……………………………… *334*
　2　水産資源保護法 ……………………………………………………… *334*
　　(1) 目　　的 ……………………………………………………………… *334*
　　(2) 水産資源の保護培養 ………………………………………………… *335*

(3) 水産動物の輸入防疫……………………………………………… *335*
3　廃棄物の処理及び清掃に関する法律（廃棄物処理法）………… *339*
　(1) 目　的……………………………………………………………… *339*
　(2) 定　義……………………………………………………………… *339*
　(3) 廃棄物の処理…………………………………………………… *340*
4　特定外来生物による生態系等に係る被害の防止に関する法律
　　（特定外来生物法）……………………………………………… *343*
　(1) 目　的……………………………………………………………… *343*
　(2) 定　義……………………………………………………………… *344*
　(3) 各関係者の責務………………………………………………… *345*
　(4) 特定外来生物の取扱いに関する規制………………………… *346*
　(5) 特定外来生物の防除…………………………………………… *348*
　(6) 輸入品等の検査等……………………………………………… *352*
　(7) 要緊急対処特定外来生物……………………………………… *353*
5　生物の多様性に関する条約のバイオセーフティに関する
　　カルタヘナ議定書（カルタヘナ議定書）及び遺伝子組換え
　　生物等の使用等の規制による生物の多様性の確保に関する
　　法律（カルタヘナ法）…………………………………………… *355*
　(1) カルタヘナ議定書……………………………………………… *355*
　(2) カルタヘナ法…………………………………………………… *355*

索　引　(359)

主要参考文献

本書の執筆にあたっては，多くの著書及び論文等を参照させていただいた。以下に主要な参考文献を挙げる。

池本卯典，吉川泰弘，伊藤信彦監修『獣医事法規』（緑書房　2013年）
池本卯典『獣医事法学　改訂新版』（チクサン出版社　1995年）
一般社団法人日本動物保健看護系大学協会カリキュラム委員会編『公衆衛生学　動物看護関連法規　動物愛護・適正飼養関連法規（愛玩動物看護師カリキュラム準拠教科書第5巻）』（EDUWARD Press　2022年）
伊藤正己，加藤一郎編『現代法学入門〔第4版〕』（有斐閣　2005年）
田中英夫編著『実定法学入門〔第3版〕』（東京大学出版会　1974年）
山田晟『法学〔新版〕』（東京大学出版会　1964年）
潮見佳男『プラクティス民法　債権総論〔第5版補訂〕』（信山社　2023年）
能見善久・加藤新太郎編『論点体系　判例民法〔第3版〕1-11』（第一法規　2019年）
宇賀克也『行政法概説Ⅰ　行政法総論〔第8版〕』（有斐閣　2023年）
橋本博之『現代行政法』（岩波書店　2017年）
獣医事研究会編『獣医師法・獣医療法の解説』（地球社　1993年）
家畜伝染病予防法研究会編著『改訂　逐条解説　家畜伝染病予防法』（大成出版社　2022年）
農林水産省消費・安全局動物衛生課監修『家畜伝染病予防法関係法規集（平成29年版）』（文永堂出版　2017年）
薬事法規研究会編『逐条解説　医薬品医療機器法〔改訂版〕』（ぎょうせい　2023年）
毒劇物安全性研究会編『毒物及び劇物取締法解説〔第47版〕』（薬務公報社　2024年）
ペットフード安全法研究会編著『ペットフード安全法の解説』（大成出版社　2009年）
食品安全基本政策研究会編著『逐条解説　食品安全基本法解説』（大成出版社　2005年）
公益社団法人日本食品衛生協会『新訂　早わかり食品衛生法　食品衛生法逐条解説〔第7版補訂版〕』（公益社団法人日本食品衛生協会　2022年）
中央法規出版編集部『改正　感染症法ガイドブック　改正のポイント＆施行日別条文』（中央法規　2023年）
東京弁護士会公害・環境特別委員会編『動物愛護法入門　人と動物の共生する社会の実現へ〔第2版〕』（民事法研究会　2020年）
有馬もと『身体障害者補助犬法を知っていますか』（大月書店　2003年）
廃棄物処理法編集委員会編著『令和2年版　廃棄物処理法の解説』（日本環境衛生センター　2020年）

第1編

基礎法学

◆第1章◆
基礎法学

―《本章の内容》―
1．法とは何か
2．法源
3．実定法の分類
4．3つの法的責任
5．刑の種類
6．行政法及び法律による行政の原理

―《本章の目標》―
1．法とは何かについて説明できる。
2．法源の各分類の意味について説明できる。
3．実定法の各分類の意味について説明できる。
4．民事上の責任・刑事上の責任・行政上の責任の意味について説明できる。
5．刑の種類について説明できる。
6．法律による行政の原理の内容について説明できる。

◆ 1　法とは何か
(1) 規　範

　法は，規範の一種である。
　規範とは，社会における行動の準則のことをいう。規範の目的は社会を成り立たせることである。
　人間は，一人ではなく多くの人と一緒になって生活している。社会とは，簡単にいえばそうした多くの人の集まりである。
　たとえば，大学は学生や教員，職員といった多くの人が一緒になって生活し

ている。したがって大学は社会といえる。同じように会社や市町村，都道府県，国家なども，多くの人が一緒になって生活しているので社会である。

こうした社会において一人一人が好き勝手に行動していては，社会が成り立たない。たとえば大学において，教員がある日には8時から授業を始め，別の日には10時から授業を始めるというように，好き勝手に授業を行ったのでは，学生はきちんと授業を受けることができない。したがって1時限目の授業は9時から始まるというような規範を定める必要がある。

このように規範は社会を成り立たせるために存在するのであり，規範なしに社会は成り立たない。このため社会には必ず規範がある。

たとえば学校という社会には校則という規範があり，会社という社会には就業規則という規範がある。そして国家という社会には法という規範がある。

(2) 法

法とは，国家における規範のうち，国家権力によって強制されるものをいう。

法は国家という社会における規範である。しかし，国家という社会には，法以外の規範が存在する。そのなかでも特に重要なのが，道徳である。道徳も，国家という社会における規範である。

たとえば電車の中では携帯電話で通話してはいけないという規範は，日本という国家全体に適用されている規範である。では，電車の中では携帯電話で通話してはいけないという規範は法であろうか。別の規範と比較して考えてみよう。

たとえば他人の物を盗んではいけないという規範は，日本という国家全体に適用されている規範である。では，他人の物を盗んではいけないという規範は法であろうか。

電車の中では携帯電話で通話してはいけないという規範と，他人の物を盗んではいけないという規範との間には，どういう違いがあるのかを考えてみてほしい。

様々な違いがあるが一番大きな違いは，違反した場合に国家権力による制裁を受けるかどうかという点である。たとえば，ある人が，電車の中では携帯電話で通話してはいけないという規範に反して電車の中で通話しても，その人は国家権力による制裁を受けない。しかし，ある人が，他人の物を盗んではいけないという規範に反して他人の物を盗んだら，その人は国家権力による制裁を

受ける。つまり，電車の中では携帯電話で通話してはいけないという規範は，国家権力によって強制されないが，他人の物を盗んではいけないという規範は，国家権力によって強制される。

このように規範のなかには，国家権力によって強制されるものと，強制されないものとがある。そして**国家権力によって強制される規範を法，強制されない規範を道徳**という。つまり法とは，国家における規範のうち，国家権力によって強制されるもののことをいう。

◆ 2 法　源
(1) 意　味
法源とは，裁判官が裁判において判決を下す際にその判断基準とするものをいう。

① 制度上の法源

制度上の法源とは，裁判官が制度上必ず従わなければならない法源のことをいう。たとえば裁判官は，民法を適用すべき場面では必ず民法に従って判決を下さなければならない。したがって民法は制度上の法源である。

制度上の法源には，制定法と慣習法とがある。

② 事実上の法源

事実上の法源とは，裁判官が事実上従っている法源のことをいう。

たとえば何人も，その承諾なしに，みだりにその容貌等を撮影されない自由（いわゆる肖像権）を有するという規範は，憲法上明記されていない。しかし最高裁判所は，何人も，その承諾なしに，みだりにその容貌等を撮影されない自由を有するという規範が存在することを認める判決を下し（最高裁判所大法廷判決昭和44年12月24日最高裁判所刑事判例集23巻12号1625頁），その後の類似の事件において裁判官はこの最高裁判所の判決に従って判決を下している。

裁判官は制度上過去に下された判決に従って判決を下すことを義務付けられていない。法律では上級審の裁判所の裁判のおける判断は，その事件について下級審の裁判所を拘束すると定められている（裁判所法4条）。このため上級審の裁判所の裁判における判断は，その事件以外の事件については下級審の裁判所を拘束しないことになるからである。ところが多くの場合に裁判官は過去に下された判決に従って判決を下している。同じような事件なのに，判決の内容が異なることは不公平となるからである。また裁判官が上級審の判決と異なる

判決を下しても，この判決は上級審において覆る可能性が高いからである。この判決のように裁判官が制度上従うことは義務付けられていないが事実上従っている法源が存在する。

事実上の法源に含まれるものとして，判例，学説，条理がある。

(2) 制度上の法源

① 制 定 法

制定法とは，国または地方公共団体が一定の手続に従って制定した文書の形式で存在する法をいう。

たとえば獣医師法は，憲法において定められた手続に従って国会において制定され，天皇により公布されており，文書の形式で存在するので，制定法である。

制定法には，憲法，条約，法律，命令，条例がある。また，特殊な制定法として，最高裁判所並びに衆議院及び参議院が定める規則というものがある。

(a) **憲　法**

憲法とは，国家のあり方を定めた国家の基本法のことをいう（固有の意味の憲法）。

国家を成り立たせるためには，国民をまとめるための権力と，その権力を行使するための機関が必要となる。この権力をどの機関がどのようにして行使するのかという国家権力の行使方法ついて定めた法のことを，憲法という。国家を成り立たせる最も基本的な法である。

(b) **条　約**

条約とは，国家間における文書による法的な合意のことをいう。

たとえば絶滅のおそれのある野生動植物の種の国際取引に関する条約（ワシントン条約）は，絶滅のおそれのある野生動植物の国際取引を規制することを約束した，日本を含めた多数の国家間における文書による法的な合意であるので，条約である。「条約」という名称がついたものだけを条約というわけではなく，国家間における文書による法的な合意は，すべて条約に含まれる。たとえば，国際連合「憲章」も国家間における文書による法的な合意であるので，条約である。

(c) **法　律**

法律とは，国会が制定した法のことをいう。

たとえば獣医師法は国会が制定した法であるので，法律である。こうした国

会が制定した法のことを法律という。国会は国の唯一の立法機関であるため（憲法41条），国会が定めた法である法律が，制定法の中心となる。

(d) 命　令

命令とは，行政機関が制定した法のことをいう。

内閣や大臣といった行政機関が法を制定することがある（憲法73条6号）。この行政機関が制定した法のことを命令という。このうち**内閣が制定する命令を政令，大臣が制定する命令を省令**，人事院のように内閣から独立して職務を遂行する**独立行政委員会が制定する命令を規則**，という。たとえば動物の愛護及び管理に関する法律施行令は，内閣が定めた命令であるので政令である。これに対して動物の愛護及び管理に関する法律施行規則は，環境大臣が定めた命令であるので省令である。なお政令については「施行令」，省令については「施行規則」という名称を用いるのが通例である。

行政機関は法律を執行するための命令である執行命令と法律の委任に基づく命令である委任命令を制定することができる（憲法73条6号）。高度に専門化した社会において，国会がすべての法規を制定することは困難であるため，行政に対して立法を委任することが認められている。実際獣医事分野における立法には専門知識を必要とする場合が多いため，多くの委任命令が制定されている。ただし委任命令に関して行政機関に対する一般的・白紙的委任を認めてしまうと，国会が唯一の立法機関（憲法41条）であることの意味が失われてしまうので，個別的且つ具体的委任が必要である。また国会が関与しない命令である独立命令を制定することも，国会が唯一の立法機関であることに反するのでできない。

(e) 条　例

条例とは，地方公共団体が制定した法のことをいう。

都道府県や市町村のことを，地方公共団体という。地方公共団体は，その地方のことについて自主的に決定することができる。これを地方自治という。この地方自治を実現するため，地方公共団体は，その地方独自の規範を定めることができる（憲法94条）。この地方公共団体が定めた，地方独自の規範のことを条例という。

(f) **制定法間の効力関係**

制定法において最も強い効力を有するのは，憲法である。憲法は，国の最高法規であって，その条規に反する法律，命令，詔勅及び国務に関するその他の

行為の全部または一部は，その効力を有しない（憲法98条１項）。その次に強い効力を有するのは，条約である。日本国が締結した条約は，これを誠実に遵守することを必要とするからである（憲法98条２項）。以下，強い効力を有するものから順に並べると，法律，命令，条例となる。

【制定法の効力順位】

憲法＞条約＞法律＞命令＞条例

(g) 同一の制定法間の効力関係

たとえば**法律同士など同一の制定法間では，特別法が一般法に優先し（特別法優位の原則，特別法は一般法を破る），また古い法より新しい法が優先する（後法優位の原則，後法は前法を破る）**。そうしないと特別法あるいは後法を制定した意味がなくなるからである。

② 慣 習 法

慣習法とは，慣習のうち人々が法として認識しているものをいう。

慣習とは，社会において広く受け入れられた，繰り返し行われている行為のことをいう。たとえば，朝，人と会った時には「おはようございます」と挨拶をするが，この「おはようございます」と挨拶する行為は，日本の社会において広く受け入れられており，繰り返し行われている。しかし，朝，人と会ったとき時には「おはようございます」と挨拶しなければならないという規範は，文書の形では存在していない。

こうした慣習も，社会における行動の基準であるから，規範の１つである。しかし，挨拶についての慣習は，これに違反したからといって国家によって刑罰を科されるわけではないので，法ではない。

ところが慣習の中には，法としての効力が認められるものがある。

たとえば内閣の意思決定は，内閣の構成する大臣全員による会議である閣議によりなされる。この閣議により意思決定は，多数決ではなく全員一致によってなされる。しかしこのことを文書で定めた規範は存在しない。内閣制度ができて以来の慣習として行われているものである。ところがこの慣習は，全員一致でなければ閣議決定ができないという法的な効果を持つ。

このように法としての効力を持つ慣習を，慣習法という。**慣習法と制定法とが抵触する場合，制定法が優先適用される**（法の適用に関する通則法３条）

(3) 事実上の法源
① 判　例
　判例とは，裁判の先例のことをいう。多くの場合は過去に最高裁判所によって下された判決を指す。

　最高裁判所の判決は裁判所の最終判断であるため，その後のほとんどの裁判は最高裁判所の判決に従って行わることになるので，事実上法として機能する。こうした裁判所の判決が繰り返されることで事実上の拘束力をもつようになったものを判例法と呼ぶことがある。

　しかし判例法は制度上の法源とは異なる。過去に下された判決の内容が，社会の変化により現代の社会にはそぐわないという場合がある。このような場合に裁判官は，過去に下された判決の内容と異なる判決を下すことができる。最高裁判所も過去に最高裁判所が下した判決と異なる判決を下すことがあり，これを判例変更と呼ぶ。

　たとえば嫡出でない子（法律上の婚姻関係にない男女の間に生まれた子）の法定相続分を嫡出子（法律上の婚姻関係にある男女の間に生まれた子）の2分の1とする民法の規定（民法旧900条4号但書）について，かつて最高裁判所は合憲とする判決を下していた（最高裁判所大法廷判決平成7年7月5日最高裁判所民事判例集49巻7号1789頁など）。しかし平成25年に最高裁判所は，当該民法の規定は法の下の平等を定めた憲法14条1項に違反し無効であるとする判決を下した（最高裁判所大法廷判決平成25年9月4日最高裁判所民事判例集67巻6号1320頁）。

　このように裁判官は判例法に従わずに判決を下すことができる場合があるので，判例法は裁判官が必ず従わなければならない制度上の法源とは異なる。

② 学　説
　学説とは，ある法律問題に対する学者の意見のことをいう。

　学説は学者の個人的な意見にすぎないので，もちろん法ではない。しかし裁判官が判決を下すときに，学説を参考にすることがある。

③ 条　理
　条理とは，社会の大多数の人が認めているものごとの考え方の筋道，ものごとの道理のことをいう。

　裁判官は，法を適用して判決を下す。ところが事件によっては，適用すべき法が存在しない場合がある。この適用すべき法が存在しないことを，法の欠缺（けんけつ）という。この法の欠缺が生じた場合に，裁判官は条理に基づいて

判決を下す。

◆ 3 実定法の分類

実定法とは，社会において現実に行われ，人々を拘束する法のことをいう。対義語は自然法である。自然法とは，社会のありようにかかわりなく永久かつ普遍的に存在する法のことをいう。たとえば人権は永久かつ普遍的に存在するものであるので，人権を保障する法（人権法）は自然法であるとされる。

実定法は以下のように分類される。

(1) 成文法と不文法

成文法とは，文字で書き表された法のことをいう。制定法は成文法である。**不文法とは，文字で書き表されていない法**のことをいう。慣習法，判例法ならびに条理は不文法である。両者の違いは，文字で書き表されているか否かである。

(2) 公法と私法

① 公　法

公法とは，国家の統治権に関する法をいう。主に国家及び地方公共団体と個人間の関係，国家と地方公共団体相互の関係並びに国家及び地方公共団体の組織及び活動を規律する。簡単にいえば国家と国民との間に適用される法が公法である。

たとえば刑法は，国家が国民に対して刑罰を科すときに適用される法であるので，公法である。

公法には，憲法，刑法，行政法，訴訟法などが含まれる

② 私　法

私法とは，国家の統治権に関する法以外の法をいう。主として個人相互間の関係を規律する。簡単にいえば，国民と国民との間に適用される法が私法である。

たとえば民法は，ある人が他の人に物を売るとか，お金を貸すといったときに適用される法である。このように国民と国民との間に適用される法のことを私法という。

私法には，民法，商法，会社法などが含まれる。

③ 公法と私法との差異

公法と私法との差異は，適用される対象及び関係にある。公法は国家の統治

権に関して適用され，主として国家と国民との間に適用される法であるのに対して，私法は国家の統治権以外の事項に適用され，主として国民と国民との間に適用される法である。

(3) 一般法と特別法
① 一般法の意味
一般法とは，ある法と比較して適用範囲が広い法のことをいう。たとえば，民法と商法とを比較した場合，民法は個人間の取引一般に適用されるが，商法は商人間の取引にのみ適用されるので，適用範囲の広い民法が一般法である。

② 特別法の意味
特別法とは，ある法と比較して適用範囲が狭い法のことをいう。たとえば，たとえば，民法と商法とを比較した場合，民法は個人間の取引一般に適用されるが，商法は商人間の取引にのみ適用されるので，適用範囲の狭い商法が特別法である。

③ 一般法と特別法との差異
一般法と特別法との差異は，適用範囲の広狭にある。一般法と特別法とを比較すると，一般法は特別法よりも適用範囲が広く，特別法は一般法よりも適用範囲が狭い。一般法および特別法は比較概念であるので，どの法とどの法とを比較するかによって，ある法が一般法であるか特別法であるかが変わることになる。たとえば商法は民法と比較した場合には特別法であるが，保険法と比較した場合には一般法となる。

(4) 実体法と手続法
① 実 体 法
実体法とは，権利及び義務の種類，発生及び消滅などの変動並びに効果を規定する法のことをいう。法律上の効果が発生するための要件を法律要件，法律要件を充たした場合に生じる効果を法律効果というが，こうした法律要件および法律効果を定めた法を，実体法という。

たとえば民法709条では，「故意又は過失によって他人の権利又は法律上保護される利益を侵害した者は，これによって生じた損害を賠償する責任を負う。」と定められている。この規定は，ある人が「故意又は過失によって他人の権利又は法律上保護される利益を侵害した」という法律要件を充たした場合に，その人に「これによって生じた損害を賠償する責任を負う」という法律効果が生じることを定めている。したがって，民法は実体法である。

実体法には，民法，刑法，会社法などが含まれる。

② 手 続 法

　手続法とは，実体法を具体的な事件に適用しその内容を実現するための手続を規定する法のことをいう。実体法で定められた法律要件が充たされたことにより発生した法律効果を具体的に実現するためには，裁判などの一定の手続を踏まなければならないことがある。この法律効果を具体的に実現するための手続について定めた法を，手続法という。

　たとえば，他人の物を盗んだ者には刑法に基づいて刑罰が科されるが，実際に他人の物を盗んだ者に対して刑罰を科すためには，その者を裁判にかける必要がある。この裁判を行うための手続について定めた法が，刑事訴訟法である。したがって，刑事訴訟法は手続法である。

　手続法には，民事訴訟法，刑事訴訟法などが含まれる。

(5) 強行法規と任意法規

① 強 行 法 規

　強行法規とは，当事者の意思に関わりなく適用される法のことをいう。つまり法律上の規定と当事者の合意とが矛盾する場合，その規定が強行法規であれば，法律上の規定が優先される。たとえば民法4条では満18歳で成年となると定められているが，XとYとが満17歳で成年となるという合意をしたとしても，その合意はXとYとの間には適用されず民法4条が適用され，満18歳にならなければXもYも成人としては扱われない。

　公法上の規定は，ほとんどが強行法規である。強行法規は社会の秩序を維持することを目的としているが，公法上の規定のほとんどが社会の秩序を維持することを目的としているからである。

　たとえば獣医師法17条では，獣医師でなければ飼育動物の診療を業務としてはならないと定められているが，この規定は強行法規であるため，飼育動物の飼主が獣医師でない者による飼育動物の診療に合意した場合であっても獣医師法17条が適用され，その結果この飼育動物の診療を行った獣医師でない者に対しては獣医師法27条1号[1]に基づき罰則が科されることがある。

（1）　獣医師法27条
　　　次の各号の一に該当する者は，2年以下の拘禁刑若しくは100万円以下の罰金に処し，又はこれを併科する。
　　一　第17条の規定に違反して獣医師でなくて飼育動物の診療を業務とした者

② 任意法規

任意法規とは，当事者の意思が法の規定と異なる場合，当事者の意思が優先する法のことをいう。つまり法律上の規定と当事者の合意とが矛盾する場合，その規定が任意法規であれば，当事者の合意が優先される。たとえば，民法648条1項では，委任契約において，受任者（たとえば仕事の依頼を受けた人）は，特約がなければ，委任者（たとえば仕事を依頼した人）に対して報酬を請求することができないと定められている。つまり委任契約では，受任者は委任者に対して報酬を請求することができないというのが民法上の原則の規定である。しかし，受任者と委任者との間で報酬を支払うという合意が成立すれば，この合意が民法上の原則の規定に優先し，受任者は委任者に対して報酬を請求することができることになる。

私法上の規定は，任意法規であることが多い。私法においては，個人の自由意思を尊重すべきであるという私的自治の原則が存在するからである。

◆ 4　3つの法的責任

たとえば獣医師が診療中に故意に動物を死亡させた場合，この獣医師には民事上の責任，刑事上の責任，行政上の責任という3つの法的責任が生じることがある。

(1) 民事上の責任

民事上の責任とは，個人間の責任をいう。前述の例でいえば，獣医師は愛玩動物の飼主に対して損害賠償責任（不法行為責任という。民法709条）を負わなければならない。この損害賠償責任を民事上の責任という。

(2) 刑事上の責任

刑事上の責任とは，犯罪行為をした場合に負わなければならない責任をいう。前述の例でいえば，獣医師の行為は器物損壊罪という犯罪行為に該当するので，刑罰を科されることがある（刑法261条）。この刑罰を科されるという責任を刑事上の責任という。

(3) 行政上の責任

行政上の責任とは，社会秩序の維持を損なう行為をした者が行政庁から一定の不利益を受ける責任をいう。行政庁とは，国や都道府県といった行政主体の

　　二　虚偽又は不正の事実に基づいて，獣医師の免許を受けた者

意思を決定し，その意思を外部に表示する権限を有する者のことをいう。たとえば各省の大臣や都道府県知事が行政庁に該当する。行政庁は人を指すのであり役所を指すのではないことに注意を要する。前述の例でいえば，獣医師が器物損壊罪を理由に罰金刑を科された場合，獣医師法8条2項3号[2]に基づき農林水産大臣により獣医師免許を取り消されたり，一定期間業務停止を命令されたりすることがある。この獣医師免許の取り消しや業務停止命令といった行政庁からの不利益を受ける責任を行政上の責任という。

【補足】 獣医療契約
① 獣医療契約の法的性格
　獣医師は，飼主との間の契約に基づき受診動物を診療することになる。この**獣医師と飼主との間の契約を，獣医療契約**という。
　獣医療契約は，一般には準委任契約に分類される[3]。準委任契約とは，法律行為でない事務の委託を内容とする契約をいう（民法656条）。これに対して委任契約とは法律行為の委託を内容とする契約をいう（民法643条）。つまり準委任契約と委任契約との差異は，委託の内容である。例えばXがYに対してXに代わってジュースを購入することを依頼したとする。この場合Xはジュースを購入するという売買契約を締結することをYに対して委託している。このためXとYとの間の契約は委任契約である。これに対して獣医療契約の場合，飼主は動物の診療を獣医師に委託している。動物の診療は法律行為ではない。このため獣医療契約は準委任契約となる。もっとも民法は，準委任契約について，委任契約についての規定を準用するとしている（民法656条）。つまり，委託する内容を別とすれば，委任契約と準委任契約との間に適用される規範の内容の差異はない。
② 獣医療契約に基づく獣医師の義務
　獣医療契約に基づき，獣医師は主に以下のような義務を負う。

（2）　獣医師法8条2項
　　獣医師が次の各号の一に該当するときは，農林水産大臣は，獣医事審議会の意見を聴いて，その免許を取り消し，又は期間を定めて，その業務の停止を命ずることができる。
　　一　第19条第1項の規定に違反して診療を拒んだとき。
　　二　第22条の規定による届出をしなかつたとき。
　　三　前2号の場合のほか，第5条第1項第1号から第4号までの一に該当するとき［筆者注：5条1項3号において「罰金以上の刑に処せられた者」と定められている］。
　　四　獣医師としての品位を損ずるような行為をしたとき。
（3）　避妊手術のように仕事を完成させることを約束する請負契約の性質を持つものもある。

(a) 善管注意義務

準委任契約が締結されると，受任者は，委任の本旨に従い，善良な管理者の注意をもって，委任事務を処理する義務を負う（民法644条。以下，全て民法656条により準用される条文。）。受任者は，事務を処理すればよいのであり，事務を完成させる義務を負っているわけではない。獣医療契約でいえば，獣医師は最善の方法で動物を診療する義務を負うが，動物を完治させる義務を負っているわけではない。不幸にして動物の命が失われても，それによって直ちに委任事務を処理する義務に違反したことにはならない。

しかし受任者は，委任の本旨に従い，善良な管理者の注意をもって，事務を処理する義務を負う。この善良な管理者の注意を払う義務を，善管注意義務という。善良な管理者の注意とは，職業や地位に応じて要求される注意のことをいう。獣医師としての善管注意義務とは，獣医師として要求される注意を払う義務のことをいう。

(b) 復委任の原則禁止（自己執行義務）

受任者は，委任者の許諾を得たとき，又は，やむを得ない事由があるときでなければ，復受任者を選任することができない（民法644条の2第1項）。つまり，受任者は原則として自ら委任事務を処理する義務を負う。委任者は受任者を信頼して事務処理を委任しているのであるから，受任者が他の者にその事務処理を委任することは原則として許されない。獣医療契約でいえば，飼主から動物の診療の依頼を受けた獣医師は，自ら動物の診療を行わなければならない。獣医師は，飼主に無断で動物の診療を別の獣医師に委任（復委任）することは原則としてできない。

(c) 報告義務

受任者は，委任者の請求があるときは，いつでも委任事務の処理の状況を報告し，委任が終了した後は，遅滞なくその経過及び結果を報告しなければならない（民法645条）。獣医療契約でいえば，獣医師は飼主から請求があれば，動物の診療の状況を報告しなければならない。また獣医師が動物の診療を終了した場合には，遅滞なくその経過及び結果を飼主に報告しなければならない。

③ 飼主の義務

(a) 報酬支払義務

受任者は，特約[4]がなければ，委任者に対して報酬を請求することができない（民法648条1項）。つまり獣医療契約でいえば，獣医師と飼主との間で飼主が獣医師に報酬を支払う約束がなされた場合に限り，獣医師は飼主に対して報酬を請求することができる。ただし当事者間で特約がない限り，受任者は，委任事務を履行した後でなければ，これを請求することができない（民法648条2項本文）。獣医療契約

---

(4) この特約は明示の合意に限られず黙示の合意でもよい。動物病院において動物を受診させた場合に飼主は獣医師に対して報酬を支払うのが社会通念であるから，獣医療契約では飼主が獣医師に対して診療の申込を行いこれを獣医師が承諾した段階で，獣医師と飼主との間において飼主が獣医師に対して報酬を支払う黙示の合意が成立しているとみなすことができる。

でいえば，特約がない限り，獣医師は動物に対する診療を終了した後でなければ，飼主に対して診療報酬を請求することができない。

④ 準委任契約の終了

準委任契約は，委任事務の終了，契約期限の到来，債務不履行による解除という，契約の一般的な終了原因により終了する。これに加え準委任契約は，各当事者がいつでもその解除をすることができる（民法651条1項）。準委任契約は，当事者の信頼関係に基づいているので，信頼関係がなくなった場合には，当事者はいつでも準委任契約を解除できるとされている。ただし，当事者の一方が，相手方に不利な時期に委任の解除をしたとき，又は，委任者が受任者の利益（もっぱら報酬を得ることによるものを除く）をも目的とする委任を解除したときは，やむを得ない事由がない限り，相手方の損害を賠償しなければならない（民法651条2項）。獣医療契約でいえば，飼主はいつでも獣医療契約を解除することができる。ただし獣医師がすでに動物に診療を行っていてこれに関する費用が発生した場合には，獣医師は飼主に対してその費用を請求することができる。これに対して獣医師による獣医療契約の解除は，飼主に不利な時期の解除に該当するので，やむを得ない事由がない限り，獣医療契約に基づく動物を診療する債務の不履行となるため，獣医師は飼主に対して債務不履行に基づく損害賠償責任（民法415条）等を負うことになる[5]。つまり飼主はいつでも獣医療契約を解除することができるが，獣医師はやむを得ない理由がある場合を除き獣医療契約を解除することができないことになる。

さらに委任者又は受任者が死亡又は破産手続開始の決定をうけた場合，ならびに，受任者が成年後見開始の審判を受けた場合，準委任契約は終了する（民法653条）。準委任契約は，当事者の信頼関係を前提としているので，それが失われた場合には準委任契約は終了する。

【補足】 獣医療過誤

獣医療において獣医師の故意又は過失により診療動物が傷害を負ったり死亡したりするという獣医療過誤が生じた場合，当該獣医師は以下のような法的責任を負う。

① 刑事責任

人の医療において医師が医療過誤により患者の傷害又は死亡という結果を発生させてしまった場合，その医師は業務上過失致死傷罪に問われる（刑法211条。5年以下の拘禁刑又は100万円以下の罰金）。

動物の医療において獣医師が医療過誤により動物の傷害又は死亡という結果を発生させてしまった場合，この獣医師は過失により動物という器物を損壊したことになるが，器物損壊罪は故意の場合にのみ成立し（刑法261条。3年以下の拘禁刑又は

（5） 静岡地方裁判所判決平成30年12月18日，橋本佳子「『診療継続求めた場面で拒否』は応召義務違反に当たらず——静岡地裁判決 Vol.4」，レポート2019年3月7日，m3.com，URL:https://www.m3.com/news/open/iryoishin/657127，2024年10月22日閲覧。

30万円以下の罰金もしくは科料)，過失による器物損壊罪は存在しないので，故意に動物を傷害又は死亡させない限りは，刑事上の責任は問われないこととなる。例えば獣医師がもっぱら自身の研究目的で他の人が飼育する動物に対してその飼主の同意を得ずに診療を行った場合，そのような診療行為は正当行為に該当せず違法性が阻却されないため，器物損壊罪が成立し得る。また，獣医師による愛護動物に対する診療が虐待に該当する場合には，当該獣医師に対して愛護動物の虐待を理由に刑罰を科されることがある（動物愛護管理法44条）。

なお，獣医師が狂犬病に罹患した犬を狂犬病に罹患していないと誤診した結果，その犬に噛まれた人に対する免疫注射を中断してしまい，これによりその者が狂犬病により死亡したという事件において，裁判所が当該獣医師に対する業務上過失致死罪の成立を認めたことがある（大審院判決明治43年2月22日大審院刑事判決録16輯292頁）。

② 民事責任

ア 債務不履行責任

債務者が債務の本旨に従った履行をしない場合，債務不履行に基づく損害賠償責任を負う（民法415条1項本文）。これを債務不履行責任という。獣医療契約の成立により，獣医師は動物の病気を治癒するという委任の本旨に従い，善良な管理者の注意をもって動物の診療を行う債務を負う。したがって獣医師は，動物の病気を治癒するために善良な管理者の注意をもって動物の診療を行わなかった場合，債務不履行責任を負うことになる。善管注意義務違反の有無の立証責任は債権者すなわち飼主が負う（通説・判例）[6]。

イ 不法行為責任

故意又は過失によって他人の権利又は法律上保護される利益を侵害した者は，これによって生じた損害を賠償する責任を負う（民法709条）。これを不法行為責任という。獣医療過誤の場合，獣医師の故意又は過失より受診動物の傷害又は死亡という結果が生じたことにより飼主の権利が侵害されるという損害が発生するので，当該獣医師は不法行為責任を負うことになる。獣医師が不法行為責任を負うかどうかは，当該獣医師に過失があったかどうかが一番の問題となる。過失の有無は善良な管理者の注意を払ったかどうかにより判断されるので，結局獣医師が不法行為責任

---

[6] 平野哲郎「医師民事責任の構造と立証責任 ── 医療過誤の契約法理による解決」，『判例時報』2336号（2017年），14頁。最高裁判所も「労働者が，就労中の事故等につき，使用者に対し，その安全配慮義務違反を理由とする債務不履行に基づく損害賠償を請求する場合には，不法行為に基づく損害賠償を請求する場合と同様，その労働者において，具体的事案に応じ，損害の発生及びその額のみならず，使用者の安全配慮義務の内容を特定し，かつ，義務違反に該当する事実を主張立証する責任を負うのであって…，労働者が主張立証すべき事実は，不法行為に基づく損害賠償を請求する場合とほとんど変わるところがない。」と判示し，債務の内容及び債務不履行の事実の立証責任は債権者が負うとしている（最高裁判所判決平成24年2月24日最高裁判所裁判集民事240号111頁）。

を負うかどうかは善管注意義務違反の有無により決まることになる。過失の立証責任は被害者すなわち飼主が負う。つまり飼主が獣医師に対して債務不履行責任を追及する場合も不法行為責任を追及する場合も多くの場合は獣医師の善管注意義務違反の有無が問題となり，その立証責任は飼主が負う。

③ 行政責任

獣医師による医療過誤が極めて悪質である場合，獣医師法 8 条 2 項 4 号に「獣医師としての品位を損ずるような行為をしたとき。」に該当することになり，当該獣医師の獣医師免許が取り消される可能性がある。もっとも獣医療過誤を理由とする行政処分の例は今までのところないようである。

◆ 5 刑の種類

刑事上の責任として科される刑には，主刑として死刑，拘禁刑[7]，罰金，拘留及び科料，付加刑として没収がある（刑法 9 条。以下全て改正後の条文）。

死刑とは，生命を奪う刑罰をいう。拘禁刑とは，刑事施設に拘置する刑罰をいう（刑法12条 2 項）。拘禁刑には無期と有期とがあり，有期拘禁刑は 1 月以上20年以下とされる（同条 1 項）。**罰金とは，犯人から一定額の金銭を取り上げる刑罰をいう。罰金は，減軽する場合を除き 1 万円以上とされる（刑法15条）。罰金を完納することができない者は，1 日以上 2 年以下の期間，労役場に留置される（刑法18条 1 項）。拘留とは，犯人を 1 日以上30日未満，刑事施設に拘置する刑罰をいう（刑法16条）。科料とは，犯人から1000円以上 1 万円未満の金銭を取り上げる刑罰をいう（刑法17条）。科料を完納することができない者は，1 日以上30日以下の期間，労役場に留置される（刑法18条 2 項）。没収とは，犯罪行為と関係のある一定の物を取り上げる刑罰をいう（刑法19条）。没収は付加刑であるので主刑を科す場合にあわせて科すことはできるが，没収を単独で科すことはできない。**

---

[7] 令和 4 (2022)年 6 月13日に成立した「刑法等の一部を改正する法律」により，これまで存在していた懲役および禁錮が拘禁刑という刑罰に一本化されることとなった（改正後刑法 9 条）。そして，拘禁刑に処せられた者に対しては，その改善更生を図るため，必要な作業を行わせるだけでなく，必要な指導を行うことできることとなり（改正後刑法12条 3 項），これまでは限定的にしか行うことができなかった再犯防止のための指導を十分に行うことができるようになった。この「刑法等の一部を改正する法律」は，一部を除いて令和 7 (2025)年 6 月 1 日から施行される。

◆ 6　行政法及び法律による行政の原理
(1) 行政法とは何か

　法学部の学生や法律の専門家以外の者にとって，行政法という言葉はあまり馴染みにない単語であろう。

　しかし，行政法はわれわれにとって身近な存在である。われわれは行政法に囲まれて生活しているといっても言い過ぎではない。

　たとえば，自動車を運転するためには，自動車運転免許が必要となる。自動車の運転を十分な運転技術を持たない者が行うことは一般国民にとって危険である。そこで，道路交通法は，行政が十分な運転技術を持っていると判断した者についてのみ自動車を運転することを認めることとしたのである。つまり，道路交通法は，行政が国民による自動車の運転を規制することを認めた法律である。

　この道路交通法のように，行政が国民の活動を規制することを認めている法律は数多く存在する。たとえば，獣医師法は，農林水産大臣が獣医師免許を与えた者以外の者が飼育動物の診療を業務とすることを禁止している。この獣医師法も，行政が国民の活動を規制することを認めた法律である。

　このような**行政の活動や行政の組織に関する法のこと行政法**という。前述の道路交通法も獣医師法もすべて行政法である。行政法は道路交通法や獣医師法だけでなく医師法，食品衛生法など非常に数多く存在する。このため前述したようにわれわれは行政法に囲まれて生活していると言えるのである。

(2) 法律による行政の原理
① 意　味

　行政法の基本原則となるのが，法律による行政の原理である。

　法律による行政の原理とは，行政は法律に従って行われなければならないことをいう。国民主権原理から，行政は，主権者である国民の代表機関である国会が制定した法律に従わなければならないからである。法律による行政の原理の具体的内容として，法律の法規創造力，法律の優位，法律の留保がある。

② 法律の法規創造力の原則

　法律の法規創造力の原則とは，法律のみが法規を作り出すことができることを意味する。法規とはさまざまな国民のさまざまな事件に対して適用される規範（これを一般的抽象的法規範という）のことを意味する。

　法規を行政が作り出すことができるということになると，結局行政が好き勝

手に法規を制定することによって好き勝手に活動することができるようになってしまう。これでは国民の権利や自由が不当に奪われるおそれがあるし，国民主権にも反することになる。このため国民の代表である国会が制定する規範である法律のみによって法規を作り出すことができる。行政機関が法規を作り出すためには，法律による委任が必要となる。

③ 法律の優位の原則

法律の優位の原則とは，行政は法律に反して活動することはできないことを意味する。行政が法律に反して活動することができてしまうと，結局行政は好き勝手に活動することができるようになってしまう。これでは，やはり国民の権利や自由が不当に奪われることになるし，国民主権に反することになる。このため，行政は国民の代表である国家が制定した法律に反して行動することはできないとされる。

④ 法律の留保の原則

法律の留保の原則とは，行政が活動するためには法律の根拠を必要とするということを意味する。しかし，すべての行政活動について法律の根拠が必要となると，行政は国民の要望に十分に応えることができないという事態が起こり得る。

例えばいわゆるごみ屋敷と呼ばれる，家の敷地にごみが山積みになっているというケースがある。山積みになったごみは，悪臭や虫が発生する原因となり，また，自然発火や放火による火事の原因ともなる。このため，ごみ屋敷の周辺住民は，このままでは不快だし危険であるので，この山積みになったごみを撤去してほしいと考える。ところが，ごみ屋敷のごみについて直接定めた法律は今のところ存在しない。このような場合に，すべての行政活動について法律の根拠が必要となると，ごみ屋敷の周辺住民が行政に対してごみ屋敷への対応をお願いしても，行政は何もすることができないことになる。

このため，すべての行政活動について法律の根拠を必要とするのは行きすぎであり，一定の行政活動についてのみ法律の根拠を必要とするとされる。そこで，どのような行政活動について法律の根拠を必要とするのかが問題となる。実務では，行政が国民の権利や自由を一方的に制限する活動については，法律の根拠を必要とするという侵害留保説が採用されているとされる[8]。このため叙勲のように行政が国民に利益を与える活動（これを授益的行為という）については，法律の根拠を必要としないことになる。また，国民の権利や自由を制

限する活動（これを侵害的行為という）であっても，行政が一方的に制限する活動（これを権力的行為という）ではなく，指導のように行政が一方的にではなく国民の同意に基づいて制限する活動（これを非権力的行為という）については，法律の根拠を必要としないことになる。

（8） ほかにもすべての行政活動について法律の根拠を必要とするという全部留保説や，権力的行為については法律の根拠を必要とするという権力留保説などの学説がある。

◆ 章 末 問 題 ◆

問1　法源に関する記述として正しいのはどれか。

1．裁判官は制度上の法源には必ずしも従わなくてよい。
2．行政機関が委任命令を制定するためには，法律による個別的且つ具体的委任を必要とする。
3．法律同士が抵触する場合，一般法が特別法に優先して適用される。
4．慣習法と制定法とが抵触する場合，慣習法が優先適用される。
5．判例法は制度上の法源である。

問2　法律による行政の原理に関する記述として正しいのはどれか。

1．法律の法規創造力の原則とは，法律のみが法規を作り出すことができることを意味する。
2．法律の法規創造力の原則により行政機関が法規を作り出すことはできない。
3．法律の優位の原則とは，行政が活動するためには法律の根拠を必要とするということを意味する。
4．侵害留保説によれば，非権力的な侵害的行為についても法律の根拠を必要とすることになる。
5．実務では全部留保説が採用されているとされている。

第1章 基礎法学

◇ 章末問題の解説 ◇

問1　正答　2

1．裁判官は制度上の法源には必ず従わなければならない。
2．委任命令に関して行政機関に対する一般的・白紙的委任を認めてしまうと，国会が唯一の立法機関（憲法41条）であることの意味が失われてしまうので，個別的且つ具体的委任が必要である。
3．法律同士が抵触する場合，特別法が一般法に優先して適用される。
4．慣習法と制定法とが抵触する場合，制定法が優先適用される。
5．裁判官は判例法に従わずに判決を下すことができる場合があるので，判例法は制度上の法源ではない。

問2　正答　1

1．法律の法規創造力とは，法律のみが法規を作り出すことができることを意味する。
2．法律による個別且つ具体的委任があれば，行政機関は委任命令という法規を作り出すことができる。
3．法律の優位の原則とは，行政は法律に反して活動することはできないことを意味する。
4．侵害留保説によれば，権力的な侵害的行為についてのみ法律の根拠を必要とすることになり，非権力的な侵害的行為については法律の根拠を必要としないことなる。
5．実務では侵害留保説が採用されているとされている。

第2編

獣医事関連法規

◆第 2 章◆
獣 医 師 法

《本章の内容》

1．獣医師の任務
2．獣医師の免許
3．獣医師の義務

《本章の目標》

1．獣医師の任務，名称独占並びに業務独占について説明できる。
2．獣医師免許が与えられる手続について説明できる。
3．獣医師が負う義務について説明できる。

◆ 1　獣医師の任務

(1) 獣医師の任務

　獣医師法（以下，本章における法）では獣医師の任務について，「獣医師は，飼育動物に関する診療及び保健衛生の指導その他の獣医事をつかさどることによって，動物に関する保健衛生の向上及び畜産業の発達を図り，あわせて公衆衛生の向上に寄与するものとする。」と定められている（法1条）。つまり**獣医師の業務**には，①飼育動物に関する診療，飼育動物に関する保健衛生の指導，③その他の獣医事，の3種類がある。こうした業務の遂行を通して，①動物に関する保健衛生の向上を図ること，②畜産業の発達を図ること，③公衆衛生の向上に寄与すること，が**獣医師の任務**である。

【補足】「その他の獣医事」の具体的内容
　獣医師がつかさどる「その他の獣医事」には，「獣医学的知識をもって処理すべき衛生上の事項一般」が含まれるとされる[9]。具体的には，以下のものが含まれると

される。
 (1) 公衆衛生業務として，①狂犬病予防業務，②と畜・食鳥検査業務，③食品衛生監視業務
 (2) 畜産関係の業務として，①受精卵移植業務，②家畜防疫業務，③飼料製造管理業務
 (3) 動物用医薬品・動物疾病に関する試験研究
 (4) 希少動物の人工繁殖[10]

(2) 広義の飼育動物の意味

飼育動物については，一般に人が飼育する動物（広義の飼育動物）と定義されている（法1条の2）。後述する獣医師の業務独占の対象となる飼育動物の意味とは異なる。

(3) 名称独占

獣医師でない者は，獣医師又は，これに紛らわしい名称を用いてはならない（法2条）。獣医師でない者が獣医師又はこれに紛らわしい名称を用いた場合，20万円以下の罰金に処される（法29条1号）。

(4) 業務独占

獣医師でなければ，飼育動物の診療を業務としてはならない（法17条）。この業務独占の対象となる飼育動物は，牛，馬，めん羊，山羊，豚，犬，猫，鶏，うずらその他獣医師が診療を行う必要があるものとして政令で定めるものに限られている（狭義の飼育動物）。この政令で定めるものとして獣医師法施行令（以下，本章における施行令）では，**オウム科全種，カエデチョウ科全種，アトリ科全種**の3種が定められている（同施行令2条）。それぞれに属する飼育動物には，主に以下のものが含まれる[11]。

① オウム科全種

セキセイインコ，オカメインコ，ボタンインコ，コザクラインコ，ダルマインコ，オオバタン，コバタン，ヲウム[12]等

② カエデチョウ科全種

---

(9) 獣医事研究会編（農林水産省畜産局監修）『獣医師法・獣医療法の解説』（地球社 1993年），72頁。
(10) 同上。
(11) 農林水産省畜産局長通知「獣医師法の一部を改正する法律及び獣医療法の運用について」（平成4年9月1日付け4畜A第2259号）
(12) ヨウムのことと思われる。

ブンチョウ，ジュウシマツ，ベニスズメ，キンカチョウ，ヘキチョウ等
③　アトリ科全種
カナリア，マヒワ，ウソ等

　診療とは，「飼育動物の疾病についての診察，診断，治療その他の獣医師の獣医学的判断及び技術をもってするのでなければ，飼育動物に危害を及ぼし，又は危害を及ぼすおそれのある一切の行為」を意味する[13]。

　業務とは，社会生活において反復継続の意思をもって一定の行為を行うことをいう。よって**獣医師法17条の業務とは，社会生活において反復継続の意思をもって飼育動物の診療を行うこと意味する**[14]。営利目的かどうかは無関係である。

　獣医師でない者が飼育動物の診療を業務とした場合，2年以下の拘禁刑若しくは100万円以下の罰金に処され，又はこれを併科される（法27条1号）。

◆ 2　獣医師の免許

(1) 獣医師免許

　獣医師になろうとする者は，獣医師国家試験に合格し，かつ，実費を勘案して政令で定める額の手数料を納めて，農林水産大臣の免許を受けなければならない（法3条）。

【補足】　獣医師免許に試験制度が導入された理由
　戦前に施行されていた旧獣医師法では，大学等において獣医学の学士号を修得すれば獣医師免許を受けることができた（1条2項1号）[15]。獣医師試験も存在していたが（同項2号），これは獣医学の学士号を修得していない者を対象とするもので

---

(13)　前掲注(1)，102頁。
(14)　判例も医師に関するものであるが「醫師法第十一條ニ所謂醫業トハ反復繼續ノ意思ヲ以テ疾病ノ診察，手術，投藥等ノ醫行爲ヲ爲スコトヲ指稱スル」（大審院判決昭和8年7月8日大審院刑事判例集12巻1190頁）と同様のことを指摘している。
(15)　旧獣医師法（大正15年法53号）1条
　　獸醫師タラムトスル者ハ農林大臣ノ免許ヲ受ケ獸醫師名簿ニ登録ヲ受クヘシ
　　獸醫師ノ免許ヲ受クルニハ左ノ各號ノ一ニ該當スル資格ヲ有スルコトヲ要ス
　　一　大學令ニ依ル大學ニ於テ獸醫学ヲ修メ學士ト稱スルコトヲ得ル者，東京帝國大學農學部獸醫學實科ヲ卒業シタル者又ハ官立公立ノ專門學校若ハ文部大臣カ之ト同等以上ト認メ指定シタル學校ニ於テ獸醫學ヲ修メ之ヲ卒業シタル者
　　二　獸醫師試驗ニ合格シタル者
　　（以下，略）

あった。しかし現行の獣医師法では，国家試験に合格しなければ獣医師免許を受けることができない。このように獣医師免許に試験制度が導入された理由として，以下の3点がある。

第1が獣医師の水準の向上である。

現行の獣医師法について審議が行われた第5回国会参議院農林委員会（昭和24年4月20日開催）において，当時の池田農林政務次官は次のように説明している。

「戦後諸般の状勢の大きな変化に伴い，獣医業務についてみましても，畜産の生産増殖の健全化は，國民経済上その重要性を倍加し，更に又最近公衆衛生の領域への関係も一層深くなり，獣医師の使命は一段と加重して参つたのであります。

然るに現行獣医師法は大正15年に制定され，その免許資格については，大学若しくは専門学校の卒業者，又は免許試験の合格者等区々に亙り，一般に水準が低く，新状勢に即應しない点が多々認められるに至りましたので，獣医師の水準を一層高め，その資質の向上をはかり，獣医業の健全な発達を期し，畜産業の発達と公衆衛生の向上に寄與させることが必要となつた」ため，免許に関する事項を改正し大学を卒業し，且つ獣医師国家試験を受けて合格した者にのみ免許を与えることとしたと説明している。

現行の獣医師法の制定に関わった農林省の中澤壽三郎も「試験制度は，教育内容によつて生ずる学校差を，獣医師の業務という立場から，一定の水準以上に引上げる，大きな効果をもたらし，わが國の獣医師の技能向上という，本法制定の大目的を達成する上に，きわめて重要な意義を持つ」と指摘している(16)。

第2が獣医師免許を与えるかどうかは学力ではなく獣医師としての適性によるべきであるという考えである。

これは中澤が指摘するように「学校教育は職業の基礎を訓育し，職業に対する適正は，試験でこれをきめる」という考えに基づいている(17)。前述の農林委員会において池田農林政務次官は「従来の獣医師試験は農林大臣が行い，且つ学力檢定試験の性質をもつておつたのを改め，今回は獣医教育を行う大学の卒業者並びに外國の獣医学校卒業者であつて，審議会の承認した者に対して課する得業試驗の性質をも」つと説明している。中澤も「獣医業務に対する実際社会の要請は，時代によつて変化するものであるから，獣医教育を受けたものが，必ずしも獣医師としての適格者ではないこともあり得る。」と指摘する(18)。

第3に社会の変化に応じた大学における獣医学教育の変化の促進がある。

中澤は，試験制度について「わが國の獣医師は，いかにあるべきか。この見地から試験が運営されれば，学校教育は，この試験によつて方向づけられる。獣医師に

---

(16) 中澤壽三郎「獸醫師道——新しい獣医師法の解説（その2）」，『日本獣医協会雑誌』2巻7号（1949年），12頁。
(17) 中澤壽三郎「獸醫師道——新しい獣医師法の解説（その1）」，『日本獣医協会雑誌』2巻6号（1949年），17頁。
(18) 前掲注（8），11頁。

対する時代の要請が変つて来たならば，学校教育の方針も，これに應じて進歩発達するようになるであろう。従来ややもすれば，実社会に超然としていた学風も，教育者も，沈滞のそしりを受けずにすむようになるものと，大きな期待が懸けられる」と指摘している[19]。

(2) 欠 格 事 由

① 絶対的欠格事由

未成年者には獣医師免許を与えない（法4条）。未成年者は一般には判断能力が不十分であるため，この者を獣医師の業務に就かせることは適当でないからである。「与えない」と定められているので，未成年者に獣医師免許が与えられることは絶対にない。

② 相対的欠格事由

①心身の障害により獣医師の業務を適正に行うことができない者として農林水産省令で定めるもの，②麻薬，大麻又はあへんの中毒者，③罰金以上の刑に処せられた者，④前号に該当する者を除くほか，獣医師道に対する重大な背反行為若しくは獣医事に関する不正の行為があった者又は著しく徳性を欠くことが明らかな者，⑤獣医師としての品位を損ずるような行為をしたときに該当して，農林水産大臣から免許を取り消された者，のいずれかに該当する者には，**獣医師免許を与えないことがある**（法5条1項）。「与えないことがある」と定められているので，これらの事由に該当する者にも獣医師免許が与えられることがある。

【補足】 獣医師道が規定された趣旨

獣医師道という非常に曖昧な用語が法文に規定されたのは，中澤によれば獣医師が自律的に高い道徳的精神を持つようになるための過渡的な措置とされる。中澤は以下のように述べている。

「獣医業が眞に農畜産業の発展を促進し，公衆衛生を向上して，国民全体に奉仕するものであるという，大なる自覚と自信をもち，資質を高めて，飛躍的発展をとげるためには，獣医師たるものは，自律的に高い道徳的精神の持主でなければならない。法律的拘束があろうとなかろうと，もつともつと紳士的でなければならない。

それは，單なる罰則による『べからず』主義によらず，自主的に定めた倫理綱領をもつところまで達しさせる，異常な努力が必要ではないだろうか。それであるからこそ，この新しい法律では，免許の取消，又は業務の停止という行政処分を裏づ

---

(19) 前掲注(9)，18頁。

けとした，道徳的義務遵守の規定を，過渡的に強調されたのであり，獣医師道（エスタブリッシュト・エシックス）なる斬新な用語が，初めて法文に明記されたのである」[20]。

　心身の障害により獣医師の業務を適正に行うことができない者として農林水産省令で定めるものについて獣医師法施行規則（以下，本章における施行規則）では，①視覚，聴覚，音声機能若しくは言語機能又は精神の機能の障害により獣医師の業務を適正に行うに当たって必要な認知，判断及び意思疎通を適切に行うことができない者，②上肢の機能の障害により獣医師の業務を適正に行うに当たって必要な技能を十分に発揮することができない者，のいずれかに該当する者と定められている（同規則1条の2）。ただし農林水産大臣は，獣医師の免許の申請を行った者が前記の者に該当すると認める場合において，当該者に免許を与えるかどうかを決定するときは，当該者が現に利用している障害を補う手段又は当該者が現に受けている治療等により障害が補われ，又は障害の程度が軽減している状況を考慮しなければならない（施行規則1条の3）。
　法5条1項各号のいずれかに該当する者から免許の申請があったときは，農林水産大臣は，獣医事審議会の意見を聞いて免許を与えるかどうかを決定しなければならない（法5条2項）。

(3) 獣医師名簿

　農林水産省に獣医師名簿を備え，獣医師の免許に関する事項を登録する（法6条）。施行規則において，獣医師名簿に登録すべき事項について以下のように定められている（同規則2条）。

　①登録番号及び登録年月日，②本籍地都道府県名，氏名，生年月日及び性別，③獣医師国家試験に合格した年月，④法の規定による処分をした場合にあっては，その旨並びにその自由，年月日及び業務の停止期間，⑤免許証を書換交付し，又は再交付した場合にあっては，その旨並びにその事由及び年月日。

　獣医師免許を受けようとする者は，獣医師国家試験に合格したことを証する書面や戸籍謄本などの必要な書類を添えて，農林水産大臣に申請を行わなければならない（施行規則1条）。獣医師免許は，獣医師名簿に登録することによって与えられる（法7条1項）。つまり獣医師国家試験に合格しても，免許申請を

---

[20]　前掲注(9)，17頁。

行って獣医師名簿に登録されなければ、獣医師免許は与えられない。**農林水産大臣は、獣医師免許を与えたときは、獣医師免許証を交付する**（法7条2項）。

獣医師は、獣医師名簿の登録事項に変更を生じたときは、免許証及び戸籍謄本などの登録事項の変更を証明する書類を添えて、変更を生じた日から30日以内に農林水産大臣に対して登録事項の変更の申請を行わなければならない（施行規則3条1項）。また獣医師が失踪の宣告を受け、又は死亡したときは、同居の親族などの戸籍法による届出義務者は、その日から30日以内に免許証を添えてその旨を農林水産大臣に届け出なければならない（施行規則5条）。

この死亡等の届け出があったとき、又は法の規定により免許の取消をしたときは、農林水産大臣は、その事由及び年月日を記載してその者の登録事項を抹消する（施行規則6条）。

(4) 獣医師免許の取消し・業務停止

① 絶対的免許取消事由

獣医師から申請があったときは、農林水産大臣は、その免許を取り消さなければならない（法8条1項）。この場合農林水産大臣は、獣医事審議会の意見を聴くことなく必ず獣医師免許を取り消さなければならない。

② 相対的免許取消事由・業務停止事由

農林水産大臣は、以下のいずれかに該当する獣医師について、獣医事審議会の意見を聴いて、その免許を取り消し、又は期間を定めて、その業務の停止を命ずることができる（法8条2項）。

①応招義務（法19条1項）に違反して診療を拒んだとき、②法22条の規定による届出をしなかったとき、③前2号の場合のほか、法5条1項1号から4号（相対的欠格事由の①から④）までの一つに該当するとき、④獣医師としての品位を損ずるような行為をしたとき。

③ 獣医師免許証の返納

免許の取消処分を受けた者は、その通知を受けた日から10日以内に免許証を農林水産大臣に返納しなければならない（施行規則9条1項）。業務停止処分を受けた者は、その通知を受けた日から10日以内に免許証を農林水産大臣に提出しなければならない（同条2項）。この場合、農林水産大臣は、業務の停止期間満了の後ただちに免許証を当該獣医師に返還する（同条3項）。

(5) 臨床研修

診療を業務とする獣医師には、免許を受けた後も臨床研修を行う努力義務が

課されている（法16条の2第1項）。

　臨床研修の対象となるのはすべての獣医師ではなく診療を業務とする獣医師（いわゆる臨床獣医師）のみである。臨床研修が行われる施設は，大学の獣医学に関する学部若しくは学科の附属施設である飼育動物の診療施設又は農林水産大臣の指定する診療施設である。臨床研修の期間は6月以上とされている（施行規則10条の2）。**臨床獣医師が臨床研修を行うことは努力義務**にとどまっており，臨床獣医師が臨床研修を行わないことにより法的に不利益を被ることはない。

【補足】　医師の臨床研修。
　医師が臨床研修を行うことは法的義務とされており（医師法16条の2第1項），臨床研修を行わなかった医師が診療に従事することはできない。臨床研修を修了しないと厚生労働大臣による臨床研修修了登録証の交付を受けられず（同法16条の6），医療機関が診療に従事させる目的で医師を採用する際には，この登録証の原本を確認することが義務付けられており（厚生労働省医政局医事課長，歯科保健課長通知「臨床研修を修了した者であることの確認等について」平成26年5月28日付け医政医発0528第2号，医政歯発0528第2号），これにより臨床研修を修了していない医師が診療に従事することができないようにしている。

◆ 3　獣医師の義務
(1) 無診察診断書交付等の禁止
　獣医師は，自ら診察しないで診断書を交付すること，農林水産省令で定める医薬品の投与又は処方をすること，再生医療等製品（医薬品，医療機器等の品質，有効性及び安全性の確保等に関する法律2条9項に規定する再生医療等製品のうち農林水産省令で定めるものに限る）の使用又は処方をすることはできない。また獣医師は，自ら出産に立ち会わないで出生証明書又は死産証明書を交付することはできない。さらに獣医師は，自ら検案しないで検案書を交付することはできない（法18条本文）。ただし診療中死亡した場合に交付する死亡診断書については，この限りでない（同条但書）。違反した場合，20万円以下の罰金に処される（法29条2号）。

【補足】　診察と遠隔診療
　診察とは「触診，聴診，打診，問診，望診その他手段のいかんを問わないが，現代の獣医学的見地からみて疾病に対して一応の診断を下しうる程度の行為」とされ

ている[21]。このため「電話，FAX等により，当該家畜の症状等を飼養者等から聞き取るのみでは，要指示医薬品を使用することが不可欠な症状であるかどうかを的確に把握し，正しい診断を下すことは通常は困難である」から，「当該家畜に直接対面して診察することを一度も行わず，要指示医薬品を処方することは，一般的には獣医師法第18条の規定に違反する」とされていた[22]。このため遠隔診療を積極的に活用することが困難であった。

しかし情報通信技術が発達し，さらにはコロナ禍による対面交流の制限が契機となり，遠隔診療を積極的に活用することが求められるようになった。このため現在では産業動物については，「畜産農家では，飼養衛生管理基準に定める農場ごとの担当獣医師等の定期的な指導を受けていることに鑑み，群の一部に対面での診療が行われていない家畜が含まれている場合であっても初診から遠隔診療（要指示医薬品の処方を含む。）が可能である」とされ[23]，遠隔診療を積極的に活用することができるようになった。ただし「家畜伝染病等が疑われる場合，正確な診断のため触診を要する場合，畜産農家の情報通信機器の扱いが不慣れであり，正確な情報が得られない場合等，遠隔診療による対応が困難又は不適切と考えられる場合は，対面での診察への切り替えや，管内の家畜保健衛生所等への連絡を行う」とされている[24]。

愛玩動物については獣医師会によれば，「獣医師－飼育者間の関係において，診療に当たり，獣医師が飼育者から飼育動物についての必要な情報の提供を求めたり，飼育者が獣医師の治療方針へ合意したりする際には，相互の信頼が必要となる」ため，「日頃より直接の対面診療を重ねている等，遠隔診療は獣医師と飼育者とその飼育動物に直接的な関係が既に存在する場合に限って利用されることが基本であり，原則として初診は対面診療で行い，その後も同一の獣医師による対面診療を適切に組み合わせて行うことが求められる」として[25]，限定的ではあるが遠隔診療を行うことができるとされている。

(2) 応招義務

診療を業務とする獣医師は，診療を求められたときは，正当な理由がなければ，これを拒んではならない（法19条1項）。これを**応招（召）義務**という。

---

[21] 農林水産省消費・安全局畜水産安全管理課長通知「要指示医薬品の投与及び処方に当たっての注意事項について」平成19年12月19日付け19消安第10237号。
[22] 同上。
[23] 農林水産省消費・安全局長通知「家畜における遠隔診療の積極的な活用について」令和3年12月15日付け3消安第4800号。
[24] 同上。
[25] 日本獣医師会「愛玩動物における遠隔診療の適切な実施に関する指針」令和4年6月。

【補足】 臨床獣医師の応招義務の根拠

　臨床獣医師の応招義務を設けた理由について，旧獣医師法を制定する際の帝国議会における審議において，当時の農林大臣である早速整爾が次のように説明している。

　「動モスレバ開業ノ獣醫師デ，矢張リ家畜ノ疾病誠ニ急ヲ要スル場合ニ，ドウモ獣醫師ガ診察治療ヲ需メラレテモ之ヲ拒ムト云フヤウナ惡弊カナキニシモアラズデアリマスカラ，正當ノ事由ナキ場合アル場合ハ已ムヲ得マセヌケレドモ，ドウモ正當ノ事由ナキ場合ハ之ヲ拒ムコトガ出來ナイト云フコトニ致シマセナケレバ，矢張リ地方アタリデ家畜ガ危急ノ病ニ罹ッタ場合ニ，相當ノ治療ヲ施スノ機會ヲ失フコトガ往々ニシテアルノデアリマスノデ，特ニ此箇條ヲ設クル必要ガアリト信ジテ居ルノデアリマス」[26]。

　これに対して当時貴族院議員であった西尾忠方が次のように質問している。

　「醫師法ヲ見マスト，大體，治療ヲスル醫者ニ對シテ同ジヤウナ規定ガアリマス，併シナガラ人間ノ生命ト云フモノハ絶對ノ價値ノアルモノデアリマスカラシテ，斯ノ如キ義務ヲ負ハセル…コトガ必要デアリマスガ，家畜卽チ家畜ハ一ノ動産デアリマスカラシテ，此動産ニ對シテ，斯ノ如キ義務ヲ獣醫ニ負ハセルト云フコトハ，…往々地方ニ於キマシテハ，善良ナラザル所ノ家畜ノ取扱者ナゾガ，相當ノ報酬ヲ支拂ハナイ爲ニ，多クノ損害ヲ受ケテ居ルト云フコトヲ聞キ及ブノデアリマス，斯ノ如キ事情ガ出來マシタナラバ，是等ヲ當然行ハシメルヤウナコトガ起ッテ，是ガ爲ニ大イニ迷惑ヲ生ズルト云フヤウナコトガ有ルノデハナカラウカ」[27]。

　この質問に対して早速農林大臣は次のように回答した。

　「家畜ハ例ヘバ病氣ニナリマシテモ，コノ人ノ病氣アタリトハ多少其趣ヲ異ニシテ居ルノデアリマスルガ，併シ今日ハ非常ニコノ家畜ト云フモノガ經濟的價値ヲ高メテ居リ，色々改良ニ伴ヒマシテ，家畜其ノモノガ頗ル重ンズベキ地位ニ立ッテ居ルノデアリマス，此重ンズベキ家畜ノ病ニ罹リマシタ際，故ナクシテ此診療ヲ拒ムト云フコトニ相成リマスルト云フト，此治療ノ機會ヲ失スル云フコトハ，非常ナル經濟上ノ損失ヲ與ヘルト云フコトニ相成ッテ來ルノデアリマス…正當ノ事由ナクシテ其診療ヲ拒ムト云フモノニ對シテハ，之ヲ防グ途ヲ立テナケレバ，今日ノ此大切ナル家畜ノ保護ト云フコトニ對シテ途ヲ立テルコトガ出來ナイデアラウ，斯ウ云フ考ノ下ニ矢張リ此規定ヲ設ケルコトハ必要デアルト信ジタナイ外ナラナイノデアリマス」[28]。

　つまり早速大臣によれば，家畜の治療が緊急に必要な場合なのに獣医師がその治療を断る場合が多く，これにより今日経済的価値が非常に高くなっている家畜の治療の機会が失われることは経済上の損失になるため，これを防ぐことが応招義務を設ける理由であるとしている。

---

(26)　『第51回帝國議會貴族院議事速記錄』第13號，243頁（大正15年2月20日）。
(27)　同上，243-244頁。
(28)　同条，244頁。

現行の獣医師法においても臨床獣医師の応招義務が残されている。これについて中澤は「應招義務遂行のいかんは，畜産に影響するところがすこぶる大であるから，倫理條項として規定に残した」と述べている[29]。

こうしたことから旧獣医師法においても現行の獣医師法においても畜産業保護という経済的な理由が臨床獣医師に応招義務が課される根拠となっていると言える。しかしこの根拠では愛玩動物について臨床獣医師に応招義務を負わせることができない。現行の獣医師法においても臨床獣医師に応招義務を課すのであれば，「人と動物の共生する社会の実現」（動物の愛護及び管理に関する法律1条）など別の根拠が必要となろう。

応招義務を負うのは臨床獣医師のみである。応招義務は臨床獣医師が国に対して負う公法上の義務であり，飼主に臨床獣医師に対する診療請求権を認めるものではない。しかし応招義務違反が不法行為であるとして飼主の臨床獣医師に対する損害賠償請求が認められる場合はある。応招義務違反に対する罰則はない。しかし応招義務違反を理由として免許取消し又は業務停止という行政処分を受けることはありうる（法8条2項1号）。もっとも応招義務違反を理由とする行政処分が行われた例は今までのところ存在しない。

【補足】 診療を拒否できる正当な理由の具体的内容
　診療を拒否できる正当な理由とは具体的にはどのような場合かが問題となる。
　かつて昭和24年通知[30]では，医師に関して診察治療を拒否できる正当な事由に該当しない例として以下のものが列挙されていた。
① 医業報酬が不払であっても直ちにこれを理由として診療を拒むことはできない。
② 診療時間を制限している場合であっても，これを理由として急施を要する患者の診療を拒むことは許されない。
③ 特定人例えば特定の場所に勤務する人々のみの診療に従事する医師又は歯科医師であっても，緊急の治療を要する患者がある場合において，その近辺に他の診療に従事する医師又は歯科医師がいない場合には，やはり診療の求めに応じなければならない。
④ 天候の不良等も，事実上往診の不可能な場合を除いては「正当の事由」には該当しない。
⑤ 医師が自己の標榜する診療科名以外の診療科に属する疾病について診療を求

---

(29) 前掲注（8），15頁。
(30) 厚生省医務局長通知「病院診療所の診療に関する件」（昭和24年9月10日付け医発第752号）。

められた場合も，患者がこれを了承する場合は一応正当の理由と認め得るが，了承しないで依然診療を求めるときは，応急の措置その他できるだけの範囲のことをしなければならない。

この昭和24年通知の内容は獣医師にも基本的には妥当すると考えられていた。しかしこの内容は医師に過度な負担を課すものであるとして問題視されるようになった。

このため医師の応招義務に関する見直しがなされ，令和元年通知[31]において医師及び歯科医師の応招義務について以下のように整理し直された。

緊急対応が必要な場合，診療を求められたのが診療時間内・勤務時間内である場合，医療機関・医師・歯科医師の専門性・診察能力，当該状況下での医療提供の可能性・設備状況，他の医療機関等による医療提供の可能性（医療の代替可能性）を総合的に勘案しつつ，事実上診療が不可能といえる場合にのみ，診療しないことが正当化される。

診療を求められたのが診療時間外・勤務時間外である場合，応急的に必要な処置をとることが望ましいが，原則，公法上・私法上の責任に問われることはない。また必要な処置をとった場合においても，医療設備が不十分なことが想定されるため，求められる対応の程度は低い。ただし診療所等の医療機関へ直接患者が来院した場合，必要な処置を行った上で，救急対応の可能な病院等の医療機関に対応を依頼するのが望ましい。

緊急対応が不要な場合，診療を求められたのが診療時間内・勤務時間内である場合，原則として，患者の求めに応じて必要な医療を提供する必要がある。ただし，緊急対応の必要がある場合に比べて，正当化される場合は，医療機関・医師・歯科医師の専門性・診察能力，当該状況下での医療提供の可能性・設備状況，他の医療機関等による医療提供の可能性（医療の代替可能性）のほか，患者と医療機関・医師・歯科医師の信頼関係等も考慮して緩やかに解釈される。たとえば診療・療養等において生じた又は生じている迷惑行為の態様に照らし，診療の基礎となる信頼関係が喪失している場合には，新たな診療を行わないことが正当化される。以前に医療費の不払いがあったとしても，そのことのみをもって診療しないことは正当化されない。しかし，支払能力があるにもかかわらず悪意を持ってあえて支払わない場合等には，診療しないことが正当化される。医学的に入院の継続が必要ない場合には，通院治療等で対応すれば足りるため，退院させることは正当化される。医療機関相互の機能分化・連携を踏まえ，地域全体で患者ごとに適正な医療を提供する観点から，病状に応じて大学病院等の高度な医療機関から地域の医療機関を紹介，転院を依頼・実施すること等も原則として正当化される。患者の年齢，性別，人種・国籍，宗教等のみを理由に診療しないことは正当化されない。ただし，言語が通じない，宗教上の理由等により結果として診療行為そのものが著しく困難であると

---

(31) 厚生労働省医政局長通知「応招義務をはじめとした診察治療の求めに対する適切な対応の在り方等について」（令和元年12月25日付け医政1225第4号）。

いった事情が認められる場合にはこの限りではない。このほか，特定の感染症へのり患等合理性の認められない理由のみに基づき診療しないことは正当化されない。ただし，1類・2類感染症等，制度上，特定の医療機関で対応すべきとされている感染症にり患している又はその疑いのある患者等についてはこの限りではない。外国人患者についても，診療しないことの正当化事由は，日本人患者の場合と同様に判断するのが原則である。外国人患者については，文化の違い（宗教的な問題で肌を見せられない等），言語の違い（意思疎通の問題），（特に外国人観光客について）本国に帰国することで医療を受けることが可能であること等，日本人患者とは異なる点があるが，これらの点のみをもって診療しないことは正当化されない。ただし，文化や言語の違い等により，結果として診療行為そのものが著しく困難であるといった事情が認められる場合にはこの限りではない

　診療を求められたのが診療時間外・勤務時間外である場合，即座に対応する必要はなく，診療しないことは正当化される。ただし，時間内の受診依頼，他の診察可能な医療機関の紹介等の対応をとることが望ましい。

　また令和元年通知では，過去に発出された応招義務に係る通知等において示された行政解釈と本通知の関係については，医療を取り巻く状況の変化等を踏まえて，診療の求めに対する医療機関・医師・歯科医師の適切な対応の在り方をあらためて整理するという本通知の趣旨に鑑み，今後は，基本的に本通知が妥当するものとするとされており，昭和24年通知の内容がもはや妥当しないとされている。このため獣医師の応招義務についても，今後は令和元年通知の内容が基本的には妥当すると考えられる。

(3) 診断書等交付義務

　診療し，出産に立ち会い，又は検案をした獣医師は，診断書，出生証明書，死産証明書又は検案書の交付を求められたときは，正当な理由がなければ，これを拒んではならない（法19条2項）。違反した場合，20万円以下の罰金に処される（法29条3号）。

　正当な理由としては，詐欺，脅迫等不正目的で使用される疑いがある場合や獣医師の所見と異なる虚偽の内容の記載を求められた場合などがある[32]。

---

(32) 医師法に関するものであるが19条2項の診断書等の交付を拒否できる正当な事由とは，「診断書が詐欺，脅迫等不正目的で使用される疑いが客観的状況から濃厚であると認められる場合，医師の所見と異なる内容等虚偽の内容の記載を求められた場合，患者や第三者などに病名や症状が知られると診療上重大な支障が生ずるおそれが強い場合など特別の理由が存する場合」とする裁判例がある（東京簡易裁判所判決平成16年2月16日下級裁判所裁判例速報平成15(ハ)12983）。

(4) 保健衛生指導義務

獣医師は，飼育動物の診療をしたときは，その飼育者に対し，飼育に係る衛生管理の方法その他飼育動物に関する保健衛生の向上に必要な事項の指導をしなければならない（法20条）。違反した場合の罰則はない。

(5) 診療簿及び検案簿の記載及び保存義務

獣医師は，診療をした場合には，診療に関する事項を診療簿に，検案をした場合には，検案に関する事項を検案簿に，遅滞なく記載しなければならない（法21条1項）。獣医師は，この診療簿及び検案簿を3年以上で農林水産省令で定める期間保存しなければならない（法21条2項）。具体的には牛，水牛，しか，めん羊及び山羊については8年間，その他の動物については3年間と定められている（施行規則11条の2）。牛等について保存期間が長いのは，伝達性海綿状脳症の潜伏期間が長いからである。違反した場合，20万円以下の罰金に処される（法29条4号・5号）。

診療簿には，少なくとも以下の事項を必ず記載しなければならない（施行規則11条1項）。

①診療の年月日，②診療した動物の種類，性，年齢（不明のときは推定年齢），名号，頭羽数及び特徴，③診療した動物の所有者又は管理者の氏名又は名称及び住所，④病名及び主要症状，⑤りん告，⑥治療方法（処方及び処置）。

検案簿には，少なくとも以下の事項を記載しなければならない（施行規則11条2項）。

①検案の年月日，②検案した動物の種類，性，年齢（不明のときは推定年齢），名号，特徴並びに所有者又は管理者の氏名又は名称及び住所，③死亡年月日時（不明のときは推定年月日時），④死亡の場所，⑤死亡の原因，⑥死体の状態，⑦解剖の主要所見。

【補足】 獣医師の守秘義務

医師，薬剤師，医薬品販売業者，助産師，弁護士，弁護人，公証人又はこれらの職にあった者については，刑法上守秘義務が課されている（刑法134条1項）。この中に獣医師は含まれていないので，獣医師は刑法上の守秘義務を負わないことになる。しかし獣医師はその勤務先の就業規則等により守秘義務を負うことがあり，これに違反すれば勤務先において懲戒処分を受けることがある。また動物病院は個人情報の保護に関する法律における個人情報取扱事業者に該当する（同法16条2項）。このため動物病院は，法令に基づく場合などを除き，あらかじめ本人の同意を得な

いで，個人データを第三者に提供してはならない（同法27条1項）。また動物病院は，その取り扱う個人データの漏えい，滅失又は毀損の防止その他の個人データの安全管理のために必要かつ適切な措置を講じなければならない（同法23条）。

(6) 届出義務

　獣医師は，2年ごとに氏名，住所その他農林水産省令で定める事項を，その住所地を管轄する都道府県知事を経由して，農林水産大臣に届け出なければならない（法22条）。

　この届出義務は，臨床獣医師に限られずすべての獣医師が負っている。

　届け出なければならない具体的な事項は，①登録番号，②本籍地の属する都道府県名，③登録年月日，④生年月日，⑤氏名，⑥性別，⑦現住所，⑧メールアドレス，⑨主たる職業の業務の種類，業務の内容，勤務先の種類，勤務先の名称，勤務先の所在地，⑩従たる職業の概要，⑪業務経験の有無（産業動物診療及び小動物診療の有無及び年数），⑫防疫業務への協力の可否，⑬出身地（任意），である（施行規則13条2項・第6号様式）。

◆ 章 末 問 題 ◆

問1　「獣医師法」に定める獣医師の義務として正しいのはどれか。（第72回獣医師国家試験）

1．診療施設の開設の届出
2．家畜伝染病の届出
3．毎年の確定申告
4．飼育動物に関する保健衛生の向上に必要な事項の指導
5．医薬品等による副作用の報告

問2　「獣医師法」に関する内容として正しいのはどれか。（第74回獣医師国家試験）

1．国家試験に合格したら獣医師免許が与えられる。
2．刑事罰（酒気帯び運転等の罰金以上の刑）を受けた場合，獣医師免許を停止または獣医師免許を取り消されることがある。
3．犬の診療簿は1年間保存しなければならない。
4．動物取扱業者から電話で子猫が生まれたとの連絡があり，出生証明書を発行した。
5．獣医療を日常的に行わない場合，2年ごとの都道府県への届出は必要ない。

◇ 章末問題の解説 ◇

問1　正答　4

1．診療施設の開設の届出義務は獣医療法3条において定められている。
2．家畜伝染病の届出義務は家畜伝染病予防法13条において定められている。
3．毎年の確定申告義務は所得税法120条において定められている。
4．飼育動物に関する保健衛生の向上に必要な事項の指導義務は獣医師法20条において定められている。
5．医薬品等による副作用の報告義務は医薬品，医療機器等の品質，有効性及び安全性の確保等に関する法律68条の10において定められている。

問2　正答　2

1．獣医師免許は，獣医師国家試験に合格したうえで免許申請を行って獣医師名簿に登録されることにより与えられる。
2．罰金以上の刑に処せられた者は，獣医師免許を取り消されたり，一定期間業務を停止されたりすることがある。
3．犬の診療簿の保存期間は3年である。
4．獣医師は，自ら出産に立ち会わないで出生証明書を交付することはできない。
5．2年ごとの都道府県への届出義務はすべての獣医師に課されている。

◆第3章◆
獣医療法

《本章の内容》

1. 獣医療法の目的
2. 診療施設
3. 獣医療提供体制の整備
4. 広告の制限

《本章の目標》

1. 獣医療法の目的について説明できる。
2. 診療施設に関する規制内容について説明できる。
3. 獣医療提供体制の整備に関する規定の概要について説明できる。
4. 広告の制限の内容について説明できる。

◆ 1 獣医療法の目的

獣医療法（以下，本章における法）の目的は，①飼育動物の診療施設の開設及び管理に関し必要な事項，②獣医療を提供する体制の整備のために必要な事項を定めることにより，適切な獣医療の確保を図ることである（1条）。

この法における**飼育動物**とは，獣医師法第1条の2に規定する飼育動物，つまり一般に人が飼育する動物（広義の飼育動物）を意味する（法2条1項）。またこの法における**診療施設**とは，獣医師が飼育動物の診療の業務を行う施設を意味する（同条2項）。

◆ 2 診療施設
(1) 開設の届出義務

診療施設を開設した者（以下，開設者）は，その開設日から10日以内に，当

該診療施設の所在地を管轄する都道府県知事に届け出なければならない。診療施設の休止若しくは廃止又は届出事項の変更も同様である（3条）。届け出なかった場合には，20万円以下の罰金に処される（法21条1項）。**開設者は獣医師に限定されない**（例えば法人も開設できる）。

　往診のみによって飼育動物の診療の業務を自ら行う獣医師及び往診のみによって獣医師に飼育動物の診療の業務を行わせる者（以下，往診診療者等）については，その住所を診療施設とみなして，診療施設開設の届出を行わなければならない（法7条1項）。

(2) 診療施設の構造設備の基準適合義務

　診療施設の構造設備は，農林水産省令で定める基準に適合したものでなければならない（法4条）。獣医療法施行規則（以下，本章における施行規則）では，診療施設の構造設備の基準について以下のように定められている（施行規則2条）。

一　飼育動物の逸走を防止するために必要な設備を設けること。
二　伝染性疾病にかかっている疑いのある飼育動物を収容する設備には，他の飼育動物への感染を防止するために必要な設備を設けること。
三　消毒設備を設けること。
四　調剤を行う施設にあっては，次のとおりとすること。
　イ　採光，照明及び換気を十分にし，かつ，清潔を保つこと。
　ロ　冷暗貯蔵のための設備を設けること。
　ハ　調剤に必要な器具を備えること。
五　手術を行う施設は，その内壁及び床が耐水性のもので覆われたものであることその他の清潔を保つことができる構造であること。
六　放射線に関する構造設備の基準は，第6条から第6条の11までに定めるところによること。

【補足】　放射線に関する規制

　放射線に関する規制は，施行規則第2章（診療用放射線の防護）においてかなり詳細に定められている。具体的にはエックス線診療室（6条），診療用高エネルギー放射線発生装置使用室（6条の2），診療用放射線照射装置使用室（6条の3），診療用放射線照射器具使用室（6条の4），放射性同位元素装備診療機器使用室（6条の5），診療用放射性同位元素使用室（6条の6），陽電子断層撮影診療用放射性同位元素使用室（6条の7），貯蔵施設（6条の8），運搬容器（6条の9），廃棄施設

（6条の10）及び放射線治療収容室（6条の11）の構造設備又は構造の基準が定められている。また放射線管理責任者選任管理義務（7条），放射線障害予防規程策定管理義務（7条の2），エックス線装置（8条），診療用高エネルギー放射線発生装置（8条の2）及び診療用放射線照射装置（8条の3）の防護措置義務，注意事項掲示義務（9条），使用場所等の制限（10条），診療用放射性同位元素等の廃棄の委託（10条の2），廃棄物詰替施設等の基準（10条の3），飼育動物の収容制限（10条の4），管理区域（11条），敷地の境界等における防護（12条），放射線診療従事者等の被ばく防止（13条），線量の測定等（14条），放射線診療従事者等に係る線量の記録（15条），放射線診療従事者等の遵守事項（16条），放射線診療従事者等の教育訓練及び研修（16条の2），獣医療用放射性汚染物の取扱者の遵守事項（16条の3），エックス線装置等の定期検査等（17条），放射線障害が発生するおそれのある場所の測定（18条），濃度限度等（18条の2），記帳（19条），廃止後の措置（19条の2），事故の場合の措置（20条）が定められている。

(3) 獣医師による診療施設管理義務

　開設者は，自ら獣医師であってその診療施設を管理する場合のほか，獣医師にその診療施設を管理させなければならない（法5条1項）。つまり**開設者は獣医師である必要はないが，診療施設を管理する者（以下，管理者）は，必ず獣医師でなければならない**。これに違反した場合，20万円以下の罰金に処される（法21条2号）。管理者が，その診療施設の構造設備，医薬品その他の物品の管理及び飼育動物の収容につき遵守すべき事項については，農林水産省令で定める（法5条2項）。

　施行規則では，管理者が遵守すべき事項として以下のように定められている（同規則3条1項）。

一　飼育動物を収容する設備（以下「収容設備」という。）には，収容可能な頭数を超えて飼育動物を収容しないこと。

二　収容設備でない場所に飼育動物を収容しないこと。

三　飼育動物の逸走を防止するために必要な措置を講ずること。

四　収容設備内における他の飼育動物への感染を防止するために必要な措置を講ずること。

五　覚醒剤取締法麻薬及び向精神薬取締法及び医薬品医療機器等法の規定に違反しないよう必要な注意をすること。

六　常に清潔を保つこと。

七　採光，照明及び換気を適切に行うこと。

八 放射線に関し遵守すべき事項は，第7条から第20条までに定めるところによること。

(4) 診療施設の使用制限命令等

都道府県知事は，診療施設の構造設備が施行規則で定める基準に適合していないと認めるとき又は診療施設に関し施行規則で定める管理者の遵守事項が遵守されていないと認めるときは，その開設者に対し，期間を定めて，その全部若しくは一部の使用を制限し，若しくは禁止し，又は期限を定めて，修繕若しくは改築を行うべきことその他必要な措置を講ずべきことを命ずることができる（法6条）。

この命令に違反した場合，50万円以下の罰金に処される（法20条1号）。

(5) 報告の徴収及び立入検査

農林水産大臣又は都道府県知事は，この法律の施行に必要な限度において，開設者若しくは管理者に対し，必要な報告を命じ，又はその職員に，診療施設に立ち入り，その構造設備，業務の状況若しくは帳簿，書類その他の物件を検査させることができる（法8条1項）。

これに違反した場合，20万円以下の罰金に処される（法21条3号）。

◆ 3 獣医療提供体制の整備

(1) 獣医療提供体制整備のための基本方針

農林水産大臣は，獣医療を提供する体制の整備を図るための基本方針（以下，基本方針）を定めなければならない（法10条1項）。

基本方針においては，以下の事項を定める（同条2項）。

一 獣医療の提供に関する基本的な方向
二 診療施設の整備及び獣医師の確保に関する目標の設定に関する事項
三 獣医療を提供する体制の整備が必要な地域の設定に関する事項
四 診療施設その他獣医療に関連する施設の相互の機能及び業務の連携に関する基本的事項
五 獣医療に関する技術の向上に関する基本的事項
六 その他獣医療を提供する体制の整備に関する重要事項

(2) 獣医療提供体制整備計画

都道府県は，基本方針に即して，農林水産省令で定めるところにより，当該都道府県における獣医療を提供する体制の整備を図るための計画（以下，都道

第3章 獣医療法

府県計画）を定めることができる（法11条1項）。農林水産大臣の基本方針の策定は義務であるが，都道府県の計画の策定は裁量である。

都道府県計画においては，以下の事項を定める（同条2項）。
一　整備を行う診療施設の内容その他の診療施設の整備に関する目標
二　獣医療を提供する体制の整備が必要な地域

またこれら以外にも，都道府県計画においては，以下の事項を定めるよう努める（同条3項）。
一　獣医師の確保に関する目標
二　相互の機能及び業務の連携を行う施設の内容及びその方針
三　診療上必要な技術の研修の実施その他の獣医療に関する技術の向上に関する事項
四　その他獣医療を提供する体制の整備に関し必要な事項

◆ 4　広告の制限
(1) 広告の制限
何人も，獣医師又は診療施設の業務に関しては，次に掲げる事項を除き，その技能，療法又は経歴に関する事項を広告してはならない（法17条1項）。
一　獣医師又は診療施設の専門科名
二　獣医師の学位又は称号

これに違反した場合，50万円以下の罰金に処される（法20条2号）。

獣医療に関する広告が制限される理由は，獣医療の受け手である十分な専門的知識を有しない愛玩動物の飼育者，家畜の所有者，関係事業者等（以下，飼育者等）の利用者保護の観点から，誇大な広告等を行ったことにより，飼育者等を惑わし，あるいは不測の被害を受けることを防止することである[33]。

「何人も」と規定されているので，**獣医師以外の者も獣医師又は診療施設の業務に関する広告の制限を受ける**。

専門科名とは，内科，呼吸器科，消化器科などの獣医療の専門分野を占めるものや大動物専門科，犬・猫専門科，エキゾチックアニマル専門科などの獣医療の対象動物を示すものをいう[34]。学位とは学士（獣医学），博士（獣医学）

---

[33]　農林水産省消費・安全局長通知「獣医療に関する広告の制限及びその適正化のための監視指導に関する指針（獣医療広告ガイドライン）」令和5年11月13日付け5消安第4053号（以下，獣医療広告ガイドライン），1頁。

などの大学から授与される学位をいう(35)。称号とは，現行の獣医師法に基づく獣医師国家試験に合格して免許を得た獣医師を意味する新制獣医師（獣医師法附則〔昭和24年〕19条），名誉教授などをいう(36)。

(2) 広告制限の特例
① 広告可能事項

特例として**獣医師又は診療施設の業務に関する技能，療法又は経歴に関する事項のうち，広告しても差し支えないものとして農林水産省令で定めるものは，広告することができる。**この場合において，農林水産省令で定めるところにより，その広告の方法その他の事項について必要な制限をすることができる（法17条2項）。

農林水産省令で定める広告できる事項は，以下のとおりである（施行規則24条1項）。

一　獣医師法第6条の獣医師名簿への登録年月日をもって同法第3条の規定による免許を受けていること及び第1条第1項第4号の開設の年月日をもって診療施設を開設していること。

二　農林水産大臣の指定する者が行う獣医師の専門性に関する認定を受けていること。

三　医薬品医療機器等法に基づく承認若しくは認証を受けた医薬品，医療機器（医薬品医療機器等法第2条第4項に規定する医療機器をいう。次号において同じ。）又は医薬品医療機器等法第2条第9項に規定する再生医療等製品であって，専ら動物のために使用されることが目的とされているものを用いる検査，手術その他の治療を行うこと。

四　医療機器を所有していること。

五　家畜改良増殖法第3条の3第2項第4号に規定する家畜体内受精卵の採取を行うこと。

六　犬又は猫の生殖を不能にする手術を行うこと。

七　狂犬病その他の動物の疾病の予防注射を行うこと。

八　医薬品であって，専ら動物のために使用されることが目的とされているものによる寄生虫病の予防措置を行うこと。

---

(34)　獣医療広告ガイドライン，6-7頁。
(35)　獣医療広告ガイドライン，7頁。
(36)　獣医療広告ガイドライン，7頁。

九　飼育動物の健康診断を行うこと。

十　動物の愛護及び管理に関する法律第39条の2に規定するマイクロチップの装着を行うこと。

十一　獣医師の役職及び略歴に関すること。

十二　家畜伝染病予防法第53条第3項に規定する家畜防疫員であること。

十三　家畜伝染病予防法第2条の3第4項に規定する家畜の伝染性疾病の発生の予防のための自主的措置を実施することを目的として設立された団体から当該措置に係る診療を行うことにつき委託を受けていること。

十四　獣医療に関する技術の向上及び獣医事に関する学術研究に寄与することを目的として設立された一般社団法人又は一般財団法人の会員であること。

十五　獣医師法第16条の2第1項に規定する農林水産大臣の指定する診療施設であること。

十六　愛玩動物看護師の勤務する診療施設であること。

十七　農業保険法第11条第1項に規定する組合等（以下「組合等」という。）若しくは同条第2項に規定する都道府県連合会から同法第128条第1項（同法第172条において準用する場合を含む。）の施設として診療を行うことにつき委託を受けていること又は同法第10条第1項に規定する組合員等の委託を受けて共済金の支払を受けることができる旨の契約を組合等と締結していること。

　令和5年10月13日に公布された「獣医療法施行規則の一部を改正する省令」（令和6年4月1日施行）により、2号、3号、10号、11号及び16号が新たに特例で広告できる事項に追加された（前記列挙事由のうち太字のもの）。また8号については、改正前は「寄生虫」ではなく「犬糸状虫症」と規定されていたものが改められた。このような追加がなされた理由は、近年、①飼育者等の獣医療に対する関心が高まっており、また、情報発信媒体の変化から、飼育者等に対する正確かつ適切な情報提供が求められていること、②技術の進歩や獣医療の高度化・専門化が進んでいること、③医療分野において、専門性の広告等について制度改正があったこと、等の状況変化があることによる[37]。

　広告可能事項の基本的な考え方は、飼育者等の診療選択等に資する情報であ

---

(37)　農林水産省消費・安全局長通知「獣医療法施行規則の一部を改正する省令の公布について」令和5年10月13日付け5消安第4052号。

ることを前提とし，客観的な評価が可能であり，かつ事後の検証が可能な内容に限り広告できるというものである[38]。

② 広告可能事項の具体的内容

施行規則24条1項において列挙されている広告可能事項は抽象的であるため，「獣医療広告ガイドライン」において広告可能事項の具体的内容が示されている。

> ア　農林水産大臣の指定する者が行う獣医師の専門性に関する認定を受けていること（施行規則24条1項2号）

当該事項について広告を行う場合，農林水産大臣の指定する者から認定されていることを明示するする必要がある。つまり単に「○○専門獣医師」と示すのではなく，「●●認定○○専門獣医師」と示さなければならない[39]。また誇大広告を防ぐため，専門獣医師が非常勤である場合には，非常勤である旨及びその勤務日時を示さなければならない[40]。

【補足】　獣医師の専門性認定制度

獣医師の専門性認定制度は，専門性の認定を行う団体（以下，専門性認定団体）が，専門性認定を受けようとする獣医師がその認定要件を満たしているかどうかを確認し，その確認を受けて農林水産大臣の指定を受けて獣医師の専門性に関する認定を行う者（以下，認定要件確認団体）が専門性の認定（以下，専門性認定）を行うという形式になっている。

認定要件確認機関の指定の基準については，以下のように定められている（農林水産省消費・安全局長通知「農林水産大臣の指定を受けて獣医師の専門性に関する認定を行う者の指定等の基準」［令和6年3月18日付け5消安第7539号］）。

1. 指定を受けようとする者が認定事務を適正かつ確実に実施するために，次に掲げる事項を記載した計画を適切に作成していること。
   (1) 広告可能な専門性に係る名称の検討及び設定に関する事項
   (2) 後記の獣医師の専門性に関する認定要件の評価及び認定に関する事項
   (3) 獣医師の登録情報の管理及び公表の実施の方法に関する事項
   (4) その他必要な事項
2. 指定を受けようとする者が1の計画の適正かつ確実な実施に必要な経理的及び技術的な能力を有する者であること。
3. 指定を受けようとする者が獣医療に関する専門的な知識を有する者であって，

---

(38)　獣医療広告ガイドライン，2頁。
(39)　獣医療広告ガイドライン，8頁。
(40)　同上。

獣医事に関する公益的な活動を長期間継続して実施しているものであること。
4．指定を受けようとする者が公平性・中立性の高い者であって，財政的な安定性を有しているものであること。

専門性認定団体の要件については，以下のように定められている（同通知）。
1．専門性認定を受けようとする獣医師に対して，次の条件を付すこと。
 (1) 当該専門性認定を受けようとする獣医師の講習会受講を必須とすること。
 (2) 当該専門性認定を受けようとする獣医師の専門性取得のために，十分な臨床歴又は研究歴を有することとなること。
 (3) 当該専門性認定を受けようとする獣医師が学会又は論文発表を行うこととなること。
2．適正な選定試験を行っていること。
3．定期的な専門性認定の更新を含む専門性に関する資格の取得条件を規程により定めて公表するとともに，認定更新が形骸化しないようにしていること。
4．資格者名簿を公表していること。
5．活動実績として次に掲げる要件を満たす者であること。
 (1) 一定の活動実績を有し，その内容を公表していること。
 (2) 定期的に獣医学に関する学術集会（オンラインによるものを含む。）を開催していること。
 (3) 定期的に獣医学に関する情報発信をしていること。
6．法人格を有していること，100名以上の会員を有する団体であることその他の財政的な安定性を有していること。

専門性認定団体が設定した専門性認定要件については，認定要件確認団体が評価し認定する。認定要件確認機関の認定事務について，認定事務に関与しない第三者が評価できる体制をとることとされている（同通知）。

認定要件確認団体については，公益財団法人日本獣医師会内に設置された「認定・専門獣医師協議会」が農林水産大臣により指定された（令和6年7月24日）。これにより専門性認証が開始され，令和6年7月26日現在で7団体14資格名が認証されている（【表1】参照）。

　イ　医薬品医療機器等法に基づく承認若しくは認証を受けた医薬品，医療機器又は医薬品医療機器等法第2条第9項に規定する再生医療等製品であって，専ら動物のために使用されることが目的とされているものを用いる検査，手術その他の治療を行うこと（施行規則24条1項3号）

この「治療を行うこと」は，一般的な診療行為よりも高度な技法又は療法を用いた診療行為を行うことを意味する[41]。但し当該事項の広告については，

---

(41) 同上。

【表1】認証された専門性認定団体及び資格名一覧（令和6年7月26日現在）

団体名	資格名
動物臨床医学会（公益財団法人動物臨床医学研究所）	獣医総合臨床認定医
一般社団法人日本獣医麻酔外科学会	動物麻酔基礎技能認定医 動物麻酔上級技能認定医 日本小動物外科専門医
一般社団法人日本獣医がん学会	獣医腫瘍科認定医Ⅰ種 獣医腫瘍科認定医Ⅱ種
公益社団法人日本動物病院協会	獣医総合臨床認定医 獣医内科認定医 獣医外科認定医
一般社団法人日本獣医循環器学会	獣医循環器認定医 獣医循環器上席認定医
日本獣医皮膚科学会	一般社団法人日本獣医皮膚科学会認定医
日本産業動物獣医学会（公益社団法人日本獣医師会）	乳牛農場管理認定獣医師 肉牛農場管理認定獣医師 豚農場管理認定獣医師

　優良誤認表示や誇大広告にならないように十分に注意を払うとともに，「問合せ先」，「通常必要とされる診療の内容」，「診療に係る主なリスク，副作用等の事項」及び「費用」を全て併記して，飼育者等が必要な獣医療サービスを正しく理解し，適切に選択するために必要な情報を提供しなければならない[42]。獣医療広告ガイドラインでは，【図1】のような当該事項に関する広告の例が挙げられている[43]。
　ウ　医療機器を所有していること（施行規則24条1項4号）
　当該事項の広告についても，優良誤認表示や誇大広告にならないように十分に注意を払うとともに，「問合せ先」，「通常必要とされる診療の内容」，「診療に係る主なリスク，副作用等の事項」及び「費用」を全て併記して，飼育者等

---

(42)　同上。
(43)　獣医療広告ガイドライン，10頁。

第 3 章　獣 医 療 法

【図１】　高度獣医療に関する広告の例

（犬の椎間版ヘルニア手術を広告する場合の一例）

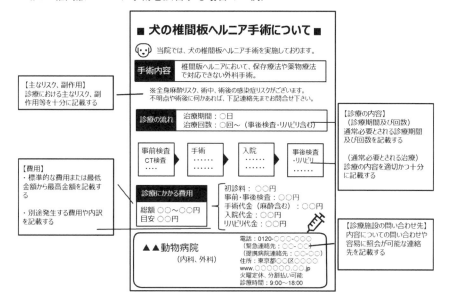

が必要な獣医療サービスを正しく理解し，適切に選択するために必要な情報を提供しなければならない(44)。

　エ　犬又は猫の生殖を不能にする手術を行うこと（施行規則24条１項６号）

　当該事項の広告についても，誇大広告や優良誤認表示にならないように十分に注意を払うとともに，「問合せ先」，「通常必要とされる診療の内容」，「診療に係る主なリスク，副作用等の事項」及び「費用」を全て併記して，飼育者等が必要な獣医療サービスを正しく選択するために必要な情報を提供しなければならない(45)。獣医療広告ガイドラインでは，【図２】のような当該事項に関する広告の例が挙げられている(46)。

　オ　狂犬病その他の動物の疾病の予防注射を行うこと（施行規則24条１項７号）

　当該事項の広告についても，優良誤認表示や誇大広告にならないように十分

---

(44)　同上。
(45)　獣医療広告ガイドライン，11頁。
(46)　獣医療広告ガイドライン，12頁。

【図2】 犬の避妊手術を広告する場合の例

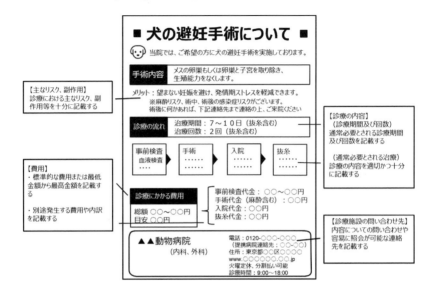

に注意を払うとともに，「問合せ先」，「通常必要とされる診療の内容」，「診療に係る主なリスク，副作用等の事項」及び「費用」を全て併記して，飼育者等が必要な獣医療サービスを正しく理解し，適切に選択するために必要な情報を提供しなければならない。加えて，狂犬病予防注射を広告する場合には，施行規則24条2項2号の規定により，狂犬病予防法4条に規定する犬の登録及び鑑札並びに同法第5条に規定する予防注射及び注射済票に関する説明を併記する必要がある[47]。獣医療広告ガイドラインでは，【図3】のような当該事項に関する広告の例が挙げられている[48]。

　カ　飼育動物の健康診断を行うこと（施行規則24条1項9号）

　当該事項の広告についても，優良誤認表示や誇大広告にならないように十分に注意を払うとともに，「問合せ先」，「通常必要とされる診療の内容」，「診療に係る主なリスク，副作用等の事項」及び「費用」を全て併記して，飼育者等が必要な獣医療サービスを正しく理解し，適切に選択するために必要な情報を

---

(47) 同上。
(48) 獣医療広告ガイドライン，13頁。

【図３】　狂犬病予防注射の広告の例

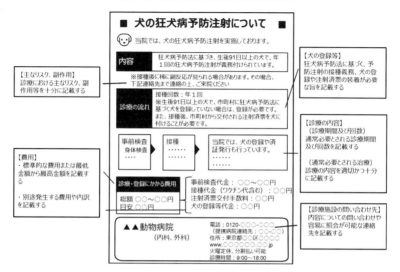

提供しなければならない。その際には，「身体検査」，「血液一般検査」，「尿検査」，「糞便検査」「エックス線撮影」，「超音波診断検査」等の具体的な健康診断の検査項目について併せて情報提供することが望ましい。ただし，獣医学的又は社会的に様々な見解があり，広く定着していると認められない検査については，本号の健康診断に該当しないと解され，飼育者等が必要な獣医療サービスを正しく選択するために不適切な情報となり得ることから，広告が可能なものの対象とはならない[49]。例えば「当院では犬の健康診断をお勧めしています。ワンちゃんの実年齢測定も追加できます。」という広告は，実年齢測定は獣医学的に広く定着していると認められた検査ではないためできない[50]。

キ　マイクロチップの装着を行うこと（施行規則24条１項10号）

当該事項の広告についても，優良誤認表示や誇大広告にならないように十分に注意を払うとともに，「問合せ先」，「通常必要とされる診療の内容」，「診療に係る主なリスク，副作用等の事項」及び「費用」を全て併記して，飼育者等が必要な獣医療サービスを正しく理解し，適切に選択するために必要な情報を

---

(49)　獣医療広告ガイドライン，14-15頁。
(50)　獣医療広告ガイドライン，15頁。

【図4】 マイクロチップ装着の広告の例

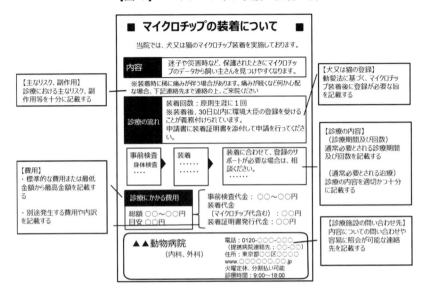

提供しなければならず,さらに動物の愛護及び管理に関する法律39条の5に基づき,犬又は猫の登録に関する説明を併記する必要がある[51]。獣医療広告ガイドラインでは,【図4】のような当該事項に関する広告の例が挙げられている[52]。

　ク　獣医師の役職及び略歴に関すること(施行規則24条1項11号)
　当該事項について広告が可能となるものは,社会的な評価を受けている客観的な事実であってその正否について容易に確認できるものに限られる。したがって○○研究会○○研修コース受講のような研修履歴については,研修の実施主体やその内容が様々であり,獣医療に関する適切な選択に資するものとそうではないものの線引きが困難であることから,広告が可能なものの対象とはならない。またテレビ出演獣医師という広告も,獣医療に関する適切な選択に資するものかの判断は困難なためできない[53]。

　ケ　愛玩動物看護師の勤務する診療施設であること(施行規則24条1項16号)
　国家資格者である愛玩動物看護師は,特定の診療行為ではなく診療の補助を

---

(51)　同上。
(52)　獣医療広告ガイドライン,16頁。
(53)　獣医療広告ガイドライン,16-17頁。

業とすることに鑑み，広告における愛玩動物看護師に関する事項については限定的にすべきであり，「愛玩動物看護師が採血を実施しています」というような診療の補助として特定の診療行為を行っている旨を広告することはできない[54]。

(3) 広告方法等の制限

広告できる事項であっても，その方法等については以下のような制限を受ける（施行規則24条2項）。

一　前項第3号及び第4号並びに第6号から第10号までに掲げる事項を広告する場合にあっては，次に掲げる制限
　イ　提供される獣医療の内容が他の獣医師又は診療施設と比較して優良である旨を広告してはならないこと。
　ロ　提供される獣医療の内容に関して誇大な広告を行ってはならないこと。
　ハ　問い合わせ先，通常必要とされる診療内容並びに診療に係る主なリスク，副作用及び費用を併記しなければ広告してはならないこと。

二　前項第7号に掲げる事項（狂犬病予防注射に関する事項に限る。）を広告する場合にあっては，狂犬病予防法第4条に規定する犬の登録及び鑑札並びに同法第5条に規定する予防注射及び注射済票に関する説明を併記しなければ広告してはならないこと。

三　前項第10号に掲げる事項［マイクロチップの装着］を広告する場合にあっては，動物の愛護及び管理に関する法律第39条の5第1項に規定する登録に関する説明を併記しなければ広告してはならないこと。

四　農林水産大臣は，前項第2号の規定により指定した者が専門性に関する認定を行うについて不適当であると認められるに至ったときは，その指定を取り消すことができること。

令和5年10月13日に公布された「獣医療法施行規則の一部を改正する省令」により，1号ハ，2号，3号，4号が広告方法等の制限について追加された。

比較広告とは，「**提供される獣医療の内容について，特定又は不特定の他の診療施設等と自らの診療施設等を比較の対象とし，自らが他よりも優良である旨の広告**」をいう[55]。例えば「どの動物病院よりも安全に手術を行います。」

---

(54)　獣医療広告ガイドライン，18頁。
(55)　獣医療広告ガイドライン，19頁。

という広告は，他の動物病院より優良であるかのように認識されるおそれがあり，比較広告に該当する[56]。

誇大広告とは，「提供する獣医療の内容について，著しく事実に相違し，又は必ずしも虚偽ではないが事実を不当に誇張して表現して飼育者等を誤認させる広告」をいう[57]。たとえば「当院で行う避妊手術は比較的安全な手術です。」という広告は，何と比較して安全であるか不明で客観的な事実と証明できない事項に該当するので誇大広告に該当する[58]。

獣医療に関する費用は，令和5年改正前の旧獣医療法施行規則では広告に記載してはならないとされていた（旧獣医療法施行規則24条2項3号）。しかし改正後は，飼育者等に対して必要な獣医療を正しく選択するために必要な情報を提供するという観点から，施行規則24条1項3号［医薬品等を用いる治療］及び4号［医療機器の所有］並びに6号から10号［犬又は猫の生殖不能手術，狂犬病等の予防注射，寄生虫病の予防措置，健康診断，マイクロチップ装着］に掲げる事項を広告する場合，問い合わせ先，通常必要とされる診療内容並びに診療に係る主なリスク，副作用及び**費用を併記しなければならない**こととなった（施行規則24条2項1号ハ）。

施行規則に基づき広告できる事項を広告する場合にあっては，**飼育者が獣医療サービスの選択を適切に行うことができるように，獣医師又は診療施設の業務について正確かつ適切な情報を提供するよう努めなければならない**（施行規則24条3項）。これも令和5年10月13日に公布された「獣医療法施行規則の一部を改正する省令」により追加された規定である。

(4) 広告の定義

広告とは，「随時に又は継続してある事項を広く知らしめること」をいう[59]。以下の3要件のすべてを充たしたと飼育者等が認識できる場合には，広告に該当する[60]。

一　誘引性：飼育者等を誘引する意図があること
二　特定性：獣医師の氏名又は診療施設の名称が特定可能であること

---

(56)　獣医療広告ガイドライン，20頁。
(57)　同上。
(58)　同上。
(59)　獣医療広告ガイドライン，3頁。
(60)　獣医療広告ガイドライン，3頁。

三　認知性：一般人が認知できる状態にあること

　ある表現物がこれら3要件のすべてを充たす広告に該当するかどうかは，実質的に判断される。たとえばある表現物において「これは広告でありません。」という記載があっても，その内容がこれら3要件のすべてを充たすのであれば，広告と判断される。

　以下の表現物は，通常は広告に該当しないとされる[61]。

一　論文・学会発表等
二　新聞・雑誌等の記事（記事風広告は誘引性あり）
三　体験談・手記等（診療施設がそのパンフレットに体験談等を利用する場合は誘引性あり）
四　診療施設内掲示，診療施設内で配布されるパンフレット等
五　飼育者等からの申出に応じて送付するパンフレット等（希望していない者に送付されるパンフレット等は認知性あり）
六　診療施設の職員募集に関する広告
七　診療施設等ウェブサイト（ウェブサイト広告，検索エンジンで検索した結果上位に表示されるもの，チラシ等の二次元バーコード又はバナー広告に連動するもの，SNSで不特定多数に拡散するもの等は，認知性あり）
八　獣医師等が個人で開設するブログ，SNS等（当該情報発信が不特定多数に拡散されているものについては認知性あり）
九　行政機関の公報又はポスター

---

[61]　獣医療広告ガイドライン，4-5頁。

◆ 章 末 問 題 ◆

問1 「獣医療法」に規定されていないのはどれか。（第74回獣医師国家試験）

1. 診療施設を開設したら，10日以内に届け出なければならない。
2. 診療施設を廃止したら，10日以内に届け出なければならない。
3. 往診のみの診療を行う場合は，その診療車両を届け出なければならない。
4. 診療施設でエックス線装置を使用する場合は，放射線障害防止措置を講じなければならない。
5. 診療施設の管理は獣医師が行なわなければならない。

問2 「獣医療法」において，獣医師の業務または診療施設に関する広告の内容として認められているのはどれか。（第69回獣医師国家試験改題）

1. 愛玩動物看護師が採血を実施していること
2. 手術が他の獣医師と比較して優良であること
3. 予防注射に要する費用
4. 当院で行う避妊手術が比較的安全な手術であること
5. 著名人が来院していること

第 3 章　獣 医 療 法

◇ 章末問題の解説 ◇

問1　正答　3

　　獣医師が往診のみの診療を行う場合，その住所を診療施設とみなして，診療施設開設の届出を行わなければならない。

問2　正答　3

1．愛玩動物看護師が診療の補助として特定の診療行為を行っている旨を広告することはできない。
2．比較広告を行うことはできない。
3．予防注射の広告においてはその要する費用を併記しなければならない。
4．誇大広告を行うことはできない。
5．比較広告を行うことはできない。

63

◆第4章◆
愛玩動物看護師法

《本章の内容》

1. 目的
2. 定義
3. 免許
4. 試験
5. 業務等

《本章の目標》

1. 愛玩動物看護師法の目的について説明できる。
2. 愛玩動物及び愛玩動物看護師の意味について説明できる。
3. 愛玩動物看護師の免許制度について説明できる。
4. 愛玩動物看護師国家試験の内容について説明できる。
5. 愛玩動物看護師の業務について説明できる。

◆ 1 目 的

　愛玩動物看護師法（以下本章における法）の目的は，愛玩動物看護師の資格を定めるとともに，その業務が適正に運用されるように規律し，もって愛玩動物に関する獣医療の普及及び向上並びに愛玩動物の適正な飼養に寄与することである（法1条）。

◆ 2 定 義
(1) 愛玩動物

　愛玩動物とは，獣医師法第17条に規定する飼育動物のうち，犬，猫その他政令で定める動物をいう（法2条1項）。

政令で定める動物は，①オウム科全種，②カエデチョウ科全種，③アトリ科全種である（愛玩動物看護師法施行令1条）。

つまり愛玩動物の範囲は，獣医師の業務独占が認められる狭義の飼育動物よりもさらに狭い。

(2) 愛玩動物看護師

愛玩動物看護師とは，農林水産大臣及び環境大臣の免許を受けて，愛玩動物看護師の名称を用いて，診療の補助（愛玩動物に対する診療（獣医師法第17条に規定する診療をいう。）の一環として行われる衛生上の危害を生ずるおそれが少ないと認められる行為であって，獣医師の指示の下に行われるものをいう。以下同じ。）及び疾病にかかり，又は負傷した愛玩動物の世話その他の愛玩動物の看護並びに愛玩動物を飼養する者その他の者に対するその愛護及び適正な飼養に係る助言その他の支援を業とする者をいう（法2条2項）。

◆ 3 免 許

(1) 免 許

愛玩動物看護師になろうとする者は，愛玩動物看護師国家試験（以下「試験」という。）に合格し，農林水産大臣及び環境大臣の免許を受けなければならない（法3条）。

愛玩動物看護師になるためには免許を受けることが必要であり，国家試験に合格しただけでは愛玩動物看護師になることはできない。

(2) 欠格事由

次の各号のいずれかに該当する者には，免許を与えないことがある（法4条）。

一 罰金以上の刑に処せられた者
二 前号に該当する者を除くほか，愛玩動物看護師の業務に関し犯罪又は不正の行為があった者
三 心身の障害により愛玩動物看護師の業務を適正に行うことができない者として農林水産省令・環境省令で定めるもの
四 麻薬，大麻又はあへんの中毒者

欠格事由に該当する者には，「免許を与えないことがある」と定められているので，絶対に免許が与えられないわけではなく，与えられることもある。つまり法で定められた欠格事由は相対的欠格事由である。獣医師法では絶対的欠

格事由として未成年者であることが定められているが（同法4条），法にはそのような定めはない。

心身の障害により愛玩動物看護師の業務を適正に行うことができない者について，農林水産省令・環境省令では，次の各号のいずれかに該当する者と定められている（愛玩動物看護師法施行規則［以下，本章における施行規則］1条）。

一　視覚，聴覚，音声機能若しくは言語機能又は精神の機能の障害により愛玩動物看護師の業務を適正に行うに当たって必要な認知，判断及び意思疎通を適切に行うことができない者
二　上肢の機能の障害により愛玩動物看護師の業務を適正に行うに当たって必要な技能を十分に発揮することができない者

(3) 愛玩動物看護師名簿

農林水産省及び環境省にそれぞれ愛玩動物看護師名簿を備え，免許に関する事項を登録する（法5条）。ただし後述するように愛玩動物看護師の登録の実施等に関する事務を行う機関（指定登録機関）として「一般財団法人動物看護師統一認定機構」が指定されているので，実際には当該機関に愛玩動物看護師名簿を備え，免許に関する事項を登録する（法16条1項）。

(4) 登録及び免許証の交付

免許は，試験に合格した者の申請により，愛玩動物看護師名簿に登録することによって行う（法6条1項）。つまり国家試験に合格しても，登録申請をして愛玩動物看護師名簿に登録されなければ愛玩動物看護師免許は与えられない。

農林水産大臣及び環境大臣は，免許を与えたときは，愛玩動物看護師免許証を交付する（同条2項）。

(5) 意見の聴取

農林水産大臣及び環境大臣は，免許を申請した者について，第4条第3号に掲げる者に該当すると認め，同条の規定により免許を与えないこととするときは，あらかじめ，当該申請者にその旨を通知し，その求めがあったときは，農林水産大臣及び環境大臣の指定する職員にその意見を聴取させなければならない（法7条）。

(6) 愛玩動物看護師名簿の訂正

愛玩動物看護師は，愛玩動物看護師名簿に登録された免許に関する事項に変更があったときは，30日以内に，当該事項の変更を農林水産大臣及び環境大臣に申請しなければならない（法8条）。

ただし後述するように愛玩動物看護師の登録の実施等に関する事務を行う機関（指定登録機関）として「一般財団法人動物看護師統一認定機構」が指定されているので、実際には当該機関に申請することになる（法16条1項）。

(7) 免許の取消し等

愛玩動物看護師が第4条各号のいずれかに該当するに至ったときは、農林水産大臣及び環境大臣は、その免許を取り消し、又は期間を定めて愛玩動物看護師の名称の使用の停止を命ずることができる（法9条1項）。

「命ずることができる」であるので、欠格事由に該当しても免許の取消等が行われない場合もある。

前項の規定により免許を取り消された者であっても、その者がその取消しの理由となった事項に該当しなくなったときその他その後の事情により再び免許を与えるのが適当であると認められるに至ったときは、再免許を与えることができる。この場合においては、第6条の規定を準用する（同条2項）。

(8) 登録の消除

農林水産大臣及び環境大臣は、免許がその効力を失ったときは、愛玩動物看護師名簿に登録されたその免許に関する事項を消除しなければならない（法10条）。ただし後述するように愛玩動物看護師の登録の実施等に関する事務を行う機関（指定登録機関）として「一般財団法人動物看護師統一認定機構」が指定されているので、実際には当該機関が消除を行う（法16条1項）。

(9) 指定登録機関の指定

農林水産大臣及び環境大臣は、農林水産省令・環境省令で定めるところにより、その指定する者（以下「指定登録機関」という。）に、愛玩動物看護師の登録の実施等に関する事務（以下「登録事務」という。）を行わせることができる（法12条1項）。

現在では、「一般財団法人動物看護師統一認定機構」が指定登録機関として指定されている（令和4年5月1日指定）。

◆ 4　試　験

(1) 試験の実施

試験は、愛玩動物看護師として必要な知識及び技能について行う（法29条）。試験は、毎年1回以上、農林水産大臣及び環境大臣が行う（法30条）。実際には、後述するように指定試験機関として「一般財団法人動物看護師統一認

定機構」が指定されているので，当該機関が試験を行う。

　試験科目は農林水産省・環境省令で定めることになっており（法39条），省令では①基礎動物学，②基礎動物看護学，③臨床動物看護学，④愛護・適正飼養学と定められている（施行規則12条）。また試験は，筆記の方法により行うと定められている（同14条）。つまり現行の施行規則の下では面接試験や実技試験を課すことはできない。

(2) 受験資格

　試験は，次の各号のいずれかに該当する者でなければ，受けることができない（法31条）
一　学校教育法に基づく大学において農林水産大臣及び環境大臣の指定する科目を修めて卒業した者
二　農林水産省令・環境省令で定める基準に適合するものとして都道府県知事が指定した愛玩動物看護師養成所において，3年以上愛玩動物看護師として必要な知識及び技能を修得した者
三　外国の第2条第2項に規定する業務に関する学校若しくは養成所を卒業し，又は外国で愛玩動物看護師に係る農林水産大臣及び環境大臣の免許に相当する免許を受けた者で，農林水産大臣及び環境大臣が前2号に掲げる者と同等以上の知識及び技能を有すると認定したもの

(3) 試験の無効等

　農林水産大臣及び環境大臣は，試験に関して不正の行為があった場合には，その不正行為に関係のある者に対しては，その受験を停止させ，又はその試験を無効とすることができる（法32条1項）。

　農林水産大臣及び環境大臣は，前項の規定による処分を受けた者に対し，期間を定めて試験を受けることができないものとすることができる（同条2項）。

　しかし後述するように試験の実施に関する事務を行わせることができる機関（指定試験機関）として「一般財団法人動物看護師統一認定機構」が指定されているので，実際には，当該機関が，試験に関して不正の行為があったときは，その不正行為に関係のある者に対しては，その受験を停止させることができる（法37条1項）。また当該機関がこれらの処分を受けた者に対し，期間を定めて試験を受けることができないものとすることができる（同条2項）。

(4) 受験手数料

　試験を受けようとする者は，実費を勘案して政令で定める額の受験手数料を

国に納付しなければならない（法33条1項）。前項の受験手数料は，これを納付した者が試験を受けない場合においても，返還しない（同条2項）。

しかし後述するように試験の実施に関する事務を行わせることができる機関（指定試験機関）として「一般財団法人動物看護師統一認定機構」が指定されているので，実際には受験手数料は当該機関に納付され（法37条2項），その納付された受験手数料は当該機関の収入となる（同条3項）。

(5) 指定試験機関の指定

農林水産大臣及び環境大臣は，農林水産省令・環境省令で定めるところにより，その指定する者（以下「指定試験機関」という。）に，試験の実施に関する事務（以下「試験事務」という。）を行わせることができる（法34条1項）。

現在では，「一般財団法人動物看護師統一認定機構」が指定登録機関として指定されている（令和2年2月27日指定）。

◆ 5　業務等

(1) 業務

愛玩動物看護師は，獣医師法第17条の規定にかかわらず，診療の補助を行うことを業とすることができる（法40条1項）。

法2条2項では，愛玩動物看護師の業務として以下のものが列挙されている。

① 診療の補助（愛玩動物に対する獣医師法第17条に規定する診療の一環として行われる衛生上の危害を生ずるおそれが少ないと認められる行為であって，獣医師の指示の下に行われるもの）
② 疾病にかかり，又は負傷した愛玩動物の世話その他の愛玩動物の看護
③ 愛玩動物を飼養する者その他の者に対するその愛護及び適正な飼養に係る助言その他の支援

これらのうち**愛玩動物看護師の独占業務となるのは①のみである**（もちろん獣医師も業務とすることができる）。①を愛玩動物看護師でない者が業務とすることは，獣医師法17条違反となる。しかし，②及び③は診療ではないので，獣医師法17条による獣医師の独占業務に含まれないため，愛玩動物看護師でない者も業務とすることができる。

診療の補助は，衛生上の危害を生ずるおそれが少ないと認められる行為に限られる。具体的には採血や経口投薬等である。病気の診断や手術，エックス線

検査等は含まれない。また**診療の補助**は，獣医師の指示の下に行われなければならない。愛玩動物看護師が独断で診療の補助を行うことはできない。

ただし，前項の規定は，第9条第1項の規定により愛玩動物看護師の名称の使用の停止を命ぜられている者については，適用しない（法40条2項）。

(2) 獣医師との連携

愛玩動物看護師は，その業務を行うに当たっては，獣医師との緊密な連携を図り，適正な獣医療の確保に努めなければならない（法41条）。高度な獣医療を実施するためには，複数の獣医師及び愛玩動物看護師からなるチームで対応するチーム獣医療体制を整備することが不可欠である。このチーム獣医療は愛玩動物看護師が獣医師と緊密な連携を図ることによってはじめて実現されるので，本条においてその緊密な連携を図る努力義務が定められている。

(3) 名称の使用制限

愛玩動物看護師でない者は，愛玩動物看護師又はこれに紛らわしい名称を使用してはならない（法42条）。

◆ 章 末 問 題 ◆

問1　愛玩動物看護師の業務でないのはどれか。（第1回愛玩動物看護師国家試験）

1．獣医師の指示のもとに行われる診療の補助
2．診断と治療方針の決定
3．疾病に罹患した，または負傷した愛玩動物の世話と看護
4．動物介在教育や動物介在活動における技術提供と指導
5．愛玩動物の愛護および適正飼養にかかわる助言と支援

問2　「愛玩動物看護師法」に関する記述として正しいのはどれか。

1．愛玩動物にはウサギが含まれる。
2．愛玩動物看護師国家試験に合格すれば，愛玩動物看護師免許が与えられる。
3．愛玩動物看護師にも応招（召）義務が課されている。
4．愛玩動物の適正飼養に係る助言は愛玩動物看護師の独占業務である。
5．愛玩動物看護師による診療の補助は，獣医師の指示の下に行われなければならない。

第4章　愛玩動物看護師法

◇ 章末問題の解説 ◇

問1　正答　2

　　愛玩動物看護師が行うことができる診療の補助は，衛生上の危害を生ずるおそれが少ないと認められる行為に限られるので，診断と治療方針の決定は含まれない。

問2　正答　5

1．愛玩動物は，犬，猫，オウム科全種，カエデチョウ科全種，アトリ科全種である。
2．愛玩動物看護師国家試験に合格しても，登録申請を行って愛玩動物看護師名簿に登録されなければ愛玩動物看護師免許は与えられない。
3．愛玩動物看護師にも応招（召）義務は課されていない。
4．愛玩動物看護師の独占業務は診療の補助のみである。
5．愛玩動物看護師による診療の補助は，獣医師の指示の下に行われなければならず，愛玩動物看護師が独断で診療の補助を行うことはできない。

第3編
家畜衛生関連法規

◆第5章◆
家畜伝染病予防法

―《本章の内容》―
1．目的
2．各種伝染病
3．家畜の伝染性疾病の発生の予防
4．家畜の伝染性疾病のまん延の防止
5．輸出入検疫等
6．病原体の所持に関する措置
7．家畜防疫官及び家畜防疫員

―《本章の目標》―
1．家畜伝染病予防法の目的について説明できる。
2．家畜伝染病予防法における各種伝染病の意味及び該当する疾病について説明できる。
3．家畜の伝染性疾病の発生の予防に関する規定の概要について説明できる。
4．家畜の伝染性疾病のまん延の防止に関する規定の概要について説明できる。
5．輸出入検疫等に関する規定の概要について説明できる。
6．病原体の所持に関する規定の概要について説明できる。
7．家畜防疫官及び家畜防疫員の任命方法について説明できる。

◆ 1　目　的

　家畜伝染病予防法（以下，本章における法）の**目的**は，家畜の伝染性疾病（寄生虫病を含む。以下同じ。）の発生を予防し，及びまん延を防止することにより，畜産の振興を図ることである（法1条）。

◆ **2 各種伝染病**
(1) 家畜伝染病（法定伝染病）
　家畜伝染病とは，法で定める伝染性疾病であってそれぞれについて法で定める家畜及び当該伝染性疾病ごとに政令で定めるその他の家畜についてのものをいう（法2条1項）。法で定められているので法定伝染病と呼ばれることもある。

　具体的には法では，①牛疫［牛，めん羊，山羊，豚］，②牛肺疫［牛］，③口蹄疫［牛，めん羊，山羊，豚］，④流行性脳炎［牛，馬，めん羊，山羊，豚］，⑤狂犬病［牛，馬，めん羊，山羊，豚］，⑥水疱性口内炎［牛，馬，豚］，⑦リフトバレー熱［牛，めん羊，山羊］，⑧炭疽［牛，馬，めん羊，山羊，豚］，⑨出血性敗血症［牛，めん羊，山羊，豚］，⑩ブルセラ症［牛，めん羊，山羊，豚］，⑪結核［牛，山羊］，⑫ヨーネ病［牛，めん羊，山羊］，⑬ピロプラズマ症（農林水産省令で定める病原体によるものに限る）［牛，馬］，⑭アナプラズマ症（農林水産省令で定める病原体によるものに限る）［牛］，⑮伝達性海綿状脳症［牛，めん羊，山羊］，⑯鼻疽［馬］，⑰馬伝染性貧血［馬］，⑱アフリカ馬疫［馬］，⑲小反芻獣疫［めん羊，山羊］，⑳豚熱［豚］，㉑アフリカ豚熱［豚］，㉒豚水疱症［豚］，㉓家きんコレラ［鶏，あひる，うずら］，㉔高病原性鳥インフルエンザ［鶏，あひる，うずら］，㉕低病原性鳥インフルエンザ［鶏，あひる，うずら］，㉖ニューカッスル病（病原性が高いものとして農林水産省令で定めるものに限る）［鶏，あひる，うずら］，㉗家きんサルモネラ症（農林水産省令で定める病原体によるものに限る）［鶏，あひる，うずら］，㉘腐蛆病［蜜蜂］が定められている（法2条1項表。[　　]内が伝染性疾病ごとに定められている家畜）。

　家畜伝染病予防法施行令（以下，本章における施行令）では，①牛疫（水牛，鹿，いのしし），②牛肺疫（水牛，鹿），③口蹄疫（水牛，鹿，いのしし），④流行性脳炎（水牛，鹿，いのしし），⑤狂犬病（水牛，鹿，いのしし），⑥水疱性口内炎（水牛，鹿，いのしし），⑦リフトバレー熱（水牛，鹿），⑧炭疽（水牛，鹿，いのしし），⑨出血性敗血症（水牛，鹿，いのしし），⑩ブルセラ症（水牛，鹿，いのしし），⑪結核（水牛，鹿），⑫ヨーネ病（水牛，鹿），⑬ピロプラズマ症（農林水産省令で定める病原体によるものに限る）（水牛，鹿），⑭アナプラズマ症（農林水産省令で定める病原体によるものに限る）（水牛，鹿），⑮伝達性海綿状脳症（水牛，鹿），⑯小反芻獣疫（鹿），⑰豚熱（いのしし），⑱アフリカ豚熱（いのしし），⑲豚水疱病（いのしし），⑳家きんコレラ（七面鳥），㉑高病原性鳥イ

ンフルエンザ（きじ，だちよう，ほろほろ鳥，七面鳥），㉒低病原性鳥インフルエンザ（きじ，だちよう，ほろほろ鳥，七面鳥），㉓ニューカッスル病（病原性が高いものとして農林水産省令で定めるものに限る）（七面鳥），㉔家きんサルモネラ症（農林水産省令で定める病原体によるものに限る）（七面鳥）が定められている（施行令1条表。括弧内が伝染性疾病ごとに定められている家畜）。

まとめると次頁のような表になる。各伝染性疾病において○がついている動物についてのものが家畜伝染病である。

(2) 患畜及び疑似患畜

患畜とは，家畜伝染病（腐蛆病を除く）にかかっている家畜をいう（法2条2項前段）。蜜蜂は群れを作って生活するので「蜜蜂一匹一匹の個体を対象にして患畜であるか判断しても意味がなく，生活単位としての一群を単位として考える必要があることから，腐蛆病にかかっている蜜蜂は患畜とされていない」[62]。

疑似患畜とは，①患畜である疑いがある家畜及び②牛疫，牛肺疫，口蹄疫，狂犬病，豚熱，アフリカ豚熱，高病原性鳥インフルエンザ又は低病原性鳥インフルエンザの病原体に触れたため，又は触れた疑いがあるため，患畜となるおそれがある家畜をいう（同条項後段）。

(3) 特定家畜伝染病

① 意味及び具体的内容

特定家畜伝染病とは，家畜伝染病のうち，特に総合的に発生の予防及びまん延の防止のための措置を講ずる必要があるものとして法及び農林水産省令で定めるものをいう。

家畜伝染病の中には，伝播力が強いためその感染が発生した場合に日本の畜産業に大きな損害を与えるおそれがあるものがある。このためこうした伝染病については農林水産大臣が，発生の予防及びまん延の防止のための措置に関する基本的な指針を定めることとした。

特定家畜伝染病として法では，牛疫，牛肺疫，口蹄疫，豚熱，アフリカ豚熱，高病原性鳥インフルエンザ及び低病原性鳥インフルエンザが定められている（3条の2第1項）。また**農林水産省令**では，牛海綿状脳症が定められている

---

[62] 家畜伝染病予防法研究会編著『改訂　逐条解説　家畜伝染病予防法』（大成出版社2022年），39頁。

《家畜伝染病（法定伝染病）一覧》

伝染性疾病名	法による指定									政令による指定						
	牛	馬	めん羊	山羊	豚	鶏	あひる	うずら	蜜蜂	水牛	鹿	いのしし	きじ	だちょう	ほろほろ鳥	七面鳥
牛疫	○		○	○	○					○	○	○				
牛肺疫	○									○	○					
口蹄疫	○		○	○	○					○	○	○				
流行性脳炎	○	○	○	○	○					○	○	○				
狂犬病	○	○	○	○	○					○	○	○				
水疱性口内炎	○	○			○					○	○	○				
リフトバレー熱	○		○	○						○	○	○				
炭疽	○	○	○	○	○					○	○	○				
出血性敗血症	○		○	○	○					○	○	○				
ブルセラ症	○		○	○	○					○	○	○				
結核	○			○						○	○					
ヨーネ病	○		○	○						○	○					
ピロプラズマ症	○	○								○	○					
アナプラズマ症	○									○	○					
伝達性海綿状脳症	○		○	○						○	○					
鼻疽		○														
馬伝染性貧血		○														
アフリカ馬疫		○														
小反芻獣疫			○	○							○					
豚熱					○							○				
アフリカ豚熱					○							○				
豚水疱病					○							○				
家きんコレラ						○	○	○								○
高病原性鳥インフルエンザ						○	○	○					○	○	○	○
低病原性鳥インフルエンザ						○	○	○					○	○	○	○
ニューカッスル病						○	○	○								○
家きんサルモネラ症						○	○	○								○
腐蛆病									○							

（家畜伝染病予防法施行規則［以下，本章における施行規則］1条の3）。

② 特定家畜伝染病防疫指針
農林水産大臣は，以下の事項を内容とする特定家畜伝染病防疫指針を作成し，公表する。（法3条の2第1項）

一　特定家畜伝染病の発生の予防及びまん延（当該特定家畜伝染病が牛疫，牛肺疫，口蹄疫，豚熱，アフリカ豚熱，高病原性鳥インフルエンザ又は低病原性鳥インフルエンザである場合にあっては，家畜以外の動物における当該伝染性疾病のまん延による当該伝染性疾病の病原体の拡散を含む）の防止のための措置に関する基本的な方針（同条項1号）

二　家畜が患畜又は疑似患畜であるかどうかを判定するために必要な検査に関する事項（同条項2号）

三　消毒，家畜等の移動の制限その他特定家畜伝染病の発生を予防し，又はそのまん延を防止するために必要な措置に関する事項（同条項3号）

四　前3号に掲げるもののほか，特定家畜伝染病に応じて必要となる措置の総合的な実施に関する事項（同条項4号）

農林水産大臣は，前項に規定するもののほか，特定家畜伝染病のまん延を防止するため緊急の必要があるときは，家畜の種類並びに地域及び期間を指定し，当該特定家畜伝染病について，その発生の状況に応じて必要となる措置を緊急に実施するための指針（特定家畜伝染病緊急防疫指針）を作成し，公表する（同条2項）。

(4) 届出伝染病
届出伝染病とは，家畜伝染病以外の伝染性疾病のうち都道府県知事への届出義務があるものとして農林水産省令で定めるものをいう（法4条1項）。施行規則2条において届出伝染病として71種類の疾病が定められている。

(5) 監視伝染病
家畜伝染病と届出伝染病とを合わせて監視伝染病という（法5条1項）。

◆ 3　家畜の伝染性疾病の発生の予防
(1) 届出伝染病の届出義務
家畜が届出伝染病にかかり，又はかかっている疑いがあることを発見したときは，当該家畜を診断し，又はその死体を検案した獣医師は都道府県知事にその旨を届け出なければならない（法4条1項）。

(2) 新疾病についての届出義務

家畜が既に知られている家畜の伝染性疾病とその病状又は治療の結果が明らかに異なる疾病（新疾病）にかかり，又はかかっている疑いがあることを発見したときは，当該家畜を診断し，又はその死体を検案した獣医師は，農林水産省令で定める手続に従い，遅滞なく，当該家畜又はその死体の所在地を管轄する都道府県知事にその旨を届け出なければならない（法4条の2第1項）。

(3) 監視伝染病に対する検査

都道府県知事は，農林水産省令の定めるところにより，家畜又はその死体の所有者に対し，家畜又はその死体について，監視伝染病の発生を予防し，又はその発生を予察するため必要があるときは，その発生の状況及び動向（発生の状況等）を把握するための家畜防疫員の検査を受けるべき旨を命ずることができる（法5条1項）。

都道府県知事は，農林水産省令の定めるところにより，家畜以外の動物が家畜伝染病にかかり，又はかかっている疑いがあることが発見された場合において，当該伝染性疾病が当該動物から家畜に伝染するおそれがあると認めるときは，当該都道府県の職員に当該動物についての当該伝染性疾病の発生の状況等を把握するための検査を行わせることができる（同条3項）。

都道府県知事は，これらの検査の結果を，農林水産省令の定めるところにより，農林水産大臣に報告しなければならない（同条4項）。

(4) 各種予防措置

都道府県知事は，特定疾病（新疾病のうち家畜等の所有者に検査受診義務を課すもの）又は監視伝染病の発生を予防するため，家畜の所有者に対し，注射等を受けさせたり（法6条1項），消毒等を実施させたり（法9条）する命令を行うことができ，また化製場における製造を制限することができる（法11条）。

さらに都道府県知事は，家畜以外の動物が家畜伝染病にかかった場合に，当該動物がいた場所等を当該都道府県の職員に消毒させることができる（法10条1項）。

政令で定める家畜の所有者は，農林水産省令の定めるところにより，畜舎等の農林水産省令で定める衛生管理区域の出入口付近に，特定疾病又は監視伝染病の発生を予防するために必要な消毒をする設備を設置しなければならない（法8条の2第1項）。この消毒設備を設置した衛生管理区域においては，出入りする者のその身体及び持ち込み又は持ち出し物品（同条2項）並びに出入り

する車両の消毒義務（同条3項）が課される。

政令で定める家畜としては，牛，水牛，鹿，馬，めん羊，山羊，豚，いのしし，鶏，あひる，うずら，きじ，だちよう，ほろほろ鳥及び七面鳥が定められている（施行令2条）。

(5) 飼養衛生管理基準

農林水産大臣は，政令で定める家畜について，その飼養規模の区分に応じ，農林水産省令で，当該家畜の飼養に係る衛生管理の方法に関し家畜の所有者が遵守すべき基準（飼養衛生管理基準）を定めなければならない（法12条の3第1項）。

政令で定める家畜としては，牛，水牛，鹿，馬，めん羊，山羊，豚，いのしし，鶏，あひる，うずら，きじ，だちよう，ほろほろ鳥及び七面鳥が定められている（施行令4条）。

飼養衛生管理基準では，家畜の飼養に係る衛生管理の方法や衛生管理区域への家畜の伝染性疾病の病原体の侵入の防止の方法等が定められている（法12条の3第2項）。

飼養衛生管理基準が定められた家畜の所有者は，①当該飼養衛生管理基準に定めるところにより，当該家畜の飼養に係る衛生管理を行うこと（同条3項），②所有者が自ら飼養衛生管理者となる衛生管理区域を除き，当該家畜の飼養に係る衛生管理を適正に行うため，農林水産省令で定めるところにより，衛生管理区域ごとに，衛生管理区域に出入りする者の管理等の業務を行う飼養衛生管理者を選任すること（法12条の3の2第1項），③毎年，農林水産省令の定めるところにより，その飼養している当該家畜の頭羽数及び当該家畜の飼養に係る衛生管理の状況に関し，農林水産省令で定める事項を当該家畜の所在地を管轄する都道府県知事に報告すること（法12条の4第1項）が義務付けられている。

都道府県知事は，飼養衛生管理基準に基づく衛生管理が適正に行われることを確保するため必要があるとき，家畜の所有者に対し，飼養衛生管理基準に基づく衛生管理が行われるよう必要な指導及び助言をすることができる（法12条の5）。都道府県知事は，この指導又は助言をしても家畜の所有者がなお飼養衛生管理基準を遵守していないと認めるときは，その者に対し，期限を定めて，家畜の飼養に係る衛生管理の方法を改善すべきことを勧告することができる（法12条の6第1項）。都道府県知事は，この勧告を受けた者がその勧告に従

わないときは，その者に対し，期限を定めて，その勧告に係る措置をとるべきことを命ずることができる（同条第2項）。都道府県知事は，この命令を受けた者が，正当な理由がなくてその命令に従わなかったときは，その旨を公表することができる（同条3項）。

◆ 4　家畜の伝染性疾病のまん延の防止
(1) 患畜等の届出義務
　家畜が患畜又は疑似患畜となったことを発見したときは，当該家畜を診断し，又はその死体を検案した獣医師（獣医師による診断又は検案を受けていない家畜又はその死体についてはその所有者）は，農林水産省令で定める手続に従い，遅滞なく，当該家畜又はその死体の所在地を管轄する都道府県知事にその旨を届け出なければならない（法13条1項本文）。

　鉄道，軌道，自動車，船舶又は航空機により運送業者が運送中の家畜については，当該家畜の所有者がなすべき届出は，その者が遅滞なくその届出をすることができる場合を除き，運送業者がしなければならない（法13条1項但書）。この届出は，運輸上支障があるときは，当該貨物の終着地を管轄する都道府県知事にすることができる（同条2項）。

　都道府県知事は，これらの届出があったときは，農林水産省令で定める手続に従い，遅滞なく，その旨を公示するとともに当該家畜又はその死体の所在地を管轄する市町村長及び隣接市町村長並びに関係都道府県知事に通報し，かつ，農林水産大臣に報告しなければならない（同条4項）。

(2) 農林水産大臣の指定する症状を呈している家畜の届出義務
　家畜が農林水産大臣が家畜の種類ごとに指定する症状を呈していることを発見したときは，当該家畜を診断し，又はその死体を検案した獣医師（獣医師による診断又は検案を受けていない家畜又はその死体については，その所有者）は，農林水産省令で定める手続に従い，遅滞なく，当該家畜又はその死体の所在地を管轄する都道府県知事にその旨を届け出なければならない（13条の2第1項）。

　症状については，「家畜伝染病予防法第13条の2第1項の農林水産大臣が指定する症状及び同条第4項の農林水産大臣の指定する検体並びに家畜伝染病予防法施行規則第9条第2項第5号の農林水産大臣が指定する症状」（平成23年農林水産省告示第1865号平成23年9月28日）により指定されている。例えば，牛について，伝達性海綿状脳症に関わる症状として，①興奮しやすい，②音，

光，接触等に対する過敏な反応，③群内序列の変化，④搾乳時の持続的な蹴り，⑤頭を低くし，柵等に押しつける動作の繰り返し，⑥扉，柵等の障害物におけるためらい，が指定されている。

(3) 隔離義務

家畜防疫員の指示に従って隔離を解く場合を除き，患畜又は疑似患畜の所有者は，遅滞なく，当該家畜を隔離しなければならない（法14条1項）。家畜防疫員は，隔離された家畜につき隔離を必要としないと認めるときは，その者に対し，隔離を解いてもよい旨を指示し，又はその指示にあわせて，家畜伝染病のまん延を防止するため必要な限度において，けい留，一定の範囲をこえる移動の制限その他の措置をとるべき旨を指示しなければならない（同条2項）。

家畜防疫員は，家畜伝染病のまん延を防止するため必要があるときは，患畜若しくは疑似患畜と同居していたため，又はその他の理由により患畜となるおそれがある家畜（疑似患畜を除く。）の所有者に対し，21日を超えない範囲内において期間を限り，当該家畜を一定の区域外へ移動させてはならない旨を指示することができる（移動禁止措置。同条3項）。

(4) 通行制限又は遮断

都道府県知事又は市町村長は，家畜伝染病のまん延を防止するため緊急の必要があるときは，政令で定める手続に従い，72時間を超えない範囲内において期間を定め，牛疫，牛肺疫，口蹄疫，豚熱，アフリカ豚熱，高病原性鳥インフルエンザ又は低病原性鳥インフルエンザの患畜又は疑似患畜の所在の場所（これに隣接して当該伝染性疾病の病原体により汚染し，又は汚染したおそれがある場所を含む）とその他の場所との通行を制限し，又は遮断することができる（法15条）。

(5) と殺義務

学術研究目的など農林水産省令で定める場合（施行規則28条）を除き，次に掲げる家畜の所有者は，家畜防疫員の指示に従い，直ちに当該家畜を殺さなければならない（法16条1項）。

一　牛疫，牛肺疫，口蹄疫，豚熱，アフリカ豚熱，高病原性鳥インフルエンザ又は低病原性鳥インフルエンザの患畜

二　牛疫，口蹄疫，豚熱，アフリカ豚熱，高病原性鳥インフルエンザ又は低病原性鳥インフルエンザの疑似患畜

前項の家畜の所有者は，施行規則28条で定める場合を除き，家畜防疫員の指

示があるまでは，当該家畜を殺してはならない（同条2項）。

　前項の家畜の所有者は，都道府県知事の命令を待たずに直ちに当該家畜を殺さなければならない。これらの家畜伝染病のまん延防止には患畜又は疑似患畜を殺すことが最も有効だからである。ただし当該家畜の所有者は，家畜防疫員の指示に従って殺さなければならない。十分な病原体の拡散防止措置をとったうえで当該患畜を殺す必要があるからである。

　また家畜防疫員は，施行規則28条で定める場合を除き，家畜伝染病のまん延を防止するため緊急の必要があるときは，指示に代えて，自ら第1項の家畜を殺すことができる（同条3項）。

(6) 患畜等の殺処分

　都道府県知事は，家畜伝染病のまん延を防止するため必要があるときは，次に掲げる家畜の所有者に期限を定めて当該家畜を殺すべき旨を命ずることができる（法17条1項）。

一　流行性脳炎，狂犬病，水疱性口内炎，リフトバレー熱，炭疽，出血性敗血症，ブルセラ症，結核，ヨーネ病，ピロプラズマ症，アナプラズマ症，伝達性海綿状脳症，鼻疽，馬伝染性貧血，アフリカ馬疫，小反芻獣疫，豚水疱病，家きんコレラ，ニューカッスル病又は家きんサルモネラ症の患畜

二　牛肺疫，水疱性口内炎，リフトバレー熱，出血性敗血症，伝達性海綿状脳症，鼻疽，アフリカ馬疫，小反芻獣疫，豚水疱病，家きんコレラ又はニューカッスル病の疑似患畜

　これらの患畜又は疑似患畜については，当該家畜の所有者は直ちに当該家畜を殺す義務を負うのではなく，都道府県知事の命令が出されることにより当該家畜を殺す義務を負うことになる。またと殺義務がある場合と異なり，これらの患畜又は疑似患畜の殺処分は家畜伝染病のまん延を防止するため必要があるときに限って行われる。

　家畜の所有者又はその所在が知れないため殺処分の命令をすることができない場合において緊急の必要があるときは，都道府県知事は，家畜防疫員に当該家畜を殺させることができる（同条2項）。

(7) 患畜等以外の家畜の殺処分

　農林水産大臣は，家畜において口蹄疫又はアフリカ豚熱がまん延し，又はまん延するおそれがある場合（家畜以外の動物が当該伝染性疾病にかかっていることが発見された場合であって，当該動物から家畜に伝染することにより家畜におい

第5章 家畜伝染病予防法

て当該伝染性疾病がまん延するおそれがあるときを含む）において，法第3章［家畜の伝染性疾病のまん延の防止］（この条の規定に係る部分を除く）の規定により講じられる措置のみによってはそのまん延の防止が困難であり，かつ，その急速かつ広範囲なまん延を防止するため，当該伝染性疾病の患畜及び疑似患畜（以下患畜等）以外の家畜であってもこれを殺すことがやむを得ないと認めるときは，患畜等以外の家畜を殺す必要がある地域を指定地域として，また，当該指定地域において殺す必要がある家畜（患畜等を除く）を指定家畜として，それぞれ指定することができる（法17条の2第1項）。

指定地域及び指定家畜の指定があったときは，当該指定地域を管轄する都道府県知事は，当該指定地域内において指定家畜を所有する者に対し，期限を定めて，当該指定家畜を殺すべき旨を命ずるものとする（同条5項）。

この命令を受けた者がその命令に従わないとき，又は指定家畜の所有者若しくはその所在が知れないため命令をすることができない場合において緊急の必要があるときは，当該指定地域を管轄する都道府県知事は，家畜防疫員に当該指定家畜を殺させることができる（同条6項）。

(8) 死体の焼却等の義務

次に掲げる家畜の死体の所有者は，家畜防疫員が農林水産省令で定める基準に基づいてする指示に従い，遅滞なく，当該死体を焼却し，又は埋却しなければならない（法21条1項本文）。病性鑑定又は学術研究の用に供するため都道府県知事の許可を受けた場合その他政令で定める場合（施行令6条）は，この限りでない（同条項但書）。

一 牛疫，牛肺疫，口蹄疫，狂犬病，水疱性口内炎，リフトバレー熱，炭疽，出血性敗血症，伝達性海綿状脳症，鼻疽，アフリカ馬疫，小反芻獣疫，豚熱，アフリカ豚熱，豚水疱病，家きんコレラ，高病原性鳥インフルエンザ，低病原性鳥インフルエンザ又はニューカッスル病の患畜又は疑似患畜の死体

二 流行性脳炎，ブルセラ症，結核，ヨーネ病，馬伝染性貧血又は家きんサルモネラ症の患畜又は疑似患畜の死体（と畜場において殺したものを除く）

三 指定家畜の死体

前項の死体は，同項ただし書の場合を除き，家畜防疫員の指示があるまでは，当該死体を焼却し，又は埋却してはならない（同条2項）。また第1項の規定により焼却し，又は埋却しなければならない死体は，家畜防疫員の許可を受けなければ，他の場所に移し，損傷し，又は解体してはならない（同条3

項)。

　家畜防疫員は，第1項ただし書の場合を除き，家畜伝染病のまん延を防止するため緊急の必要があるときは，同項の家畜の死体について，同項の指示に代えて，自らこれを焼却し，又は埋却することができる（同条4項）。

　伝達性海綿状脳症の患畜又は疑似患畜の死体の所有者に対する前各項の規定の適用については，これらの規定中「焼却し，又は埋却」とあるのは，「焼却」とする（同条5項）。

(9) 汚染物品の焼却等の義務

　家畜伝染病の病原体により汚染し，又は汚染したおそれがある物品の所有者（当該物品が鉄道，軌道，自動車，船舶又は航空機により運送中のものである場合には，当該物品の所有者又は運送業者）は，家畜防疫員が農林水産省令で定める基準に基づいてする指示に従い，遅滞なく，当該物品を焼却し，埋却し，又は消毒しなければならない（法23条1項本文）。ただし，家きんサルモネラ症の病原体により汚染し，又は汚染したおそれがある物品その他農林水産省令で定める物品（学術研究用の物品等。施行規則31条）は，指示を待たないで焼却し，埋却し，又は消毒することを妨げない（法23条1項但書）。

　前項の物品（施行規則31条の物品の除く）の所有者は，家畜防疫員の指示があるまでは，当該物品を焼却し，埋却し，又は消毒してはならず，また，家畜防疫員の許可を受けなければ，これを他の場所に移し，使用し，又は洗浄してはならない（法23条2項）。

　家畜防疫員は，家畜伝染病のまん延を防止するため必要があるときは，第1項の物品（ただし書の物品を除く）について，同項の指示に代えて，自らこれを焼却し，埋却し，又は消毒することができる（同条3項）。

　伝達性海綿状脳症の病原体により汚染し，又は汚染したおそれがある物品の所有者に対する第1項本文及び前2項の規定の適用については，これらの規定中「焼却し，埋却し，又は消毒」とあるのは，「焼却」とする（同条4項）。

(10) 畜舎等の消毒義務

　要消毒畜舎等（患畜が所在した畜舎等）は，家畜防疫員が農林水産省令で定める基準に基づいてする指示に従い，その所有者が消毒しなければならない（法25条1項本文）。ただし，要消毒畜舎等のうち，家きんサルモネラ症に係るものその他農林水産省令で定めるもの（学術研究のため患畜が所在した施設等。施行規則33条）は，指示を待たないで，消毒することを妨げない（同条項但書）。

要消毒畜舎等（前項ただし書に規定するものを除く）の所有者は，家畜防疫員の指示があるまでは，当該要消毒畜舎等を消毒してはならない（同条2項）。

家畜防疫員は，家畜伝染病のまん延を防止するため必要があるときは，要消毒畜舎等（第一項ただし書に規定するものを除く）について，同項の指示に代えて，自らこれを消毒することができる（同条3項）。

要消毒畜舎等の所有者は，第1項の規定による消毒が終了するまでの間，農林水産省令の定めるところにより，当該要消毒畜舎等の出入口付近に，家畜伝染病のまん延を防止するために必要な消毒をする設備を設置しなければならない（同条4項）。

家畜防疫員は，第3項の規定により自ら要消毒畜舎等を消毒する場合には，当該消毒が終了するまでの間，前項の農林水産省令の定めるところにより，自ら同項の設備を設置しなければならない（同条5項）。

第4項の設備が設置されている要消毒畜舎等に車両を入れ，又は当該要消毒畜舎等から車両を出す者は，農林水産省令の定めるところにより，あらかじめ，当該設備を利用して，当該車両を消毒しなければならない（同条6項）。

(11) 病原体に触れた者の消毒義務

家畜伝染病の病原体に触れ，又は触れたおそれがある者は，遅滞なく，その身体を消毒しなければならない（法28条1項）。

法25条4項の設備（要消毒畜舎等の消毒設備）が設置されている要消毒畜舎等又は26条4項の設備（要消毒倉庫等の消毒設備）が設置されている要消毒倉庫等に出入りする者は，農林水産省令の定めるところにより，あらかじめ，これらの設備を利用して，前項の規定による消毒をしなければならない（同条2項）。

(12) 家畜等の移動の制限

都道府県知事は，家畜伝染病のまん延を防止するため必要があるときは，規則を定め，一定種類の家畜，その死体又は家畜伝染病の病原体を拡散するおそれがある物品の当該都道府県の区域内での移動，当該都道府県内への移入又は当該都道府県外への移出を禁止し，又は制限することができる（法32条1項）。

農林水産大臣は，家畜伝染病のまん延を防止するため必要があるときは，農林水産省令の定めるところにより，区域を指定し，一定種類の家畜，その死体又は家畜伝染病の病原体を拡散するおそれがある物品の当該区域外への移出を禁止し，又は制限することができる（同条2項）。

(13) 家畜集合施設の開催等の制限

都道府県知事は，家畜伝染病のまん延を防止するため必要があるときは，規則を定め，競馬，家畜市場，家畜共進会等家畜を集合させる催物の開催又はと畜場若しくは化製場の事業を停止し，又は制限することができる（法33条）。

(14) 放牧等の制限

都道府県知事は，家畜伝染病のまん延を防止するため必要があるときは，規則を定め，一定種類の家畜の放牧，種付，と畜場以外の場所におけると殺又はふ卵を停止し，又は制限することができる（法34条）。

◆ 5　輸出入検疫等

(1) 輸入禁止

何人も，次に掲げる物を輸入してはならない（法36条1項本文）。

一　農林水産省令で定める地域から発送され，又はこれらの地域を経由した37条1項各号の物であって農林水産大臣の指定するもの[63]

二　次のイ又はロに掲げる家畜の伝染性疾病の病原体

　イ　監視伝染病の病原体

　ロ　家畜の伝染性疾病の病原体であって既に知られているもの以外のもの

ただし，試験研究の用に供する場合その他特別の事情がある場合において，農林水産大臣の許可を受けたときは，この限りでない（同条項但書）。この許可を受けて輸入する場合には，同項の許可を受けたことを証明する書面を添えなければならない（同条2項）。

農林水産省令で定める地域については，施行規則43条において物ごとに定められている。例えば，豚及びいのしし以外の偶蹄類の動物（牛や羊など）に係る法37条1項1号及び3号に掲げる物については，アイスランド，アイルランド，イタリア，英国（グレート・ブリテン及び北アイルランドに限る。），オーストリア，オランダ，クロアチア，サンマリノ，スイス，スウェーデン，スペイン，スロベニア，チェコ，デンマーク，ドイツ，ノルウェー，ハンガリー，フィンランド，フランス，ベルギー，ポーランド，ポルトガル，リトアニア，リヒテンシュタイン，アメリカ合衆国（アメリカ大陸の部分，ハワイ諸島及び

---

[63]　細かな輸入禁止地域と物は動物検疫所のwebサイトにおいて確認することができる（URL:https://www.maff.go.jp/aqs/hou/43.html）。

グァム島に限る。），カナダ，アルゼンチン（サンタクルス州，チュブート州，ティエラデルフエゴ州，ネウケン州，ブエノスアイレス州（パタゴネス市に限る。）及びリオネグロ州に限る。），エルサルバドル，グアテマラ，コスタリカ，チリ，ドミニカ共和国，ニカラグア，パナマ，ブラジル（サンタ・カタリーナ州に限る。），ベリーズ，ホンジュラス，メキシコ，オーストラリア，北マリアナ諸島，ニュー・カレドニア，ニュージーランド及びバヌアツ以外の地域が指定されている。

　法37条1項では以下の物が列挙されている。
一　動物，その死体又は骨肉卵皮毛類及びこれらの容器包装
二　穀物のわら（飼料用以外の用途に供するものとして農林水産省令で定めるもの［飼料用以外の用途に供するために加工し，又は調製したもの。施行規則45条の2］を除く）及び飼料用の乾草
三　前2号に掲げる物を除き，監視伝染病の病原体を拡散するおそれがある敷料その他これに準ずる物

　農林水産大臣が指定するものは，「家畜伝染病予防法第36条第1項第1号の農林水産大臣が指定するものを定める件」（平成29年農林水産省告示第306号平成29年2月26日）により物ごとに指定されている。例えば豚及びいのしし以外の偶蹄類の動物に係る法37条1項及び3号に掲げる物については，以下の物が指定されている（前掲告示第2欄）。
一　生体及びその運送のための敷料その他これに準ずる物
二　精液，受精卵及び未受精卵並びにこれらの容器包装
三　死体及びその容器包装
四　肉及びその容器包装
五　臓器及びその容器包装
六　肉又は臓器を原料とするソーセージ，ハム及びベーコン並びにこれらの容器包装

　ただし，生体のうち牛疫及び口蹄疫の発生を予防するために必要な措置が講じられているものとして特定地域（シンガポール，ボスニア・ヘルツェゴビナ及びルーマニア）の政府機関が指定する農場において飼養したものである旨を記載した輸出国の政府機関又は農林水産大臣が指定する者の発行する証明書を添付してあるもの並びにその運送のための敷料その他これに準ずる物などが除外されている（前掲告示第3欄）。

(2) 輸入のための検査証明書の添付

次に掲げる物であって農林水産大臣の指定するもの（指定検疫物）は，輸出国の政府機関により発行され，かつ，その検疫の結果監視伝染病の病原体を拡散するおそれがないことを確かめ，又は信ずる旨を記載した検査証明書又はその写しを添付してあるものでなければ，輸入してはならない（法37条1項）。

一　動物，その死体又は骨肉卵皮毛類及びこれらの容器包装

二　穀物のわら（飼料用以外の用途に供するものとして農林水産省令で定めるものを除く）及び飼料用の乾草

三　前2号に掲げる物を除き，監視伝染病の病原体を拡散するおそれがある敷料その他これに準ずる物

指定検疫物としては以下の物が指定されている（施行規則45条）

一　次に掲げる動物及びその死体

　イ　偶蹄類の動物及び馬

　ロ　鶏，うずら，きじ，だちょう，ほろほろ鳥及び七面鳥並びにあひる，がちょうその他のかも目の鳥類（以下「かも類」）（これらの初生ひなであって，農林水産大臣が定める要件に該当し，かつ，家畜防疫官の指示に従いその輸入に係る港又は飛行場の区域外に移動しないでそのまま輸出されるものを除く。）

　ハ　犬（農林水産大臣が定める要件に該当し，かつ，家畜防疫官の指示に従いその輸入に係る港又は飛行場の区域外に移動しないでそのまま輸出されるものを除く。）

　ニ　うさぎ（農林水産大臣が定める要件に該当し，かつ，家畜防疫官の指示に従いその輸入に係る港又は飛行場の区域外に移動しないでそのまま輸出されるものを除く。）

　ホ　蜜蜂（農林水産大臣が定める要件に該当し，かつ，家畜防疫官の指示に従いその輸入に係る港又は飛行場の区域外に移動しないでそのまま輸出されるものを除く。）

二　鶏，うずら，きじ，だちょう，ほろほろ鳥，七面鳥及びかも類の卵

三　第1号の動物の骨，肉，脂肪，血液，皮，毛，羽，角，蹄，腱及び臓器

四　第1号の動物の生乳，乳等（乳（生乳を除く。），脱脂乳，クリーム，バター，チーズ，れん乳，粉乳その他乳を主要原料とする物をいい，外国から入港した船舶又は航空機に乗って来た者の携帯品として輸入するものを除く。），精

第5章　家畜伝染病予防法

液，受精卵，未受精卵，ふん及び尿
五　第1号の動物の骨粉，肉粉，肉骨粉，血粉，皮粉，羽粉，蹄角粉及び臓器粉
六　第3号の物を原料とするソーセージ，ハム及びベーコン
七　第43条の表法第37条第1項第2号に掲げる物の項の中欄に掲げる地域[64]から発送され，又はこれらの地域を経由した穀物のわら（飼料用以外の用途に供するために加工し，又は調製したものを除く。）及び飼料用の乾草
八　法第36条第1項ただし書の許可（試験研究の用等の場合の許可）を受けて輸入する物

(3) 輸入場所の制限

指定検疫物は，農林水産省令で指定する港又は飛行場以外の場所で輸入してはならない（法38条本文）。農林水産省令で指定する港又は飛行場は，指定検疫物の種類ごとに指定されている（施行規則47条）。

ただし，第41条の規定により検査（船舶又は航空機内の輸入前検査）を受け，且つ，第44条の規定による輸入検疫証明書の交付を受けた物及び郵便物として輸入する物については，この限りでない（法38条但書）。

(4) 動物の輸入に関する届出等

指定検疫物たる動物で農林水産大臣の指定するものを輸入しようとする者は，農林水産省令で定めるところにより，当該動物の種類及び数量，輸入の時期及び場所その他農林水産省令で定める事項を動物検疫所に届け出なければならない（法38条の2第1項本文）。動物が集中することにより検疫を円滑に実施することができなくなることを防ぐためである。

農林水産大臣が指定するものとして，以下の物が指定されている（施行規則

---

[64] アイスランド，アイルランド，イタリア，英国（グレート・ブリテン及び北アイルランドに限る。），オーストリア，オランダ，クロアチア，サンマリノ，スイス，スウェーデン，スペイン，スロベニア，チェコ，デンマーク，ドイツ，ノルウェー，ハンガリー，フィンランド，フランス，ベルギー，ポーランド，ポルトガル，リトアニア，リヒテンシュタイン，アメリカ合衆国（アメリカ大陸の部分，ハワイ諸島及びグァム島に限る。）カナダ，アルゼンチン（サンタクルス州，チュブート州，ティエラデルフエゴ州，ネウケン州，ブエノスアイレス州（パタゴネス市に限る。）及びリオネグロ州に限る。），エルサルバドル，グアテマラ，コスタリカ，チリ，ドミニカ共和国，ニカラグア，パナマ，ブラジル（サンタ・カタリーナ州に限る。），ベリーズ，ホンジュラス，メキシコ，オーストラリア，北マリアナ諸島，ニュー・カレドニア），ニュージーランド及びバヌアツ以外の地域（施行規則43条）。

47条の2）

一　偶蹄類の動物及び馬
二　鶏，うずら，きじ，だちょう，ほろほろ鳥，七面鳥及びかも類
三　犬

　ただし，携帯品又は郵便物として輸入する場合その他農林水産省令で定める場合は，この限りでない（法38条の2第1項但書）。農林水産省令で定める場合としては，法第36条第1項ただし書の許可を受けて輸入する場合が定められている（施行規則47条の5）。

　動物検疫所長は，前項の規定による届出があった場合において，第40条第1項（指定検疫物の輸入検査）又は第41条（船舶又は航空機内の輸入前検査）の規定による**検査を円滑に実施するため特に必要があると認めるときは，当該届出をした者に対し，当該届出に係る輸入の時期又は場所を変更すべきことを指示することができる**（法38条の2第2項）。

(5) 輸入検査

　指定検疫物を輸入した者は，遅滞なくその旨を動物検疫所に届け出て，その物につき，原状のままで，家畜防疫官から第36条（輸入禁止）及び第37条（輸入のための検査証明書の添付）の規定の違反の有無並びに監視伝染病の病原体を拡散するおそれの有無についての検査を受けなければならない（法40条1項本文）。

　ただし，既に次条の規定により検査を受け，かつ，第44条の規定による輸入検疫証明書の交付を受けた物及び郵便物として輸入した物については，この限りでない（同条項但書）。

　家畜防疫官は，指定検疫物以外の物が監視伝染病の病原体により汚染し，又は汚染しているおそれがあるときは，輸入後遅滞なくその物（以下「要検査物」という。）につき，検査を行うことができる（同条2項）。

　家畜防疫官は，外国から入港した船舶又は航空機に乗って来た者に対して，その携帯品（第1項若しくは第2項又は次条の検査を受けた物を除く。）のうちに指定検疫物又は要検査物が含まれているかどうかを判断するため，必要な質問を行うとともに，必要な限度において，当該携帯品の検査を行うことができる（同条5項）。

　家畜防疫官は，輸入される指定検疫物又は要検査物につき，船舶又は航空機内で輸入に先だって検査を行うことができる（法41条）。

(6) 輸入検疫証明書の交付等

家畜防疫官は，第40条から前条までの規定による検査の結果，指定検疫物が監視伝染病の病原体を拡散するおそれがないと認められるときは，農林水産省令の定めるところにより，輸入検疫証明書を交付し，かつ，指定検疫物にらく印，いれずみその他の標識を付さなければならない（法44条1項）。

また家畜防疫官は，第40条第2項又は第41条の規定による検査を受けた要検査物について，輸入検疫証明書を請求されたときは，これを交付しなければならない（同条2項）。

ただし，家畜防疫官は，第46条第3項の規定による措置（新疾病に罹患した又は罹患した疑いがある動物に対する措置）を講ずるときは，前2項の規定にかかわらず，輸入検疫証明書を交付しないことができる（同条3項）。

(7) 輸出検査

次に掲げる物を輸出しようとする者は，これにつき，あらかじめ，家畜防疫官の検査を受け，かつ，第3項の規定により輸出検疫証明書の交付を受けなければならない（法45条1項）。

一　輸入国政府がその輸入に当たり，家畜の伝染性疾病の病原体を拡散するおそれの有無についての輸出国の検査証明を必要としている動物その他の物

二　第37条第1項各号に掲げる物であって農林水産大臣が国際動物検疫上必要と認めて指定するもの

農林水産大臣が指定する物として，以下の物が指定されている（施行規則53条1項）。

一　第45条第1号から第6号までに掲げる物（穀物のわら及び飼料用の乾燥並びに許可輸入物以外の指定検疫物。次に掲げる物を除く。）

　　イ　法第45条第1項第1号に掲げる物以外のもの

　　ロ　乳等（第45条第4号に掲げる物をいう。）のうち，外国へ出港する船舶又は航空機に乗ろうとする者の携帯品として輸出するもの

二　鳥獣の保護及び管理並びに狩猟の適正化に関する法律第2条第1項に規定する鳥獣［鳥類又は哺乳類に属する野生動物］，その死体又は骨肉卵皮毛類及びこれらの容器包装

またこの規定にかかわらず，第45条第1号に掲げる動物（偶蹄類の動物及び馬），同条第2号に掲げる卵（鶏，うずら，きじ，だちょう，ほろほろ鳥，七面鳥及びかも類の卵。ふ化を目的とするものに限る。）並びに同条第4号に掲げる精

液，受精卵及び未受精卵（偶蹄類の動物及び馬の精液，受精卵及び未受精卵）も，農林水産大臣の指定する物とする（施行規則53条2項）。

家畜防疫官は，第1項の規定による検査の結果，その物が家畜の伝染性疾病の病原体を拡散するおそれがないと認められるときは，農林水産省令の定めるところにより，輸出検疫証明書を交付しなければならない（法45条3項）。

◆ 6 病原体の所持に関する措置
(1) 家畜伝染病病原体の所持の許可（46条の5）

家畜伝染病病原体（家畜伝染病の病原体であって農林水産省令で定めるもの）を所持しようとする者は，農林水産省令の定めるところにより，農林水産大臣の許可を受けなければならない（法46条の5第1項本文）。

家畜伝染病病原体として農林水産省令では以下のものが定められている（施行規則56条の3）。

一　モルビリウイルス・リンダーペストウイルス（L株，BA-YS株，RBOK株，LA株及び赤穂株を除く。）（別名牛疫ウイルス）

二　モルビリウイルス・リンダーペストウイルス（L株，BA-YS株，RBOK株，LA株及び赤穂株に限る。）（別名牛疫ウイルス）

三　マイコプラズマ・マイコイデス（亜種がマイコイデスであるものに限る。）（別名牛肺疫菌）

四　アフトウイルス・フットアンドマウスディジーズウイルス（別名口蹄疫ウイルス）

五　マイコバクテリウム・ボービス（別名結核菌）

六　オルビウイルス・アフリカンホースシックネスウイルス（別名アフリカ馬疫ウイルス）

七　モルビリウイルス・ペストデプティルミナンウイルス（別名小反芻獣疫ウイルス）

八　ペスチウイルス・クラシカルスワインフィーバーウイルス（別名豚熱ウイルス）

九　アスフィウイルス・アフリカンスワインフィーバーウイルス（別名アフリカ豚熱ウイルス）

十　インフルエンザウイルスA・インフルエンザAウイルス（次に掲げる要件のいずれかに該当するもの（第56条の27第14号に掲げる病原体を除く。）に限る。

(別名高病原性鳥インフルエンザウイルス)

　イ　週齢が満6週の鶏におけるIVPI（静脈内接種試験により得られた病原体の病原性の高さを表した指数をいう。）が1.2を超えること。

　ロ　週齢が満4週以上満8週以下の鶏に静脈内接種した際の当該鶏の死亡率が75パーセント以上であること。

　ハ　血清亜型がH5又はH7であつて、ヘマグルチニン分子の開裂部位に複数の塩基性アミノ酸があり、かつ、そのアミノ酸配列がこの号に掲げる病原体であると確認されたものと類似のものであると推定されること。

十一　インフルエンザウイルスA・インフルエンザAウイルス（血清亜型がH5又はH7であるものであつて、人以外の動物から分離されたもの（前号に掲げる病原体、次に掲げる病原体及び第56条の27第14号に掲げる病原体を除く。）に限る。）（別名低病原性鳥インフルエンザウイルス）

　イ　A／chicken／Mexico／232／94／CPA（H5N2）

　ロ　A－H5N9　TW68　Bio

　ハ　A／duck／Hokkaido／Vac－1／04（H5N1）

　ニ　A／duck／Hokkaido／Vac－2／04（H7N7）

　ホ　A／duck／Hokkaido／Vac－3／2007（H5Nl）

　ヘ　A／common　magpie／Hong　Kong／5052／2007(H5N1)（SJRG－166615）

　ト　A／Ezo red fox／Hokkaido／1／2005(H5N1)（NIID－002）

　チ　A／turkey／Turkey／1／2005(H5N1)（NIBRG－23）

　リ　rg　A／bar－headed　goose／Qinghai　lake／1a／05[R]6＋2（163222）

　ヌ　rg A／whooper　swan／Mongolia／244／05[R]6＋2（163243）

　ただし、次に掲げる場合は、この限りでない（法46条の5第1項但書）。

一　第46条の11第2項に規定する滅菌譲渡義務者が、農林水産省令の定めるところにより、同項に規定する滅菌譲渡をするまでの間家畜伝染病病原体を所持しようとする場合

二　この項本文の許可を受けた者（以下「許可所持者」という。）又は前号に規定する者から運搬を委託された者が、その委託に係る家畜伝染病病原体を当該運搬のために所持しようとする場合

三　許可所持者又は前2号に規定する者の従業者が、その職務上家畜伝染病病

原体を所持しようとする場合

(2) 許可の基準

農林水産大臣は，次の各号のいずれにも適合していると認めるときでなければ，家畜伝染病病原体所持の許可をしてはならない（法46条の6第1項）。

一 所持の目的が検査，治療，医薬品その他農林水産省令で定める製品の製造又は試験研究であること。

二 取扱施設の位置，構造及び設備が農林水産省令で定める技術上の基準に適合するものであることその他その申請に係る家畜伝染病病原体による家畜伝染病が発生し，又はまん延するおそれがないこと。

農林水産省令で定める製品は，検査試薬と定められている（施行規則56条の7）。農林水産省令で定める技術上の基準については，施行規則56条の8（重点管理家畜伝染病病原体取扱施設について）及び56条の9（重点管理家畜伝染病病原体以外の家畜伝染病病原体［要管理家畜伝染病病原体］取扱施設について）において定められている。

ただし，心身の故障により家畜伝染病病原体を適正に所持することができない者として農林水産省令で定める者，拘禁刑以上の刑に処せられ，その執行を終わり，又は執行を受けることがなくなった日から5年を経過しない者等に対しては，許可を与えない（法46条の6第2項）。

(3) 家畜伝染病病原体の譲渡し及び譲受けの制限

家畜伝染病病原体を譲り渡す又は譲り受けることができるのは，以下の場合に限られる（法46条の10）。

一 許可所持者がその許可に係る家畜伝染病病原体を，他の許可所持者（当該家畜伝染病病原体に係る第46条の5第1項本文の許可を受けた者に限る）に譲り渡し，又は他の許可所持者若しくは次条第2項に規定する滅菌譲渡義務者から譲り受ける場合

二 次条第2項に規定する滅菌譲渡義務者が家畜伝染病病原体を，農林水産省令の定めるところにより，許可所持者（当該家畜伝染病病原体に係る第46条の5第1項本文の許可を受けた者に限る）に譲り渡す場合

(4) 滅 菌 等

次の各号に掲げる者が当該各号に定める場合に該当するときは，その所持する家畜伝染病病原体の滅菌若しくは無害化（以下，滅菌等）をし，又はその譲渡しをしなければならない（法46条の11第1項）。

一　許可所持者　その許可に係る家畜伝染病病原体について所持することを要しなくなった場合又は第46条の5第1項本文の許可を取り消され，若しくはその許可の効力を停止された場合
二　家畜の伝染性疾病の病原体の検査を行っている機関（前号に掲げる者を除く）　その業務に伴い家畜伝染病病原体を所持することとなった場合

(5) 家畜伝染病発生予防規程の作成等

　許可所持者は，その許可に係る家畜伝染病病原体による家畜伝染病の発生を予防し，及びそのまん延を防止するため，当該家畜伝染病病原体の所持を開始する前に，家畜伝染病発生予防規程を作成し，農林水産大臣に届け出なければならない（法46条の12第1項）。

(6) 病原体取扱主任者の選任等

　許可所持者は，その許可に係る家畜伝染病病原体による家畜伝染病の発生の予防及びまん延の防止について監督を行わせるため，当該家畜伝染病病原体の取扱いの知識経験に関する要件として農林水産省令で定めるものを備える者のうちから，病原体取扱主任者を選任しなければならない（法46条の13第1項）。

　農林水産省令では，次に掲げる者であって，家畜伝染病病原体の取扱いに関する十分な知識経験を有するものから選任することと定められている（施行規則56条の19）。

一　**獣医師**
二　医師
三　歯科医師
四　薬剤師
五　臨床検査技師
六　学校教育法に基づく大学において生物学若しくは農学の課程若しくはこれらに相当する課程を修めて卒業した者（これらの課程を修めて同法に基づく専門職大学の前期課程を修了した者を含む。）又は同法第104条第7項第2号に規定する大学若しくは大学院に相当する教育を行う課程が置かれる教育施設[65]において生物学若しくは農学の課程若しくはこれらに相当する課程を修めて同号に規定する課程を修了した者

---

(65)　防衛大学校，防衛医科大学校，水産大学校等の文部科学省以外の省庁が設置する大学。

(7) 教育訓練

許可所持者は，取扱施設に立ち入る者に対し，農林水産省令の定めるところにより，家畜伝染病発生予防規程の周知を図るほか，その許可に係る家畜伝染病病原体による家畜伝染病の発生を予防し，及びそのまん延を防止するために必要な教育及び訓練を施さなければならない（法46条の14）。

(8) 記帳義務

許可所持者は，農林水産省令の定めるところにより，帳簿を備え，その所持する家畜伝染病病原体の保管，使用及び滅菌等に関する事項その他当該家畜伝染病病原体による家畜伝染病の発生の予防及びまん延の防止に関し必要な事項を記載しなければならない（法46条の15第1項）。

農林水産省令では，受入れ又は払出しに係る家畜伝染病病原体の種類及び数量，家畜伝染病病原体の受入れ又は払出しの年月日等を帳簿に記載しなければならないと定められている（施行規則56条の22第1項）。

また，農林水産省令の定めるところにより，保存しなければならない（法46条の15第2項）。農林水産省令では，帳簿は1年ごとに閉鎖し，閉鎖後1年間保存しなければならないと定められている（施行規則56条の22第3・4項）

(9) 施設の基準等

許可所持者は，取扱施設の位置，構造及び設備を第46条の6第1項第2号の技術上の基準に適合するように維持しなければならない（法46条の16第1項）。

農林水産大臣は，取扱施設の位置，構造又は設備が前項の技術上の基準に適合していないときは，許可所持者に対し，当該施設の修理又は改造その他当該家畜伝染病病原体による家畜伝染病の発生の予防又はまん延の防止のために必要な措置を講ずべき旨を命ずることができる（同条2項）。

(10) 保管等の基準等

許可所持者及び滅菌譲渡義務者並びにこれらの者から運搬を委託された者（許可所持者等）は，その所持する家畜伝染病病原体の保管，使用，運搬（船舶又は航空機による運搬を除く）又は滅菌等をする場合においては，農林水産省令で定める技術上の基準に従って当該家畜伝染病病原体による家畜伝染病の発生の予防及びまん延の防止のために必要な措置を講じなければならない（法46条の17第1項）。

農林水産大臣は，許可所持者等が講ずる家畜伝染病病原体の保管，使用，運搬又は滅菌等に関する措置が前項の技術上の基準に適合していないときは，そ

の者に対し，その保管，使用，運搬又は滅菌等の方法の変更その他当該家畜伝染病病原体による家畜伝染病の発生の予防又はまん延の防止のために必要な措置を講ずべき旨を命ずることができる（同条2項）。

(11) 災害時の応急措置

許可所持者等は，その所持する家畜伝染病病原体に関し，地震，火災その他の災害が起こったことにより，当該家畜伝染病病原体による家畜伝染病が発生し，若しくはまん延した場合又は当該家畜伝染病病原体による家畜伝染病が発生し，若しくはまん延するおそれがある場合においては，直ちに，農林水産省令の定めるところにより，応急の措置を講じなければならない（法46条の18第1項）。

許可所持者等は，前項に規定する場合においては，農林水産省令の定めるところにより，遅滞なく，その旨を農林水産大臣に届け出なければならない（同条2項）。

農林水産大臣は，第1項の場合において，当該家畜伝染病病原体による家畜伝染病の発生を予防し，又はそのまん延を防止するため緊急の必要があるときは，許可所持者等に対し，当該家畜伝染病病原体の保管場所の変更，当該家畜伝染病病原体の滅菌等その他当該家畜伝染病病原体による家畜伝染病の発生の予防又はまん延の防止のために必要な措置を講ずべき旨を命ずることができる（同条3項）。

(12) 届出伝染病等病原体の所持の届出

届出伝染病等病原体（家畜伝染病病原体以外の家畜伝染病の病原体及び届出伝染病の病原体であって，農林水産省令で定めるもの）を所持する者は，農林水産省令の定めるところにより，その所持の開始の日から7日以内に，当該届出伝染病等病原体の種類その他農林水産省令で定める事項を農林水産大臣に届け出なければならない（法46条の19第1項本文）。

農林水産省令では，届出伝染病等病原体として以下のものが定められている（施行規則56条の27）。

一　ベシキュロウイルス・ベシキュラーストマティティスアラゴアスウイルス（別名水疱性口内炎ウイルス）

二　ベシキュロウイルス・ベシキュラーストマティティスインディアナウイルス（別名水疱性口内炎ウイルス）

三　ベシキュロウイルス・ベシキュラーストマティティスニュージャージーウ

イルス（別名水疱性口内炎ウイルス）

四　パスツレラ・マルトシダ（莢膜抗原型がB又はEであるものであつて，菌体抗原型がHeddlestonの型別で二又は二・五であるものに限る。）（別名出血性敗血症菌）

五　ブルセラ・オビス（別名ブルセラ症菌）

六　マイコバクテリウム・カプレ（別名結核菌）

七　レンチウイルス・エクインインフェクシャスアネミアウイルス（別名馬伝染性貧血ウイルス）

八　エンテロウイルス・スワインベシキュラーディジーズウイルス（別名豚水疱病ウイルス）

九　インフルエンザウイルスA・インフルエンザAウイルス（第56条の3第11号イからリまでに掲げる病原体に限る。）（別名低病原性鳥インフルエンザウイルス）

十　エイブラウイルス・ニューカッスルディジーズウイルス（次に掲げる要件のいずれかに該当するものに限る。）（別名ニューカッスル病ウイルス）
　イ　鶏の初生ひなにおけるICPIが〇・七以上であること。
　ロ　次のいずれにも該当すること。
　　(1)　F蛋たん白質の113番目から116番目までのアミノ酸残基のうち3以上がアルギニン残基又はリジン残基であると推定されること。
　　(2)　F蛋たん白質の117番目のアミノ酸残基がフェニルアラニン残基であると推定されること。

十一　サルモネラ・エンテリカ（血清型がガリナルムであるものであつて，生物型がプローラム又はガリナルムであるものに限る。）（別名家きんサルモネラ症菌）

十二　マカウイルス・アルセラパインヘルペスウイルス一（別名悪性カタル熱ウイルス）

十三　マカウイルス・オバインヘルペスウイルス二（別名悪性カタル熱ウイルス）

十四　インフルエンザウイルスA・インフルエンザAウイルス（血清亜型がH三N八又はH七N七であるものであつて，馬から分離されたものに限る。）（別名馬インフルエンザウイルス）

十五　ベシウイルス・ベシキュラーエグザンテマオブスワインウイルス（別名豚水疱疹ウイルス）

ただし，次に掲げる場合は，この限りでない（法46条の19第1項但書）。
一　家畜の伝染性疾病の病原体の検査を行っている機関が，その業務に伴い届出伝染病等病原体を所持することとなった場合において，農林水産省令の定めるところにより，滅菌譲渡をするまでの間当該届出伝染病等病原体を所持するとき。
二　届出伝染病等病原体を所持する者から運搬又は滅菌等を委託された者が，その委託に係る届出伝染病等病原体を当該運搬又は滅菌等のために所持する場合
三　届出伝染病等病原体を所持する者の従業者が，その職務上届出伝染病等病原体を所持する場合

(13) 家畜伝染病病原体の所持に関する規定の届出伝染病等病原体の所持への準用

届出所持者には，第46条の15（記帳義務）及び第46条の16（施設の基準等）の規定を準用する。この場合において，第46条の15第1項及び第46条の16第2項中「家畜伝染病病原体」とあるのは「届出伝染病等病原体」と，「家畜伝染病の」とあるのは「家畜の伝染性疾病の」と，同条中「取扱施設」とあるのは「届出伝染病等病原体の保管，使用及び滅菌等をする施設」と，同条第1項中「第46条の6第1項第2号の」とあるのは「農林水産省令で定める」と読み替えるものとする（法46条の20第1項）。

届出伝染病等病原体を所持する者（前条第1項第3号の従業者を除く）には，第46条の17（保管等の基準等）及び第46条の18（災害時の応急措置）の規定を準用する。この場合において，第46条の17並びに第46条の18第1項及び第3項中「家畜伝染病病原体」とあるのは「届出伝染病等病原体」と，「による家畜伝染病」とあるのは「による家畜の伝染性疾病」と読み替えるものとする（同条2項）。

◆ 7　家畜防疫官及び家畜防疫員

(1) 家畜防疫官

家畜防疫官は，農林水産省に設置される（法53条1項）。家畜防疫官は，原則として獣医師の中から任命される（同条2項本文）。ただし特に必要があるときは家畜の伝染性疾病予防に関し学識経験のある獣医師以外の者を任命することができる（同条項但書）。

(2) 家畜防疫員

　家畜防疫員は，都道府県知事が都道府県の職員で獣医師であるものの中から任命する（法53条3項本文）。ただし特に必要があるときは，当該都道府県の職員で家畜の伝染性疾病予防に関し学識経験のある獣医師以外の者を任命することができる（同条項但書）。

　都道府県知事は，獣医師を当該都道府県の職員として採用することにより，法に規定する事務を処理するために必要となる員数の家畜防疫員を確保するよう努めなければならない（同条4項）。

第5章　家畜伝染病予防法

◆ 章 末 問 題 ◆

問1　「家畜伝染病予防法」において家畜伝染病に指定されているのはどれか。（第74回獣医師国家試験）

1．アナプラズマ症
2．アカバネ病
3．牛伝染性リンパ腫
4．牛ウイルス性下痢
5．馬インフルエンザ

問2　特定家畜伝染病防疫指針が定められていない疾病はどれか。（第70回獣医師国家試験）

1．高病原性鳥インフルエンザ
2．口蹄疫
3．豚コレラ
4．牛海綿状脳症
5．牛白血病

◇ 章末問題の解説 ◇

問1　正答　1

　　アカバネ病，牛伝染性リンパ腫，牛ウイルス性下痢及び馬インフルエンザは，届出伝染病である。

問2　正答　5

　　特定家畜伝染病として法では，牛疫，牛肺疫，口蹄疫，豚熱，アフリカ豚熱，高病原性鳥インフルエンザ及び低病原性鳥インフルエンザ，農林水産省令では，牛海綿状脳症が定められている。

第6章
その他の家畜衛生関連法規

《本章の内容》

1．牛海綿状脳症対策特別措置法
2．牛の個体識別のための情報の管理及び伝達に関する特別措置法
3．家畜保健衛生所法
4．農業保険法
5．国際獣疫事務局

《本章の目標》

1．牛海綿状脳症対策特別措置法の規制内容について説明できる。
2．牛のトレーサビリティ制度の概要について説明できる。
3．家畜保健衛生所の事務の概要について説明できる。
4．農業保険法の概要について説明できる。
5．国際獣疫事務局の目的について説明できる。

◆ 1　牛海綿状脳症対策特別措置法

　牛海綿状脳症対策特別措置法は，牛海綿状脳症の発生を予防し，及びまん延を防止するための特別の措置を定めること等により，安全な牛肉を安定的に供給する体制を確立し，もって国民の健康の保護並びに肉用牛生産及び酪農，牛肉に係る製造，加工，流通及び販売の事業，飲食店営業等の健全な発展を図ることを目的とする（1条）。

　この法律によれば，国及び都道府県（保健所を設置する市を含む）は，牛海綿状脳症の発生が確認された場合又はその疑いがあると認められた場合には，牛海綿状脳症対策基本計画に基づき，速やかに，牛海綿状脳症のまん延を防止する等のために必要な措置を講ずる責務を有する（3条）。また牛の肉骨粉を原

料又は材料とする飼料は，別に法律又はこれに基づく命令で定めるところにより，牛に使用してはならない（5条1項）。同様に，牛の肉骨粉を原料又は材料とする牛を対象とする飼料及び牛に使用されるおそれがある飼料は，別に法律又はこれに基づく命令で定めるところにより，販売し，又は販売の用に供するために製造し，若しくは輸入してはならない（同条2項）。

◆ 2 牛の個体識別のための情報の管理及び伝達に関する特別措置法

　この法律は，牛の個体の識別のための情報の適正な管理及び伝達に関する特別の措置を講ずることにより，牛海綿状脳症のまん延を防止するための措置の実施の基礎とするとともに，牛肉に係る当該個体の識別のための情報の提供を促進し，もって畜産及びその関連産業の健全な発展並びに消費者の利益の増進を図ることを目的とする（1条）。

　この法律によれば，牛が出生したときは，その管理者は，遅滞なく，農林水産省令で定めるところにより，出生の年月日，雌雄の別，母牛の個体識別番号，管理者の氏名又は名称及び住所，飼養施設の所在地その他農林水産省令で定める事項を**農林水産大臣に届け出なければならない**（8条1項）。同様に，**牛を輸入したときは**，その輸入者は，遅滞なく，農林水産省令で定めるところにより，輸入の年月日，雌雄の別，輸入者の氏名又は名称及び住所，飼養施設の所在地その他農林水産省令で定める事項を**農林水産大臣に届け出なければならない**（同条2項）。農林水産大臣は，これらの届出を受理したときは，当該届出に係る牛の個体識別番号を決定し，遅滞なく，農林水産省令で定めるところにより，これを当該届出をした牛の管理者又は輸入者に通知するものとする（9条1項）。牛の管理者又は輸入者は，この通知を受けたときは，農林水産省令で定めるところにより，牛の両耳にその個体識別番号を表示した耳標を着けなければならない（同条2項）。なおこうした牛の個体識別業務について，農林水産大臣は，独立行政法人家畜改良センターに行わせることができる（20条）。このため実際にはこのセンターが牛の個体識別業務を行っている。

　販売業者は，特定牛肉（食用に供される牛の肉であって，牛個体識別台帳に記録されている牛から得られたもの。2条3項）の販売をするときは，農林水産省令で定めるところにより，当該特定牛肉若しくはその容器，包装若しくは送り状又はその店舗の見やすい場所に，当該特定牛肉に係る牛の個体識別番号を表示

しなければならない（15条1項）。また特定料理（牛の肉を主たる材料とする焼き肉，しゃぶしゃぶ，すき焼き及びステーキ。2条4項，施行令1条）提供業者は，特定料理（特定牛肉を主たる材料とするものに限る）の提供をするときは，農林水産省令で定めるところにより，当該特定料理又はその店舗の見やすい場所に，当該特定料理の主たる材料である特定牛肉に係る牛の個体識別番号を表示しなければならない（16条1項）。

◆ 3　家畜保健衛生所法

家畜保健衛生所は，地方における家畜衛生の向上を図り，もって畜産の振興に資するため，都道府県が設置する（家畜保健衛生所法1条1項）。

家畜保健衛生所は，以下の事務を行う（同法3条1項）。

一　家畜衛生に関する思想の普及及び向上に関する事務
二　家畜の伝染病の予防に関する事務
三　家畜の繁殖障害の除去及び人工授精の実施に関する事務
四　家畜の保健衛生上必要な試験及び検査に関する事務
五　寄生虫病，骨軟症その他農林水産大臣の指定する疾病の予防のためにする家畜の診断に関する事務
六　地方的特殊疾病の調査に関する事務
七　その他地方における家畜衛生の向上に関する事務

◆ 4　農業保険法

農業保険法は，農業経営の安定を図るため，災害その他の不慮の事故によって農業者が受けることのある損失を補填する共済の事業並びにこれらの事故及び農産物の需給の変動その他の事情によって農業者が受けることのある農業収入の減少に伴う農業経営への影響を緩和する保険の事業を行う農業保険の制度を確立し，もって農業の健全な発展に資することを目的としている（1条）。農業保険法は，平成29年に農業災害補償法を改正及び改称した法律である。農業災害補償法では，家畜の死亡廃用及び疾病傷害に対して補償をする家畜共済のように災害等の不慮の事故による損失を補償する農業共済事業のみが存在していた。しかし農業保険法では従来の農業共済事業（第3章）に加えて，市場価格の下落等による収入減少に対して保険金を交付する農業経営収入保険事業（第4章）が新たに創設された。

農業共済事業は，原則として農業共済組合が行う（農業保険法99条1項）。農業共済事業のうち**家畜共済事業の対象となる動物は牛，馬及び豚**である（同法98条1項2・3号）。農業経営収入保険事業は全国連合会（全国農業共済組合連合会）が行う（同法175条1項）。

　また**農業共済組合等は，事業規程等で定めるところにより，家畜共済に付した家畜の診療のため必要な施設をすることができる**（同法128条1項）。また組合等は，その事業に支障がない場合に限り，事業規程等で定めるところにより，家畜共済に付していない牛，馬又は豚につき前項の施設を利用させることができる（同条2項）。

【補足】　家畜診療所が置かれている厳しい状況
　農林水産省経営局保健監理官「令和5年度全国家畜衛生主任者会議資料」によれば，職員が常駐する家畜診療所は令和4年4月1日の時点で全国に209か所存在するより）。この数は前年度よりも10か所減っている。農林水産省が公表する「飼育動物診療施設の開設届出状況」を見ても，農業共済組合が開設する飼育動物診療施設の数は，平成25年度が345か所であったのに対して令和5年度は268か所であり，10年間で77か所も減少している。飼育動物診療施設の全体の合計数は，平成25年度が14,956か所であったのに対して令和5年度には16,825か所であり，約1,800か所増加している。このうち小動物その他の施設は，平成25年度が11,032か所であったのに対して令和5年度は12,706か所と約1,700か所増加している。つまりこの10年間で増加した飼育動物診療施設のほとんどは小動物系の診療施設である。家畜診療所が閉鎖される大きな原因は経営難である。前述の会議資料によれば，令和2年度において家畜診療所のある43道府県中20が赤字となっている。これは畜産農家の減少による収入減が主な原因である。もう一つの大きな原因は獣医師の確保が困難であることがある。農林水産省の獣医師の届出状況によれば，家畜診療所において診療に従事する獣医師数（市町村が運営するものと農業共済組合が運営するものとの合計）は，平成24年12月31日の時点では1,815人であったのに対して，令和4年12月31日の時点では1,740人と10年間で75人減少している。獣医事に従事する獣医師の総数は，平成24年12月31日の時点では33,784人であったのに対して，令和4年12月31日の時点では36,101人と10年間で約2,300人も増加している。つまり獣医事に従事する獣医師の総数は増えているのに，家畜診療所に従事する獣医師の数は逆に減っている。こうした経営難と獣医師確保の困難さが家畜診療所を厳しい状況に追い込んでいる。家畜診療所は日本の畜産業を支える重要な施設であるから，こうした厳しい状況を解消する必要がある。例えば遠隔診療の充実による経営の効率化や特に中高生等の若年層への産業獣医師の魅力の周知などの対応が必要となるだろう。

5 国際獣疫事務局
(1) 沿革
19世紀に国際的な移動が盛んになるとともに，家畜感染症も世界的に流行するようになった。特に牛疫の流行は大きな問題であった。このため地球規模での家畜伝染病対策の必要性が各国により認識されるようになった。1920年にインド由来の牛がアントワープに寄港したところベルギーにおいて牛疫が大流行したことを契機として，1921年にパリで開催された家畜伝染病および研究に関する国際会議において，家畜伝染病の予防および研究のための中央情報機関の設立が決定された。そして，**1924年に国際獣疫事務局設立協定が締結され，これにより国際獣疫事務局（Office International des Epizooties: OIE）**[66]**がパリに設立された。**設立時の加盟国は28か国であったが，現在の加盟国・地域数は182に及んでいる。日本も1930年に同協定に加入した。

(2) 目 的
国際獣疫事務局の目的は，以下の通りである。
① 世界的な動物疾病情報における透明性の確保。
② 獣医学的科学情報の収集，分析，普及。
③ 動物疾病の制御における国際的な連帯の促進。
④ 動物および動物由来製品の国際貿易に関する衛生基準を策定することによる国際貿易の安全確保。
⑤ 各国獣医組織の法制度および資源の改善。
⑥ 動物由来の食品に対するより優れた保証の提供および科学に基づくアプローチによるアニマルウェルフェアの促進。

---

[66] 国際獣疫事務局は，2003年より一般名称としてWorld Organisation for Animal Health（世界動物保健機関）を用いている。2022年よりこの一般名称の略称としてWOAHが用いられている。つまり法的な正式名称はOffice International des Epizootiesのままである。

◆ 章 末 問 題 ◆

問 1　家畜共済制度の対象動物はどれか。（第72回獣医師国家試験）

1．馬
2．山羊
3．めん羊
4．鶏
5．みつばち

問 2　国際獣疫事務局（OIE）の活動として正しいのはどれか。（第73回獣医師国家試験）

1．人の健康水準を向上させ，感染症対策を行う。
2．貿易における国際通商ルールを協議する。
3．食品規格を作成し，消費者の健康保護及び公正な食品貿易を確保する。
4．動物衛生の向上を目的とし，動物疾病に関する情報を提供する。
5．飢餓の撲滅を目的とし，世界の農林水産業に関する情報を提供する。

第6章　その他の家畜衛生関連法規

◇ 章末問題の解説 ◇

問1　正答　1

　　家畜共済事業の対象となる動物は牛，馬及び豚である。

問2　正答　4

1．世界保健機関（WHO）の活動である。
2．世界貿易機関（WTO）の活動である。
3．コーデックス委員会（CAC）の活動である。
4．国際獣疫事務局（OIE）の活動である。
5．国際連合食糧農業機関（FAO）の活動である。

第4編

医薬品及び畜産資材の安全確保に関連する法規

◆第7章◆
医薬品，医療機器等の品質，有効性及び安全性の確保等に関する法律（薬機法）

―《本章の内容》―

1. 薬機法の目的
2. 法文の読み替え
3. 用語の定義
4. 薬局
5. 動物用医薬品及び動物用医薬部外品の製造販売業及び製造業
6. 動物用医療機器及び動物用体外診断用医薬品の製造販売
7. 動物用再生医療等製品の製造販売
8. 動物用医薬品の販売
9. 毒薬及び劇薬並びに指定薬物
10. 動物用医薬品に関する特則
11. 副作用等の報告義務
12. 広告規制

―【本章の目標】―

1. 薬機法の目的について説明できる。
2. 法文の読み替えの内容について説明できる。
3. 薬機法において用いられる用語の定義について説明できる。
4. 薬局に関する規定の概要について説明できる。
5. 動物用医薬品及び動物用医薬部外品の製造販売業及び製造業に関する規定の概要について説明できる。

6．動物用医療機器及び動物用体外診断用医薬品の製造販売に関する規定の概要について説明できる。
7．動物用再生医療等製品の製造販売に関する規定の概要について説明できる。
8．動物用医薬品の販売に関する規定の概要について説明できる。
9．毒薬及び劇薬並びに指定薬物に関する規定の概要について説明できる。
10．動物用医薬品に関する特則の概要について説明できる。
11．副作用等の報告義務について説明できる。
12．広告規制の概要について説明できる。

◆ 1　法の目的

　医薬品，医療機器等の品質，有効性及び安全性の確保等に関する法律（以下，本章における法）の目的は，①医薬品等[67]の品質，有効性及び安全性の確保並びにこれらの使用による保健衛生上の危害の発生及び拡大の防止のために必要な規制，②指定薬物の規制，③医療上特に必要性の高い医薬品，医療機器及び再生医療等製品の研究開発の促進，により保健衛生の向上を図ることである（法1条）。

【補足】　国等の責務

　国は，法の目的を達成するため，医薬品等の品質有効性及び安全性の確保，これらの使用による保健衛生上の危害の発生及び拡大の防止その他の必要な施策を策定し，及び実施しなければならない（法1条の2）。この国が策定した施策に関し，都道府県，保健所設置市[68]及び特別区は，国との適切な役割分担を踏まえて，当該地域の状況に応じた施策を策定し，及び実施しなければならない（法1条の3）。医薬品等の製造販売業者等又は病院，診療所若しくは飼育動物診療施設の開設者は，その相互間の情報交換など必要な措置を講ずることにより，医薬品等の品質，有効性及び安全性の確保並びにこれらの使用による保健衛生上の危害の発生及び拡大の防止に努めなければならない（法1条4項）。医師，獣医師その他の医薬関係者は，医薬品等の有効性及び安全性その他これらの適正な使用に関する知識と理解を深めるとともに，これらの使用の対象者（動物への使用にあっては，その所有者又は管理

---

[67]　医薬品等とは，医薬品，医薬部外品，化粧品，医療機器及び再生医療等製品をいう（法1条）。

[68]　地域保健法5条1項に基づき政令により保健所を設置すると定められた市のこと。政令指定都市，中核市並びに小樽市，町田市，藤沢市，茅ケ崎市及び四日市市が定められている（地域保健法施行令1条）。

者）等に対し，これらの適正な使用に関する事項に関する正確かつ適切な情報の提供に努めなければならない（法1条の5第1項）。

◆ 2　法文の読み替え

　法の各条文は，基本的には人に用いられる医薬品等に関して適用されることを前提とした内容となっている。このため法を専ら動物のために使用されることが目的とされている医薬品，医薬部外品，医療機器又は再生医療等製品に関して適用するためには，法文の読み替えが必要となる場合がある。具体的には，「厚生労働大臣」は「農林水産大臣」に，「厚生労働省令」は「農林水産省令」に，「人」は「動物」に，「医療上」は「獣医療上」に，「国民の生命及び健康」は「動物の生産又は健康の維持」に読み替えるなどの場合がある（法83条1項）。ただし法に記載されている「厚生労働大臣」をすべて「農林水産大臣」に読み替えるのではなく，読み替えが行われる場合については法において細かく定められているので注意が必要である。

　以下の本章の内容は，特に断りがない限り読み替え後の条文に基づいている。また専ら動物のために使用されることが目的とされているものについては「動物用」を付加している。

◆ 3　用語の定義

(1) 医薬品（この項は法文の読み替えなし）

　医薬品とは，①日本薬局方[69]**に収められている物，②人又は動物の疾病の診断，治療又は予防に使用されることが目的とされている物であって機械器具等**[70]**でない物（医薬部外品及び再生医療等製品を除く），③人又は動物の身体の構造又は機能に影響を及ぼすことが目的とされているものであって機械器具等でないもの（医薬部外品，化粧品及び再生医療等製品を除く），をいう**（法2条1項）。

　医薬品と機械器具等とは区別されることに注意を要する。

---

[69]　法41条1項に基づき，厚生労働大臣が，医薬品の性状及び品質の適正を図るため，薬事審議会の意見を聞いたうえで定める医薬品の規格基準書。

[70]　機械器具等とは，機械器具，歯科材料，医療用品，衛生用品並びにプログラム（電子計算機に対する指令であって，一の結果を得ることができるように組み合わされたもの）及びこれを記録した記録媒体をいう（法2条1項2号括弧内）。

(2) 医薬部外品（この項は法文の読み替えなし）

医薬部外品とは，①吐きけその他の不快感又は口臭若しくは体臭の防止，あせも，ただれ等の防止若しくは脱毛の防止，育毛又は除毛の目的のために使用される物であって機械器具等でないもの（人若しくは動物の疾病の治療等に使用すること又は人若しくは動物の身体の構造若しくは機能に影響を及ぼすことも併せて目的として使用される物を除く），②人又は動物の保健のためにするねずみ，はえ，蚊，のみその他これらに類する生物の防除の目的のために使用される物であってであって機械器具等でないもの（人若しくは動物の疾病の治療等に使用すること又は人若しくは動物の身体の構造若しくは機能に影響を及ぼすことも併せて目的として使用される物を除く），③人又は動物の疾病の治療等に使用すること若しくは人又は動物の身体の構造又は機能に影響を及ぼすことを目的として使用される物のうち，厚生労働大臣（動物用医薬部外品については農林水産大臣）が指定するもの（①及び②に含まれる物を除く）のうち，**人体に対する作用が緩和なものをいう**（法2条2項）。ただし現在③に該当する農林水産大臣が指定する動物用医薬部外品は存在しない（①又は②に該当する動物用医薬部外品は存在する）。

(3) 化粧品（この項は法文の読み替えなし）

化粧品とは，人の身体を清潔にし，美化し，魅力を増し，容貌を変え，又は皮膚若しくは毛髪を健やかに保つために，身体に塗擦，散布その他これらに類似する方法で使用されることが目的とされている物で，人体に対する作用が緩和なもの（人若しくは動物の疾病の治療等に使用すること又は人若しくは動物の身体の構造若しくは機能に影響を及ぼすことも併せて目的とされているもの及び医薬部外品を除く）をいう（法2条3項）。

条文に「人の」と書かれているように，法における化粧品とは人に使用されるもののみを意味し，**動物に使用される化粧品は想定されていない**。

(4) 医療機器（この項は法文の読み替えなし）

医療機器とは，人若しくは動物の疾病の診断，治療若しくは予防に使用されること，又は人若しくは動物の身体の構造若しくは機能に影響を及ぼすことが目的とされている機械器具等（再生医療等製品を除く）であって，政令で定めるものをいう（法2条4項）。具体的には，手術台及び治療台，医療用照明器，聴診器，体温計などが掲げられている（医薬品，医療機器等の品質，有効性及び安全性の確保等に関する法律施行令［以下，本章における施行令］1条，別表第1）。

(5) 動物用高度管理医療機器

動物用高度管理医療機器とは，動物用医療機器であって，副作用又は機能の障害が生じた場合（適正な使用目的に従い適正に使用された場合に限る）において動物の生命及び健康に重大な影響を与えるおそれがあることからその適切な管理が必要なものとして，農林水産大臣が薬事審議会（厚生労働省に設置される機関）[71]の意見を聴いて指定するものをいう（法2条5項）。具体的には人工心臓弁やペースメーカなどが指定されている（「医薬品，医療機器等の品質，有効性及び安全性の確保等に関する法律第2条第5項から第7項までの規定により農林水産大臣が指定する高度管理医療機器，管理医療機器及び一般医療機器」平成16年12月24日農林水産省告示第2217号，別表第1）。

(6) 動物用管理医療機器

動物用管理医療機器とは，動物用高度管理医療機器以外の動物用医療機器であって，副作用又は機能の障害が生じた場合において動物の生命及び健康に影響を与えるおそれがあることからその適切な管理が必要なものとして，農林水産大臣が薬事審議会の意見を聴いて指定するものをいう（法2条6項）。具体的には呼吸補助器やエックス線発生装置などが指定されている（前記告示，別表第2）。

(7) 動物用一般医療機器

動物用一般医療機器とは，動物用高度管理医療機器及び動物用管理医療機器以外の動物用医療機器であって，副作用又は機能の障害が生じた場合においても，動物の生命及び健康に影響を与えるおそれがほとんどないものとして，農林水産大臣が薬事審議会の意見を聴いて指定するものをいう（法2条7項）。具体的には手術台や聴診器などが指定されている（前記告示，別表第3）。

(8) 再生医療等製品（この項は法文の読み替えなし）

再生医療等製品とは，医薬部外品及び化粧品を除く，①人若しくは動物の身体の構造若しくは機能の再建，修復若しくは形成又は人若しくは動物の疾病の治療若しくは予防に使用されることが目的とされている物のうち，人又は動物の細胞に培養その他の加工を施したもの，②人又は動物の疾病の治療に使用されることが目的とされている物のうち，人又は動物の細胞に導入され，これら

---

[71] 令和6年4月1日より，薬事・食品衛生審議会は薬事審議会に改組された。詳細は第10章の「【補足】生活衛生等関係行政の機能強化のための関係法律の整備に関する法律」を参照のこと。

の体内で発現する遺伝子を含有させたもの，であって政令で定めるものをいう（法2条9項）。具体的には，ヒト細胞加工製品，動物細胞加工製品，遺伝子治療用製品が掲げられている（施行令1条の2，別表第2）。

(9) 生物由来製品（この項は法文の読み替えなし）

生物由来製品とは，人その他の生物（植物を除く）に由来するものを原料又は材料として製造をされる医薬品，医薬部外品，化粧品又は医療機器のうち，保健衛生上特別の注意を要するものとして，厚生労働大臣（動物用生物由来製品は農林水産大臣）が薬事審議会の意見を聴いて指定するものをいう（法2条10項）。具体的にはホルモン（ウイルスを不活化又は除去したものを除く）や血清，ワクチンが指定されている（「農林水産大臣が指定する生物由来製品」平成15年7月14日農林水産省告示第1034号）。

(10) 特定生物由来製品（この項は法文の読み替えなし）

特定生物由来製品とは，生物由来製品のうち，販売し，貸与し，又は授与した後において当該生物由来製品による保健衛生上の危害の発生又は拡大を防止するための措置を講ずることが必要なものであって，厚生労働大臣（動物用特定生物由来製品は農林水産大臣）が薬事審議会の意見を聴いて指定するものをいう（法2条11項）。現時点で農林水産大臣が指定するものはない。

(11) 体外診断用医薬品（この項は法文の読み替えなし）

体外診断用医薬品とは，専ら疾病の診断に使用されることが目的とされている医薬品のうち，人又は動物の身体に直接使用されることのないものをいう（法2条14項）。

◆ 4　薬　局

(1) 定　義

薬局とは，薬剤師が販売又は授与の目的で調剤の業務並びに薬剤及び医薬品の適正な使用に必要な情報の提供及び薬学的知見に基づく指導の業務を行う場所（その開設者が併せ行う医薬品の販売業に必要な場所を含む）をいう（法2条12項本文）。ただし，病院若しくは診療所又は飼育動物診療施設の調剤所を除く（同条項但書）。

(2) 開　設

動物用医薬品に関する薬局を開設するためには，その所在地の都道府県知事[72]の許可を受けなければならない（法4条1項）。この許可は6年ごとに更

新しなければならない（同条4項）。

(3) 許可基準（この項は法文の読み替えなし）

以下のいずれかに該当する場合には，許可を与えないことができる（法5条）。

一　その薬局の構造設備が，厚生労働省令で定める基準に適合しないとき。

二　その薬局において調剤及び調剤された薬剤の販売又は授与の業務を行う体制並びにその薬局において医薬品の販売業を併せ行う場合にあっては医薬品の販売又は授与の業務を行う体制が厚生労働省令で定める基準に適合しないとき。

三　申請者が，次のイからトまでのいずれかに該当するとき。

　イ　この法その他政令で定める薬事関連法令[73]違反等により薬局開設等の許可を取り消され，取消しの日から3年を経過していない者

　ロ　この法その他政令で定める薬事関連法令[74]違反等により保管のみを行う製造所等の登録を取り消され，取消しの日から3年を経過していない者

　ハ　禁錮以上の刑に処せられ，その執行を終わり，又は執行を受けることがなくなった後，3年を経過していない者

　ニ　イからハまでに該当する者を除くほか，この法律，麻薬及び向精神薬取締法，同区物及び劇物取締法その他政令で定める薬事関連法令[75]に違反

---

(72)　一般の薬局については，都道府県知事（その所在地が保健所を設置する市又は特別区の区域にある場合においては，市長又は区長）の許可を受けなければならない（法4条1項［読み替え前］）

(73)　具体的には，毒物及び劇物取締法，麻薬及び向精神薬取締法，大麻取締法，覚醒剤取締法，あへん法，安全な血液製剤の安定供給の確保等に関する法律，薬剤師法，有害物質を含有する家庭用品の規制に関する法律，化学物質の審査及び製造等の規制に関する法律，国際的な協力の下に規制薬物に係る不正行為を助長する行為等の防止を図るための麻薬及び向精神薬取締法等の特例等に関する法律，独立行政法人医薬品医療機器総合機構法，遺伝子組換え生物等の使用等の規制による生物の多様性の確保に関する法律，再生医療等の安全性の確保等に関する法律，臨床研究法が政令で定められている（施行令66条の2）。

(74)　具体的には，注73と同じ。

(75)　具体的には，大麻取締法，覚醒剤取締法，あへん法，安全な血液製剤の安定供給の確保等に関する法律，薬剤師法，有害物質を含有する家庭用品の規制に関する法律，化学物質の審査及び製造等の規制に関する法律，国際的な協力の下に規制薬物に係る不正行為を助長する行為等の防止を図るための麻薬及び向精神薬取締法等の特例等に関する法律，独立行政法人医薬品医療機器総合機構法，遺伝子組換え生物等の使用等の規制による生物の多様性の確保に関する法律，再生医療等の安全性の確保等に関する法律，臨

し，その違反行為があった日から2年を経過していない者
ホ　麻薬，大麻，あへん又は覚醒剤の中毒者
ヘ　心身の障害により薬局開設者の業務を適正に行うことができない者として厚生労働省令（動物用医薬品については動物用医薬品等取締規則［以下，本章における取締規則］2条(76)）で定めるもの
ト　薬局開設者の業務を適切に行うことができる知識及び経験を有すると認められない者

なお法5条3号列挙事由は，他の許可の基準としても用いられることがある。

(4) 名称使用の制限

農林水産省令で定める場所を除き，許可を受けた薬局でない動物用医薬品を取り扱う場所に，薬局の名称を付してはならない（法6条）。

(5) 管　理

薬局開設者が薬剤師であるときは，自らその薬局を実地に管理しなければならない。ただし，その薬局において薬事に関する実務に従事する他の薬剤師のうちから薬局の管理者を指定してその薬局を実地に管理させるときは，この限りでない（法7条1項）。

薬局開設者が薬剤師でないときは，その薬局において薬事に関する実務に従事する薬剤師のうちから薬局の管理者を指定してその薬局を実地に管理させなければならない（同条2項）。

薬局の管理者（薬局を実地に管理する薬局開設者を含む）は，保健衛生上支障を生ずるおそれがないように，その薬局に勤務する薬剤師その他の従業者を監督し，その薬局の構造設備及び医薬品その他の物品を管理し，その他その薬局の業務につき，必要な注意をしなければならない（法8条1項）。

◆ 5　動物用医薬品及び動物用医薬部外品の製造販売業及び製造業

(1) 製造販売業の許可

農林水産大臣の許可を受けた者でなければ，業として動物用医薬品又は動物

床研究法が政令で定められている（施行令2条）。
(76)　具体的には，精神の機能の障害により業務を適正に行うに当たって必要な認知，判断及び意思疎通を適切に行うことができない者をいう（取締規則2条）。

第7章　医薬品，医療機器等の品質，有効性及び安全性の確保等に関する法律（薬機法）

用医薬部外品の製造販売をしてはならない（法12条1項）。**製造販売には，医薬品を製造して販売することだけでなく，医薬品を輸入して販売することも含まれる**（法2条13項）。動物用医薬品又は動物用医薬部外品の種類により必要な許可が異なる。動物用要指示医薬品については第1種動物用医薬品製造販売業許可，動物用要指示医薬品以外の動物用医薬品については第2種動物用医薬品製造販売業許可，動物用医薬部外品については動物用医薬部外品製造販売業許可が必要となる（同条項）。

　①申請に係る動物用医薬品又は動物用医薬部外品の品質管理の方法が，「動物用医薬品，動物用医薬部外品及び動物用再生医療等製品の品質管理の基準に関する省令」（平成17年農林水産省令第19号）に適合しないとき，②申請に係る動物用医薬品又は医薬部外品の製造販売後安全管理の方法が，「動物用医薬品，動物用医薬部外品，動物用医療機器及び動物用再生医療等製品の製造販売後安全管理の基準に関する省令」（平成17年農林水産省令第20号）に適合しないとき，のいずれかに該当するときは許可を与えないことができる（法12条の2第1項）。また法5条3号列挙事由（薬局の許可基準を参照）に該当する場合も，許可を与えないことができる（同条2項）。

　許可が必要となるのは，業として動物用医薬品又は動物用医薬部外品を製造販売する場合である。個人輸入のような**業としてではない動物用医薬品又は動物用医薬部外品の製造販売については製造販売業の許可を必要としない**。ただし製造販売業の許可を受けずに製造又は輸入した動物用医薬品又は動物用医薬部外品を他人に譲渡することは，それが承認不要動物用医薬品に該当しない限りできない。当該動物用医薬品又は動物用医薬部外品について製造販売の承認が与えられていないからである（製造販売の承認が与えられるためには，その申請者が製造販売業の許可を受けていることが条件となっているので［法14条2項1号］，製造販売業の許可を受けていない者による申請に対して製造販売の承認が与えられることはない）。

【補足】　譲渡の意味

　譲渡とは，ある者が有する所有権などの権利を他の者に移転することをいう。権利の移転が有償によって行われるか（売買など），無償によって行われる（贈与など）かを問わない。

(2) 製造業の許可

　動物用医薬品又は動物用医薬部外品の製造業の許可を受けた者でなければ，それぞれ，業として，動物用医薬品又は動物用医薬部外品の製造をしてはならない（法13条1項）。この許可は，農林水産省令で定める区分に従い，農林水産大臣が製造所ごとに与える（法13条2項）。例えば会社が複数の製造所を有する場合，会社ではなく各製造所が許可を受けなければならない。

　動物用医薬品に関しては，①動物用生物学的製剤（体外診断用医薬品を除く），農林水産大臣の指定した動物用医薬品又は遺伝子組換え技術を応用して製造される動物用医薬品その他その製造管理若しくは品質管理に特別の注意を要する動物用医薬品であって，農林水産大臣の指定するものの製造工程の全部又は一部を行うもの，②①の動物用医薬品を除く動物用無菌医薬品の製造工程の全部又は一部を行うもの，③①及び②の動物用医薬品以外の動物用医薬品の製造工程の全部又は一部を行うもの（④を除く），④①及び②の動物用医薬品の製造工程のうち包装，表示または保管のみを行うもの，の4区分が設けられている（動物用医薬品等取締規則11条1項）。動物用医薬部外品については，①動物用医薬部外品の製造工程の全部又は一部を行うもの（②を除く），②動物用医薬部外品の製造工程のうち包装，表示又は保管のみを行うもの，の2区分が設けられている（同条2項）。

　製造所の構造設備が，「動物用医薬品製造所等構造設備規則」（平成17年農林水産省令第35号）に適合しないときは，許可を与えないことができる（法13条5項）。また法5条3号列挙事由（薬局の許可基準を参照）に該当する場合も，許可を与えないことができる（同条6項）。

　外国において本邦に輸出される動物用医薬品又は動物用医薬部外品を製造しようとする者（動物用医薬品等外国製造業者）は，農林水産大臣の認定を受けることができる（法13条の3第1項）。この認定も，農林水産省令で定める区分に従い，製造所ごとに与える（同条2項）。この認定を受けないと，動物用医薬品等の製造販売の承認を受けることができない（法14条2項2号）。

(3) 製造販売の承認

① 農林水産大臣の承認

　農林水産大臣が基準（「承認不要動物用医薬品基準」平成17年3月29日農林水産省告示第594号）を定めて指定するものを除き，動物用医薬品又は動物用医薬部外品の製造販売をしようとする者は，品目ごとにその製造販売についての農林

水産大臣の承認を受けなければならない（法14条1項）。農林水産大臣は，前記に該当する動物用医薬品又は動物用医薬部外品であって本邦に輸出されるものにつき，外国においてその製造等をする者から申請があったときは，品目ごとに，その者が選任した動物用医薬品又は動物用医薬部外品の製造販売業者に製造販売をさせることについての承認を与えることができる（法19条の2第1項）。この承認を受けようとする者は，本邦内において当該承認に係る動物用医薬品又は動物用医薬部外品による保健衛生上の危害の発生の防止に必要な措置をとらせるため，動物用医薬品又は動物用医薬部外品の製造販売業者（当該承認に係る品目の種類に応じた製造販売業の許可を受けている者に限る。）を当該承認の申請の際選任しなければならない（同条3項）。

② **承 認 基 準**

以下のいずれかに該当するときは，製造販売の承認は，与えない（法14条2項）。

一 申請者が，申請をした品目の種類に応じた製造販売業の許可を受けていないとき。

二 申請に係る動物用医薬品又は動物用医薬部外品を製造する製造所が，申請した品目に関する製造業の許可，動物用医薬品等外国製造業者の認定又は保管のみを行う製造所若しくは保管のみを行う動物用医薬品等外国製造業者の製造所としての登録を受けていないとき。

三 申請に係る動物用医薬品又は動物用医薬部外品の名称，成分，分量，用法，用量，効能，効果，副作用その他の品質，有効性及び安全性に関する事項の審査の結果，その物が次のイからハまでのいずれかに該当するとき。

　イ 申請に係る動物用医薬品又は動物用医薬部外品が，その申請に係る効能又は効果を有すると認められないとき。

　ロ 申請に係る動物用医薬品若しくは動物用医薬部外品が，その効能若しくは効果に比して著しく有害な作用を有することにより，動物用医薬品若しくは動物用医薬部外品として使用価値がないと認められるとき，又は**申請に係る動物用医薬品が，その申請に係る使用方法に従い使用される場合に，当該動物用医薬品が有する対象動物**（牛，豚その他の食用に供される動物として農林水産省令で定めるもの［牛，馬及び豚，鶏及びうずら，蜜蜂並びに食用に供するために養殖されている水産動物。取締規則24条］）についての**残留性の程度からみて，その使用に係る対象動物の肉，乳その他の食用に**

供される生産物で人の健康を損なうものが生産されるおそれがあることにより，動物用医薬品として使用価値がないと認められるとき

ハ　イ又はロに掲げる場合のほか，動物用医薬品又は動物用医薬部外品として不適当なものとして農林水産省令で定める場合（動物用医薬品又は動物用医薬部外品の性状又は品質が保健衛生上著しく不適当な場合。取締規則25条）に該当するとき。

四　申請に係る動物用医薬品又は動物用医薬部外品が政令で定めるもの（人又は動物の身体に直接使用されない防虫剤や殺菌剤又は消毒剤などの医薬品以外のもの。医薬品，医療機器等の品質，有効性及び安全性の確保等に関する法律施行令［以下，本章における施行令］20条）であるときは，その物の製造所における製造管理又は品質管理の方法が，「動物用医薬品の製造管理及び品質管理に関する省令」（平成6年農林水産省令第18号）で定める基準に適合していると認められないとき。

　人用の医薬品と異なり，牛や豚など食用に供されることが多い動物を対象とする動物用医薬品については，人への健康被害防止の観点からその残留性が問題となることに注意が必要である。

③　承認申請手続

　承認申請は農林水産大臣に対して行う。承認申請書には農林水産省令で定める臨床試験の試験成績に関する資料などを添付しなければならない（法14条3項）。動物用医薬品の場合，①起源又は発見の経緯，②物理的・化学的・生物学的性質，③製造方法，④安定性，⑤毒性，⑥薬理作用，⑦吸収，分布，代謝並びに排せつ，⑧臨床試験の試験成績，⑧残留性に関する資料を添付しなければならない（取締規則26条1項1号）。動物用医薬部外品の場合，①起源又は発見の経緯，外国での使用状況等，②物理的・化学的性質，規格，試験方法等，③製造方法，④安定性，⑤安全性，⑥効能又は効果，に関する資料を添付しなければならない（同条項2号）。ただし動物用希少疾病用医薬品などに関しては臨床試験の試験成績に関する資料の一部を添付しなくてもよい場合がある（法14条5項）。また薬学又は獣医学上公知である場合など資料の添付を必要としない合理的理由がある場合にも，その資料を添付しなくてもよいときがある（取締規則26条2項）。

　これらの添付資料は，①これを作成することを目的として行われた調査又は試験において得られた結果に基づき正確に作成されたものであること，②調査

又は試験において，申請に係る医薬品に関し，その申請に係る品質，有効性又は安全性を有することについて疑いを生じさせる調査結果，試験成績等が得られた場合には，当該調査結果，試験成績等についても検討及び評価が行われ，その結果が当該資料に記載されていること，③飼料の性質上その保存が著しく困難であると認められるものを除き，承認又は承認の拒否の処分の日まで保存されていること，という条件を充たさなければならない（取締規則29条1項）。

ただし牛，馬及び豚，鶏及びうずら，蜜蜂並びに食用に供するために養殖されている水産動物，犬又は猫に使用されることが目的とされている動物用医薬品の添付資料は，「動物用医薬品の安全性に関する非臨床試験の実施の基準に関する省令」（平成9年農林水産省令第74号）に定めるところにより，収集され，かつ，作成されたものでなければならない（同条2項）。この省令では動物用医薬品の毒性及び残留性に関するものの収集及び作成のための行われる非臨床試験の実施に関する基準（Good Laboratory Practice, GLP）が定められている。

さらに牛，馬，豚，鶏，犬又は猫に使用されることが目的とされている動物用医薬品の添付資料は，取締規則29条1項及び2項に定める条件を充たすことに加え，「動物用医薬品の臨床試験の実施の基準に関する省令」に定めるところにより，収集され，かつ，作成されたものでなければならない（同条3項）。この省令では臨床試験の実施に関する基準（Good Clinical Practice, GCP）が定められている。

【補足】 GLP及びGCP

Good Laboratory Practice（GLP）は，一般には優良試験所基準と訳される。サリドマイドの承認申請における動物実験のデータの捏造など，1950年代以降医薬品の安全性に関する非臨床試験の信頼性を脅かす事件が起きたことから，1970年代以降各国において化学物質の安全性に関する非臨床試験の基準に関する法整備が行われるようになった。日本においても1982年に行政指導指針として「医薬品の安全性試験の実施に関する基準について」（昭和57年3月31日付け薬発第313号厚生省薬務局長通知）が出された。その後1997年に「医薬品の安全性に関する非臨床試験の実施の基準に関する省令」（平成9年厚生省令第21号）が制定され，基準が法規範化された。同年に「動物用医薬品の安全性に関する非臨床試験の実施の基準に関する省令」（平成9年農林水産省令第74号）が制定された。この省令では，職員及び組織（第2章），試験施設及び機器（第3章），試験施設内における操作（第4章），被験物質等の取扱い（第5章），試験計画書及び試験の実施（第6章），報告及び保存（第7

章），複数の試験施設にわたって実施される試験（第8章）に関する基準が定められている。

　Good Clinical Practice（GCP）は，一般には優良臨床試験基準と訳される。医薬品の臨床試験においてもナチス・ドイツによる人体実験など過去に被験者の人権を著しく害する事件が発生した。このため第二次世界大戦後から各国において臨床試験に関する法整備が行われた。日本では1989年に行政指導指針として「医薬品の臨床試験の実施に関する基準について」（平成元年10月2日付け薬発第874号厚生省薬務局長通知）が出された。その後1997年に「医薬品の臨床試験の実施の基準に関する省令」（平成9年厚生省令第28号）が制定され，基準が法規範化された。同年「動物用医薬品の臨床試験の実施の基準に関する省令」（平成9年農林水産省令第75号）が制定された。この省令では，治験の依頼をしようとする者による治験の依頼に関する基準（第2章），治験依頼者による治験の管理に関する基準（第3章），実施機関が行う治験の基準（第4章），自ら治験を実施する者が行う治験の基準（第5章），再審査等の資料の基準（第6章），治験の依頼等の基準（第7章）が定められている。

　承認申請がなされると，まず農林水産省動物医薬品検査所によるヒアリング（実施されない場合もある）及び審査（事務局審査）が行われる。ここで申請書等の内容について確認が行われる。検査所職員により承認の可否に関する論点や申請書の修正点の指摘などがなされ，これに対して申請者は論点について回答したり申請書の内容を修正したりする。この後厚生労働省薬事審議会において正式な審査が行われる。同時に食用の動物に用いられる動物用医薬品について農林水産大臣は，食品健康影響評価に関する内閣府食品安全委員会に対する意見聴取（食品安全基本法24条1項8号）及び残留性に関する厚生労働大臣に対する意見聴取（法83条2項）を行わなければならない。こうした審査の結果審議会が承認を可とする答申を農林水産大臣に対して行えば，農林水産大臣から承認を受けることができる。

④ **再審査及び再評価**
　製造販売の承認を受けた動物用医薬品については，法で定める期間内に農林水産大臣の再審査を受けなければならない（法14条の4）。また農林水産大臣が薬事審議会の意見を聴いて動物用医薬品の範囲を指定して再評価を受けるべき旨を公示したときは，その指定に係る動物用医薬品について，農林水産大臣の再評価を受けなければならない（法14条の6）。承認を受けた動物用医薬品について，承認を受けた後に副作用などの問題が新たに発見されたり新たな科学的知見が得られたりすることがあるからである。

⑤ 緊急承認

承認の申請者が製造販売をしようとする物が，次の各号のいずれにも該当する動物用医薬品として政令で定めるものである場合には，農林水産大臣は承認拒否事由に該当する場合（性状又は品質が保健衛生上著しく不適当である場合を除く）などにかかわらず，薬事審議会の意見を聴いて，適正使用確保のために必要な条件及び2年を超えない範囲内の期限を付して製造販売承認を与えることができる（法14条の2の2第1項）。

一　動物の生産又は健康の維持に重大な影響を与えるおそれがある疾病のまん延その他の健康被害の拡大を防止するため緊急に使用されることが必要な動物用医薬品であり，かつ，当該動物用医薬品の使用以外に適当な方法がないこと。

二　申請に係る効能又は効果を有すると推定されるものであること。

三　申請に係る効能又は効果に比して著しく有害な作用を有することにより医薬品として使用価値がないと推定されるものでないこと。

現時点では，新型コロナウイルス感染症（令和2年1月に，中華人民共和国が世界保健機関に対して，人に伝染する能力を有することが新たに報告されたものに限る）に係る医薬品が指定されている（施行令26条の7）。

⑥ 特例承認

承認の申請者が製造販売をしようとする物が，次の各号のいずれにも該当する動物用医薬品として政令で定めるものである場合には，農林水産大臣は，承認拒否事由に該当する場合などにかかわらず，薬事審議会の意見を聴いて，製造販売の承認を与えることができる（法14条の3第1項）。

一　動物の生産又は健康の維持に重大な影響を与えるおそれがある疾病のまん延その他の健康被害の拡大を防止するため緊急に使用されることが必要な動物用医薬品であり，かつ，当該動物用医薬品の使用以外に適当な方法がないこと。

二　その用途に関し，政令で定める外国（アメリカ合衆国，英国，カナダ，ドイツ又はフランス。施行令28条2項）において，販売し，授与し，又は販売若しくは授与の目的で貯蔵し，若しくは陳列することが認められている医薬品であること。

現時点では，新型コロナウイルス感染症に係る医薬品が指定されている（施行令28条1項）。

【補足】 緊急承認と特例承認との差異
緊急承認と特例承認との間には，以下のような差異がある。
(1) 承認の対象となる医薬品の差異
緊急承認の対象となる医薬品は特に制限がないが，特例承認の対象となる医薬品は政令で定める外国において流通している医薬品である必要がある。
(2) 有効性の推定と確認
緊急承認の場合は有効性が推定されればよいが，特例承認の場合は有効性が確認されなければならない。

(4) 動物用医薬品等の基準

農林水産大臣は，保健衛生上特別の注意を要する医薬品又は再生医療等製品につき，薬事審議会の意見を聴いて，その製法，性状，品質，貯法等に関し，必要な基準を設けることができる（法42条1項）。また農林水産大臣は，保健衛生上の危害を防止するために必要があるときは，医薬部外品，化粧品又は医療機器について，薬事審議会の意見を聴いて，その性状，品質，性能等に関し，必要な基準を設けることができる（同条2項）。

この規定に基づき，「動物用生物学的製剤基準」（平成14年10月3日農林水産省告示第1567号），「動物用生物由来原料基準」（平成15年7月28日農林水産省告示第1091号）が設けられている。

(5) 動物用医薬品等の検定

農林水産大臣の指定する動物用医薬品又は動物用再生医療等製品は，農林水産省令で別段の定めをしたときを除き，農林水産大臣の指定する者の検定を受け，かつ，これに合格したものでなければ，販売し，授与し，又は販売若しくは授与の目的で貯蔵し，若しくは陳列してはならない（法43条1項）。動物用医薬品の中には，高度な製造技術を必要とするものや例えば狂犬病ワクチンのように狂犬病対策などの国の政策に直接影響するものがあるため，こうした動物用医薬品については特に高度な品質が求められるため，検定制度が存在している。

検定が必要な動物用医薬品は，「医薬品，医療機器等の品質，有効性及び安全性の確保等に関する法律第43条第1項の規定に基づき，農林水産大臣の指定する医薬品を定める等の件」（昭和36年2月1日農林省告示第66号）により指定されている。具体的には，一部の血清及びワクチン並びに家畜伝染病体外診断用医薬品が指定されている。

検定機関としては，農林水産省動物医薬品検査所が指定されている（取締規則151条）。

◆ 6 動物用医療機器及び動物用体外診断用医薬品の製造販売

(1) 製造販売業の許可

業として，動物用医療機器又は動物用体外診断用医薬品の製造販売をするためには，その種類に応じた農林水産大臣の許可を受けなければならない。動物用高度管理医療機器については，第一種動物用医療機器製造販売業許可，動物用管理医療機器については，第二種動物用医療機器製造販売業許可，動物用一般医療機器については，第三種動物用医療機器製造販売業許可，動物用体外診断用医薬品については，動物用体外診断用医薬品製造販売業許可を受けなければならない（法23条の2第1項）。

(2) 製造業の登録

業として，動物用医療機器又は体動物用外診断用医薬品の製造をしようとする者は，製造所ごとに，農林水産省令で定めるところにより，農林水産大臣の登録を受けなければならない（法23条の2の3第1項）。動物用医薬品及び動物用医薬部外品の製造業を行う場合には農林水産大臣の許可が必要だが，動物用医療機器及び動物用体外診断用医薬品の製造業を行う場合には農林水産大臣の登録を受けなければならないという点が異なる。

【補足】 許可と登録

許可とは，ある国民の活動を一般的に禁止したうえで，国民からの申請に基づき行政機関が審査を行い，法律上の要件を充たしていると判断した場合に，禁止を解除することをいう。登録とは，行政機関が一定の事項を公簿に記載することによって公に証明することをいう。許可と登録とを比較すると，一般には登録よりも許可の方が手続や審査が厳格である。許可の場合，許可の要件を充足しているかどうかについて実質的な審査を行う。これに対して登録の場合，登録の要件を充足しているかどうかについて原則として形式的な審査しか行わない。たとえば許可の場合，申請書類だけでなく実地調査を行うなどにより要件を充足しているかどうかを審査する。登録の場合，原則として申請書類のみで要件を充足しているかどうかを審査する。また申請書類も登録よりも許可の方が詳細なものを提出しなければならないことが多い。しかし登録においても実地調査を行うなど実質的な審査が行われる場合もあり，この場合の登録は許可の一種といえる。

(3) 製造販売の承認・認証・届出

　動物用医療機器及び動物用体外診断用医薬品の製造販売については，副作用又は機能の障害が生じた場合に動物の生命及び健康に影響を与える程度に応じ，承認を受けなければならない場合，認証を受けなければならない場合，届け出なければならない場合に分けられている。

　動物用医療機器（動物用一般医療機器並びに認証を受けなければならないものとして農林水産大臣が基準を定めて指定する動物用高度管理医療機器及び動物用管理医療機器を除く）又は動物用体外診断用医薬品（農林水産大臣が基準を定めて指定する動物用体外診断用医薬品及び認証を受けなければならないものとして農林水産大臣が指定する動物用体外診断用医薬品を除く）の製造販売をしようとする者は，品目ごとにその製造販売についての農林水産大臣の承認を受けなければならない（法23条の2の5第1項）。この承認を受けるためには申請者が製造販売業の許可を受けていること及び申請に係る動物用医療機器又は動物用体外診断用医薬品を製造する製造所が製造業の登録を受けていることが必要となる（同条2項1・2号）。

　農林水産大臣が基準を定めて指定する動物用高度管理医療機器，動物用管理医療機器又は動物用体外診断用医薬品（指定動物用高度管理医療機器等）の製造販売をしようとする者は，農林水産省令で定めるところにより，品目ごとにその製造販売についての農林水産大臣の登録を受けた者の認証を受けなければならない（法23条の2の23第1項）。

　承認又は認証を受けなければならない動物用医療機器及び動物用体外診断用医薬品以外の医療機器又は体外診断用医薬品の製造販売をしようとするときは，あらかじめ，品目ごとに，農林水産省令で定めるところにより，農林水産大臣にその旨を届け出なければならない（法23条の2の12第1項）。

　ただし現時点において認証を受けなければならないものとして指定された動物用医療機器及び動物用体外診断用医薬品はない。このため**動物用医療機器及び動物用体外診断用医薬品には，農林水産大臣の承認が必要となる動物用高度管理医療機器及び動物用管理医療機器並びに農林水産大臣が基準を定めて指定する動物用体外診断用医薬品**（「医薬品，医療機器等の品質，有効性及び安全性の確保等に関する法律第83条第1項の規定により読み替えて適用される同法第23条の2の5第1項の規定に基づき農林水産大臣が基準を定めて指定する体外診断用医薬品」平成29年4月26日農林水産省告示第794号）**と，農林水産大臣への届け出が**

必要となる動物用一般医療機器及び前記の指定された動物用体外診断用医薬品以外の動物用体外診断用医薬品の2種類があることになる。

　動物用医療機器及び動物用体外診断用医薬品の製造販売についても，緊急承認（法23条の2の6の2）及び特例承認（法23条の2の8）の制度が設けられている。

【補足】　承認・認証・届出の意味
　承認とは，一定の事項について適法なものとして同意することをいう。例えば動物用医療機器の製造販売についての農林水産大臣の承認とは，動物用医療機器の製造販売について農林水産大臣が適法なものとして同意することをいう。行政機関の同意により一定の事項が適法となるという点は許可と同一であるので，承認は許可の一種といえる。
　認証も一定の事項について適法なものとして同意することをいう。ただし動物用医療機器に対する認証は農林水産大臣ではなく，農林水産大臣の登録を受けた者によって行われる。つまり同意する者が異なるので，農林水産大臣による同意は承認，農林水産大臣の登録を受けた者による同意は認証と区別している。ただし前述したように動物用医療機器等について認証制度は用いられていない。
　届出とは，国民が行政機関に対して一定の事項を通知することをいう。届出はあくまで国民が行政機関に対して一定の事項を通知するだけであり，申請と異なり行政機関の応答を求めるものではない。届出は，届出書の記載事項に不備がないこと，届出書に必要な書類が添付されていることその他の法令に定められた届出の形式上の要件に適合している場合は，当該届出が法令により当該届出の提出先とされている機関の事務所に到達したときに，当該届出をすべき手続上の義務が履行されたことになる（行政手続法37条）。このため届出については，審査などの行政機関による判断は行われない。

【補足】　医療機器等の第三者認証制度
　医療機器等に対する第三者認証制度は，平成11年頃から始まる規制改革の一環として，平成14年の薬事法改正（平成17年施行）において導入されたものである。平成13年に閣議決定された「規制改革推進3か年計画」（平成13年3月30日閣議決定）において，基準認証等に関して「基準・規格及び検査・検定（以下「基準認証等」という。）は，経済活動のグローバル化が進んだ現在においては，企業活動や消費活動に対しても，コストの上昇や選択範囲の限定等，大きな影響を与えることとなる。このため，基準認証等の制定・運用に当たっては，国民の生命，身体，財産の保護などそれぞれの制度が本来目的としている様々な政策目的の達成に支障が生じないことを前提として，こうした諸活動への影響が可能な限り小さくなるよう配慮することが重要である。このため，基準認証等の見直しに当たっては，個々の制度

について真に国が関与した仕組みとして維持する必要があるかについて抜本的な見直しを行い，国が関与した制度を維持する必要がある場合においても，行政の関与を必要最小限とする方向で以下のとおり，事業者の自己確認・自主保安を基本とした制度への移行，基準の国際整合化・性能規定化，重複検査の排除等を推進する。」という方針が示され，「事業者の自己確認・自主保安のみにゆだねることが必ずしも適当でない場合であっても，直ちに国による検査を義務付けることとするのではなく，自己確認・自主保安を基本としつつ，国際ルールを踏まえ，公正・中立な第三者による検査等を義務付ける仕組み（第三者認証）とすることについて十分な検討を行う。具体的には，ある程度の危険度や危害発生の蓋然性が認められるものについては，国民の安全を確保するために，事業者だけでなく，第三者も関与した仕組みを設けることとするが，この場合であっても，あくまで事業者の自己確認・自主保安を基本とし，これを補完する意味で，第三者の検査を受検することを義務付ける形にするよう検討する」こととされた。これを受けリスクの低い医療機器等については，大臣による承認ではなく大臣が登録した機関による認証でよいとする第三者認証制度が導入されることとなった。

◆ 7　動物用再生医療等製品の製造販売

(1) 製造販売業の許可

動物用再生医療等製品は，農林水産大臣の許可を受けた者でなければ，業として，製造販売をしてはならない（法23条の20第1項）。

(2) 製造業の許可

動物用再生医療等製品の製造業の許可を受けた者でなければ，業として，動物用再生医療等製品の製造をしてはならない（法23条の22第1項）。この許可は農林水産省令で定める区分に従い，農林水産大臣が製造所ごとに与える（同条2項）。区分には，①動物用再生医療等製品の製造工程の全部又は一部を行うもの（次の②を除く）と②動物用再生医療等製品の製造工程のうち包装，表示又は保管のみを行うもの，がある（取締規則91条の87）。

(3) 製造販売の承認

動物用再生医療等製品の製造販売をしようとする者は，品目ごとにその製造販売についての農林水産大臣の承認を受けなければならない（法23条の25第1項）。製造販売の承認を受けるためには，申請者が製造販売業の許可を受け，かつ申請する動物用再生医療等製品の製造所について製造業の許可を受けていることが条件となる（同条2項1・2号）。

動物用再生医療等製品についても緊急承認（法23条の26の2）及び特例承認

(法23条の28)の制度が設けられている。

◆ 8 動物用医薬品の販売

(1) 動物用医薬品の販売業の許可

薬局開設者又は動物用医薬品の販売業の許可を受けた者でなければ，業として，動物用医薬品を販売し，授与し，又は販売若しくは授与の目的で貯蔵し，若しくは陳列してはならない（法24条1項本文）。獣医師は自ら診察した動物について動物用医薬品を投与又は処方することができる（獣医師法18条本文）。しかしそれ以外の場合で獣医師が動物用医薬品を販売又は授与するためには動物用医薬品販売業の許可が必要となる。

(2) 動物用医薬品の販売業の許可の種類

動物用医薬品の販売業の許可には，以下の3種類がある（法25条）。

① 店舗販売業の許可

動物用医薬品を，店舗において販売し，又は授与する業務の許可である。

② 配置販売業の許可

動物用医薬品を，配置により販売し，又は授与する業務の許可である。

③ 卸売販売業の許可

動物用医薬品を，薬局開設者，動物用医薬品の製造販売業者，製造業者若しくは販売業者又は病院，診療所若しくは飼育動物診療施設の開設者その他農林水産省令で定める者に対し，販売し，又は授与する業務の許可である。

(3) 指定医薬品

指定医薬品とは，薬剤師しか販売又は授与することができないものとして農林水産大臣が指定した動物用医薬品をいう。動物用医薬品の中には，薬理作用が非常に激しいものなどその安全な取扱いのためには高度な薬学の知識を必要とするものがある。こうした動物用医薬品の取扱いは薬学についての専門教育を受けた薬剤師に委ねるべきである。そこで薬局，店舗販売業又は配置販売業において，**指定医薬品については，薬剤師しか販売又は授与することができない**（法36条の9第1号）こととした。**指定医薬品以外の動物用医薬品については，薬剤師又は登録販売者が販売又は授与することができる**（同条2号）。指定医薬品としては，一部を除く毒薬，劇薬及び抗生物質製剤，黄体ホルモン，甲状腺ホルモンなどが指定されている（取締規則115条の2，別表第1）。なお現在配置販売業において販売をすることが認められた指定医薬品は存在しない。

(4) 登録販売者

登録販売者とは，医薬品，医療機器等の品質，有効性及び安全性の確保等に関する法律施行規則159条の3に基づき都道府県知事が実施する試験に合格し，都道府県知事の登録を受けた者をいう（法36条の8第1・2項）。動物用医薬品の販売又は授与に従事する者は，動物用医薬品に関する知識を有する必要がある。そこで試験により動物用医薬品の販売又は授与に必要な資質を有することを確認することとした。動物用医薬品の販売又は授与に従事するためには試験に合格するだけでは不十分であり，都道府県知事による登録を受けなければならないことには注意を要する。

登録販売者は指定医薬品以外の動物用医薬品を販売又は授与することができる（法36条の9第2号）。

かつて取締規則115条の4から115条の7まで（現在は削除）に基づき動物用医薬品登録販売者試験が都道府県知事により実施されていた。しかしこの試験に合格しても人用医薬品を販売することができないため受験者が少なく，試験自体もほとんど実施されなかったことから平成27年に廃止され，人用医薬品の登録販売者試験が動物用医薬品登録販売者試験を兼ねることとなった（取締規則115条の3）。

(5) 要指示医薬品

要指示医薬品とは，その販売又は授与するためには獣医師等の処方箋の交付又は指示を必要とする動物用医薬品をいう。

動物用医薬品の中には，副作用が発現しやすいものなど，その使用にあたって獣医師等の専門的な知識を必要とするものがある。このため，**薬局開設者又は動物用医薬品の販売業者は，医師，歯科医師又は獣医師から処方箋の交付又は指示を受けた者以外の者に対して，正当な理由なく，要指示医薬品を販売し，又は授与してはならない**（法49条1項）こととした。ただし，薬剤師等に販売し，又は授与するときは，この限りでない（同条項但書）。

正当な理由には，大規模な自然災害により獣医師等の処方箋の交付又は指示を受けることができないような場合や，教育・研究のために教育・研究機関に要指示医薬品を販売する場合などがある。

【補足】　処方箋の交付と指示との差異

処方箋の交付とは医薬品の分量，用法，用量などについて記載した書面（処方箋）

を交付することをいう。指示とは医薬品の分量，用法，用量などについて指図することをいう。両者の差異は，書面以外の方法で行うことができるかどうかである。処方箋は書面を意味するので，処方箋の交付は書面でしか行うことができない。しかし指示は必ずしも書面で行う必要はなく，口頭で行うこともできる。しかし処方の間違いを防ぐ観点からは，指示も書面で行うことが望ましい。なお人の医療では要指示医薬品という概念はなく処方箋医薬品という概念が存在し，この処方箋医薬品の販売については，薬剤師等に販売又は授与する場合を除き，口頭による指示は認められず処方箋の交付が必要となる（法49条1項［読み替え前］）。

(6) 店舗販売業の許可

① 都道府県知事による許可

店舗販売業の許可は，店舗ごとに，その店舗の所在地の都道府県知事[77]が与える（法26条1項）。

② 許 可 基 準

①店舗の設備構造が，農林水産省令で定める基準に適合しないとき，又は②薬剤師又は登録販売者を置くことその他その店舗において医薬品の販売又は授与の業務を行う体制が適切に医薬品を販売し，又は授与するために必要な基準として農林水産省令で定めるものに適合しないときは，許可を与えないことができる（法26条4項）。

店舗の構造設備の基準としては，①60ルクス以上の明るさを有し，換気が十分であり，かつ清潔であること，②常に居住する場所及び不潔な場所から明確に区別されていること，③店舗販売業の業務を行うのに支障のない面積を有すること，などが定められている（取締規則100条）。業務体制の基準としては，①指定医薬品を販売し，又は授与する店舗にあっては，指定医薬品を販売し，又は授与する営業時間内は，常時，当該店舗において薬剤師が勤務していること，②指定医薬品以外の医薬品を販売し，又は授与する営業時間内は，常時，当該店舗において，薬剤師又は登録販売者が勤務していること，③動物用医薬品の購入者や使用者などから相談があった場合には，厚生労働省令で定めるところにより，その薬局又は店舗において動物用医薬品の販売又は授与に従事する薬剤師又は登録販売者に，必要な情報を提供させるための体制を備えている

---

[77] 一般の店舗販売業については，都道府県知事（その店舗の所在地が保健所を設置する市又は特別区の区域にある場合においては，市長又は区長）が与える（法26条1項［読み替え前］）。

こと、④動物用医薬品の適正管理を確保するため、指針の策定、従事者に対する研修の実施その他必要な措置が講じられていること、が定められている（取締規則101条1項）。

また法5条第3号列挙事由（薬局の許可基準を参照）に該当する場合も、許可を与えないことができる（法26条5項）。

③ 店舗の管理

店舗販売業者は、その店舗を、自ら実地に管理し、又はその指定する者に実地に管理させなければならない（法28条1項）。この店舗を実地に管理する者（店舗管理者）は、指定医薬品を販売し、又は授与する店舗については薬剤師、この店舗以外で指定医薬品以外の医薬品を販売し、又は授与する店舗については薬剤師又は過去5年間のうち業務従事期間等が通算2年以上ある登録販売者でなければならない（同条2項、取締規則102条）。

④ 動物用医薬品特例店舗販売業の許可

都道府県知事は、当該地域における薬局及び動物用医薬品販売業の普及の状況その他の事情を勘案して特に必要があると認めるときは、法26条4項及び5項の不許可事由に該当する場合であっても、店舗ごとに、指定医薬品以外の動物用医薬品の品目を指定して店舗販売業の許可を与えることができる（法83条の2の3第1項）。

この許可を受けた者（動物用医薬品特例店舗販売業者）については、店舗管理者を配置しなくてよい等、店舗販売業者に対して課される義務が一部免除される（同条2項）。

【補足】 動物用医薬品の特定販売

特定販売とは、店舗におけるその店舗以外の場所にいる者に対する医薬品の販売又は授与をいう（取締規則92条2項2号括弧内）。もともと動物用医薬品の販売はその購入者が業者に注文して業者が購入者に配達するという注文販売が中心であり、対面での販売は法上義務付けられていない。しかし平成25年の薬事法（現薬機法）改正（平成26年6月12日施行）により、人用医薬品の一部においてインターネットなどを利用したいわゆる特定販売が認められることになったことにあわせて取締規則も平成26年6月12日に改正され、動物用医薬品の販売においても、店舗販売業の許可申請書に特定販売の実施の有無を記載することとなった（取締規則92条2項2号）。また前記の業務体制の基準に③の情報提供体制の整備が付け加えられた。

(7) 配置販売業の許可

配置販売業の許可は，配置しようとする区域をその区域に含む都道府県ごとに，その都道府県知事が与える（法30条1項）。

配置販売業の許可を受けた者は，動物用医薬品のうち経年変化が起こりにくいことその他の農林水産大臣の定める基準に適合するもの以外の動物用医薬品を販売し，授与し，又は販売若しくは授与の目的で貯蔵し，若しくは陳列してはならない（法31条）。

(8) 卸売販売業の許可

卸売販売業の許可は，営業所ごとに，その営業所の所在地の都道府県知事が与える（法34条1項）。卸売販売業者は，自身が薬剤師で自ら営業所を管理する場合を除き，営業所ごとに，薬剤師を置き，その営業所を管理させなければならない（法35条1項）。ただし卸売販売業者が，指定医薬品以外の動物用医薬品のみを販売又は授与する場合には，営業所の管理は薬剤師だけでなく登録販売者であって①過去5年間のうち薬局，店舗販売業（動物用医薬品特例店舗販売業を除く），配置販売業若しくは卸売販売業において薬剤師若しくは登録販売者以外の者として薬剤師若しくは登録販売者の管理及び指導の下に実務に従事した期間並びに登録販売者として業務（店舗等管理者としての業務を含む）に従事した期間が通算して2年以上の者，又は②都道府県知事が①に該当する者と同等以上の経験を有すると認めた者に行わせることができる（同条2項，取締規則110条の3）。

◆ 9 毒薬及び劇薬並びに指定薬物

(1) 毒薬及び劇薬

① 定 義

毒薬とは，毒性が強いものとして農林水産大臣が薬事審議会の意見を聴いて指定する動物用医薬品をいう（法44条1項）。劇薬とは，劇性が強いものとして農林水産大臣が薬事審議会の意見を聴いて指定する動物用医薬品をいう（同条2項）。具体的には取締規則別表第2及び別表第3に掲げるもの（取締規則163条各号に掲げるものを除く）であって，専ら動物のために使用されることが目的とされているものとされている（取締規則163条）。

② 表 示

毒薬は，その直接の容器又は直接の被包に，黒地に白枠，白字をもって，そ

の品名及び「毒」の文字が記載されていなければならない（法44条1項）。劇薬は，その直接の容器又は直接の被包に，白地に赤枠，赤字をもって，その品名及び「劇」の文字が記載されていなければならない（同条2項）（次図参照）。こうした表示がなされていない毒薬又は劇薬は，販売し，授与し，又は販売若しくは授与の目的で貯蔵し，若しくは陳列してはならない（同条3項）。

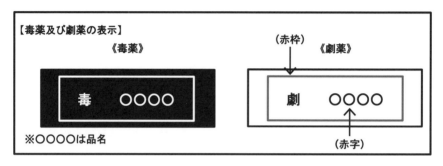

③ 譲　渡

薬局開設者又は医薬品の製造販売業者，製造業者若しくは販売業者は，毒薬又は劇薬については，薬剤師等を除く譲受人から，その**品名，数量，使用の目的，譲渡の年月日並びに譲受人の氏名，住所及び職業**が記載され，譲受人の署名又は記名押印のある文書の交付を受けなければ，これを販売し，又は授与してはならない（法46条1項，取締規則164条）。こうした文書の交付はオンラインによっても行うことができる（法46条3項）。

毒薬又は劇薬は，**14歳未満の者**その他安全な取扱いをすることについて不安があると認められる者には，交付してはならない（法47条）。

④ 貯蔵及び陳列

業務上毒薬又は劇薬を取り扱う者は，これを他の物と区別して，貯蔵し，又は陳列しなければならない（法48条1項）。また**毒薬を貯蔵し，又は陳列する場所には，かぎを施さなければならない**（同条2項）。劇薬を貯蔵し，又は陳列する場所にかぎを施すことは義務付けられていない。

(2) 指定薬物

指定薬物とは，中枢神経系の興奮若しくは抑制又は幻覚の作用を有する蓋然性が高く，かつ，人の身体に使用された場合に保健衛生上の危害が発生するおそれがある物（大麻取締法に規定する大麻，覚醒剤取締法に規定する覚醒剤，麻薬及び向精神薬取締法に規定する麻薬及び向精神薬並びにあへん法に規定するあへん

及びけしがらを除く）として，厚生労働大臣が薬事審議会の意見を聴いて指定するものをいう（法2条15項）。具体的な薬物は「医薬品，医療機器等の品質，有効性及び安全性の確保等に関する法律第2条第15項に規定する指定薬物及び同法第76条の4に規定する医療等の用途を定める省令」（平成19年2月28日厚生労働省令第14号）の1条において指定されている。例えばいわゆる大麻グミやかつて脱法ハーブと呼ばれていたものなどが指定されている。

指定薬物は，疾病の診断，治療又は予防の用途及び人の身体に対する危害の発生を伴うおそれがない用途として厚生労働省令で定めるもの（以下，医療等の用途）以外の用途に供するために製造し，輸入し，販売し，授与し，所持し，購入し，若しくは譲り受け，又は医療等の用途以外の用途に使用してはならない（法76条の4）。

◆ 10 動物用医薬品に関する特則
(1) 動物用医薬品及び動物用再生医療等製品の製造禁止

動物用医薬品の製造業の許可又は動物用体外診断用医薬品の製造業の登録を受けた者でなければ，動物用医薬品の製造をしてはならない（法83条の2第1項）。人用医薬品の場合，製造業の許可を受けた者でなければ，業として医薬品を製造することはできない（法13条1項）。つまり**人用医薬品の場合，業としてでなければ製造業の許可を受けなくても製造することができる**。しかし**動物用医薬品の場合，製造業の許可を受けた者以外の者は，業としてでなくても製造することができない。動物用再生医療等製品の製造も同様である**（法83条の2の2第1項）。これは動物用医薬品について無許可による業としてではない製造を認めた場合，「畜産農家が動物用医薬品等を自ら製造し，自己飼養の家畜に使用することが想定され，この場合，家畜体内の残留性等の問題によって人の健康に悪影響を及ぼす畜産物が生産されるおそれがあるためである」[78]。

ただしこれらの規定は，試験研究の目的で使用するために製造をする場合その他の農林水産省令で定める場合には適用しない（法83条の2第2項，法83条の2の2第2項）。

具体的には動物用医薬品については，①試験研究の目的で使用するために動

---

(78) 薬事法規研究会編『逐条解説　医薬品医療機器法　改訂版　第三部』（ぎょうせい2023年），363頁。

物用医薬品の製造をする場合，②対象動物以外の動物の所有者が，当該動物に使用するために動物用医薬品を製造する場合，③獣医師又は飼育動物診療施設の開設者が動物の疾病の診断，治療又は予防の目的で使用するために動物用医薬品の製造をする場合，④国又は都道府県が家畜伝染病の診断，治療又は予防に使用されることが目的とされている動物用医薬品（動物用医薬品の製造販売の承認を受けておらず，かつ，承認の申請がされていないものに限る。）の製造をする場合，⑤動物用体外診断用医薬品の製造業の登録を受けた者が体外診断用医薬品の製造をする場合が定められている（取締規則213条）。

　動物用再生医療等製品については，①試験研究の目的で使用するために再生医療等製品の製造をする場合，②獣医師又は飼育動物診療施設の開設者が動物の疾病の治療又は予防の目的で使用するために再生医療等製品の製造をする場合，③国又は都道府県が家畜伝染病の治療又は予防に使用されることが目的とされている再生医療等製品（製造販売の承認を受けておらず，かつ，当該承認の申請がされていないものに限る。）の製造をする場合，が定められている（同規則214条）。

(2) 動物用医薬品の使用の規制

　農林水産大臣は，動物用医薬品であって，適正に使用されるのでなければ対象動物の肉，乳その他の食用に供される生産物で人の健康を損なうおそれのあるものが生産されるおそれのあるものについて，薬事審議会の意見を聴いて，農林水産省令で，その動物用医薬品を使用することができる対象動物，対象動物に使用する場合における使用の時期その他の事項に関し使用者が遵守すべき基準を定めることができる（法83条の4第1項。この規定に基づき，「動物用医薬品及び医薬品の使用の規制に関する省令」（平成25年農林水産省令第44号。以下，使用規制省令）が制定されている。

　使用規制省令では，使用規制の対象動物として，牛，馬及び豚，鶏及びうずら，蜜蜂，食用に供するために養殖されている水産動物が定められている（使用規制省令1条3項，取締規則24条）。つまり動物用医薬品の製造販売の承認においてその残留性が問題となる動物と同じである。

　使用規制省令では動物用医薬品ごとに使用基準が定められている。

　使用規制省令の別表第1から別表第3までに掲げられている動物用医薬品は，それぞれの使用対象動物以外の対象動物に使用してはならない（使用規制省令2条1号）。例えば別表第1にはアセトアミノフェンを有効成分とする飼料

添加剤が掲げられており，その使用対象動物として豚が指定されているので，これを豚以外の対象動物に使用してはならない。

　使用規制省令の別表第1及び別表第2に掲げられている動物用医薬品をその使用対象動物に使用するときは，使用対象動物の種類に応じて定められた用法及び用量により使用しなければならない（使用規制省令2条2号）。例えば別表第1にはアセトアミノフェンを有効成分とする飼料添加剤が掲げられており，その使用対象動物である豚の用法及び用量について「1日量として体重1kg当たり30mg以下の量を飼料に混じて経口投与すること。」と定められているので，この規定に従って当該動物用医薬品を使用しなければならない。

　使用規制省令の別表第1及び別表第2に掲げられている動物用医薬品をその使用対象動物に使用するときは，使用対象動物の種類に応じて定められた使用禁止期間の間は，使用してはならない（使用規制省令2条3号）。例えば別表第1にはアセトアミノフェンを有効成分とする飼料添加剤が掲げられており，その使用対象動物である豚の使用禁止期間として「食用に供するためにと殺する前1日間」と定められているので，この間に当該動物用医薬品を使用することはできない。

　遵守すべき基準が定められた動物用医薬品又は動物用再生医療等製品の使用者は，当該基準に定めるところにより，当該動物用医薬品又は動物用再生医療等製品を使用しなければならない（法83条の4第2項本文）。ただし，獣医師がその診療に係る対象動物の疾病の治療又は予防のためやむを得ないと判断した場合において，農林水産省令で定めるところにより使用するときは，この限りでない（同条項但書）。すなわちこの場合に**獣医師が使用規制省令別表第1及び別表第2の動物用医薬品の欄に掲げる動物用医薬品を使用する場合は，診療に係る対象動物の所有者又は管理者に対し，当該対象動物の肉，乳その他の食用に供される生産物で人の健康を損なうおそれがあるものの生産を防止するために必要とされる出荷制限期間を出荷制限期間指示書により指示してしなければならない。この場合において，これらの表の動物用医薬品の欄に掲げる動物用医薬品を動物用医薬品使用対象動物に使用するときは，当該動物用医薬品使用対象動物の種類に応じこれらの表の使用禁止期間の欄に掲げる期間以上の期間を出荷制限期間として指示しなければならない**（使用規制省令5条1項）。

　なお農林水産大臣は，動物用医薬品以外の対象動物に使用される蓋然性が高いと認められる医薬品又は動物用再生医療等製品以外の再生医療等製品であっ

て，適正に使用されるのでなければ対象動物の肉，乳その他の食用に供される生産物で人の健康を損なうおそれのあるものが生産されるおそれのあるものについて，薬事審議会の意見を聴いて，農林水産省令で，その医薬品又は再生医療等製品を使用することができる対象動物，対象動物に使用する場合における使用の時期その他の事項に関し使用者が遵守すべき基準を定めることができる（法83条の5第1項）。この基準も使用規制省令に定められている（同省令6条，別表第4）。

【補足】 使用禁止期間と休薬期間
　使用禁止期間も休薬期間も，動物用医薬品を使用することができない期間という意味では共通する。両者の差異は使用規制省令において使用基準として定められているか否かである。使用禁止期間は使用規制省令における使用基準として定められているが，休薬期間は使用規制省令における使用基準としては定められていない。このため使用禁止期間内に動物用医薬品を使用した場合には罰則（3年以下の拘禁刑若しくは300万円以下の罰金に処し，又はこれを併科する。法84条29号）があるが，休薬期間内に動物用医薬品を使用した場合の罰則はない。ただし休薬期間内に動物用医薬品を使用した結果，食品衛生法に違反した場合，回収等の命令が下される場合がある（食品衛生法59条1項）。

◆ 11　副作用等の報告義務

　飼育動物診療施設の開設者又は獣医師その他の医薬関係者は，動物用医薬品，動物用医療機器又は動物用再生医療等製品について，当該品目の副作用その他の事由によるものと疑われる疾病，障害若しくは死亡の発生又は当該品目の使用によるものと疑われる感染症の発生に関する事項を知った場合において，保健衛生上の危害の発生又は拡大を防止するため必要があると認めるときは，その旨を農林水産大臣に報告しなければならない（法68条の10第2項）。

◆ 12　広告規制（この項は法文の読み替えなし）

　何人も，医薬品，医薬部外品，化粧品，医療機器又は再生医療等製品の名称，製造方法，効能，効果又は性能に関して，明示的であると暗示的であるとを問わず，**虚偽又は誇大な記事を広告し，記述し，又は流布してはならない**（法66条1項）。また医薬品，医薬部外品，化粧品，医療機器又は再生医療等製品の効能，効果又は性能について，**医師その他の者がこれを保証したものと誤**

解されるおそれがある記事を広告し，記述し，又は流布することは，前項に該当するものとする（同条2項）。さらに**何人も未承認又は未認証の医薬品若しくは医療機器又は再生医療等製品の名称，製造方法，効能，効果又は性能に関する広告をしてはならない**（法68条）。サプリメントや動物用シャンプーなどであっても，その成分が医薬品的成分にあたるものやその表示が疾病の治療などの医薬品的な効能効果を標榜しているものは動物用医薬品に該当するので，本法による広告規制を受ける（平成26年農林水産省消費・安全局長通知「動物用医薬品等の範囲に関する基準について」平成26年11月25日付け26消安第4121号）。

◆ 章 末 問 題 ◆

問1 「医薬品,医療機器等の品質,有効性及び安全性の確保等に関する法律(薬機法)」に関する記述として最も適切なのはどれか。(第75回獣医師国家試験)

1．規制の対象に化粧品は含まれない。
2．獣医師は未承認の動物用医薬品の効能について広告できる。
3．毒薬は施錠できる場所であれば他の品目と一緒に貯蔵できる。
4．獣医師には動物用医薬品の副作用について国への報告義務がある。
5．動物用医薬品の製造販売業の許可は厚生労働大臣に申請する。

問2 「医薬品,医療機器等の品質,有効性及び安全性の確保等に関する法律(薬機法)」に規定されている内容として正しいのはどれか。(第73回獣医師国家試験)

1．毒劇物に関する表示や貯蔵
2．獣医師による副作用の報告
3．覚せい剤原料の譲り渡し及び譲り受け,保管,廃棄
4．エックス線装置の定期検査
5．動物薬事監視員による食品,添加物,器具及び容器包装の表示又は広告に係る監視指導

第7章　医薬品，医療機器等の品質，有効性及び安全性の確保等に関する法律（薬機法）

◇ 章末問題の解説 ◇

問1　正答　4

1．規制の対象に化粧品は含まれる。
2．何人も未承認の医薬品の名称，製造方法，効能，効果又は性能に関する広告をしてはならない。
3．毒薬は他の物と区別して，貯蔵し，又は陳列しなければならない。
4．飼育動物診療施設の開設者又は獣医師その他の医薬関係者は，動物用医薬品の副作用について農林水産大臣に報告しなければならない。
5．動物用医薬品の製造販売業の許可は農林水産大臣に申請する。

問2　正答　2

1．毒劇物に関する表示や貯蔵については「毒物及び劇物取締法」に規定されている。
2．獣医師による副作用の報告については「医薬品，医療機器等の品質，有効性及び安全性の確保等に関する法律（薬機法）」に規定されている。
3．覚せい剤原料の譲り渡し及び譲り受け，保管，廃棄については「覚醒剤取締法」に規定されている。
4．エックス線装置の定期検査については「獣医療法施行規則」に規定されている。
5．食品，添加物，器具及び容器包装の表示又は広告に係る監視指導については「食品衛生法」に基づき食品衛生監視員が行う。

◆第8章◆
その他の医薬品及び畜産資材の安全確保に関連する法規

―《本章の内容》―

1. 麻薬及び向精神薬取締法
2. 覚醒剤取締法
3. 毒物及び劇物取締法
4. 飼料の安全性の確保及び品質の改善に関する法律（飼料安全法）
5. 愛がん動物用飼料の安全性の確保に関する法律（ペットフード安全法）

―《本章の目標》―

1. 麻薬免許制度の概要について説明できる。
2. 覚醒剤原料に関する規制の概要について説明できる。
3. 毒劇物の取扱いに対する規制の概要について説明できる。
4. 飼料製造に対する規制の概要について説明できる。
5. ペットフードの定義及び成分規格の概要について説明できる。

◆ 1 麻薬及び向精神薬取締法
(1) 目 的

麻薬及び向精神薬取締法（以下，麻薬取締法）の目的は，麻薬及び向精神薬の輸入，輸出，製造，製剤，譲渡し等について必要な取締りを行うとともに，麻薬中毒者について必要な医療を行う等の措置を講ずること等により，麻薬及び向精神薬の濫用による保健衛生上の危害を防止し，もって公共の福祉の増進を図ることである（麻薬取締法1条）。

麻薬とは別表第1に掲げる物及び大麻をいう[79]（同法2条1項1号）。向精神

薬とは別表第3に掲げる物をいう（同条項6号）。

(2) 麻薬取扱者等

① 麻薬取扱者

麻薬取扱者とは，麻薬輸入業者，麻薬輸出業者，麻薬製造業者，麻薬製剤業者，家庭麻薬製造業者，麻薬元卸売業者，麻薬卸売業者，麻薬小売業者，麻薬施用者，麻薬管理者及び麻薬研究者をいう（麻薬取締法2条1項8号）。

② 麻薬施用者

麻薬施用者とは，都道府県知事の免許を受けて，疾病の治療の目的で，業務上麻薬を施用し，若しくは施用のため交付し，又は麻薬を記載した処方箋を交付する者をいう（麻薬取締法2条1項18号）。

③ 麻薬管理者

麻薬管理者とは，都道府県知事の免許を受けて，麻薬診療施設で施用され，又は施用のため交付される麻薬を業務上管理する者をいう（麻薬取締法2条1項19号）。

④ 麻薬研究者

麻薬研究者とは，都道府県知事の免許を受けて，学術研究のため，麻薬原料植物を栽培し，麻薬を製造し，又は麻薬，あへん若しくはけしがらを使用する者をいう（麻薬取締法2条1項20号）。

⑤ 麻薬業務所

麻薬業務所とは，麻薬取扱者が業務上又は研究上麻薬を取り扱う店舗，製造所，製剤所，薬局，病院，診療所，飼育動物診療施設及び研究施設をいう。ただし，同一の都道府県の区域内にある2以上の病院，診療所若しくは飼育動物診療施設（以下，病院等）又は研究施設で診療又は研究に従事する麻薬施用者又は麻薬研究者については，主として診療又は研究に従事する病院等又は研究施設のみを麻薬業務所とする（麻薬取締法2条1項21号）。

⑥ 麻薬診療施設

麻薬診療施設とは，麻薬施用者が診療に従事する病院等［病院，診療所又は飼育動物診療施設。麻薬取締法2条21条括弧内］をいう（麻薬取締法2条1項22号）。

---

(79) 令和6年12月12日に「大麻取締法及び麻薬及び向精神薬取締法の一部を改正する法律」が一部施行され，大麻が麻薬に位置付けられるなどの改正が行われた。

⑦ 麻薬研究施設

麻薬研究施設とは，麻薬研究者が研究に従事する研究施設をいう（麻薬取締法2条1項23号）。

⑧ 向精神薬取扱者

向精神薬取扱者とは，向精神薬輸入業者，向精神薬輸出業者，向精神薬製造製剤業者，向精神薬使用業者，向精神薬卸売業者，向精神薬小売業者，病院等の開設者及び向精神薬試験研究施設設置者をいう（麻薬取締法2条1項26号）。

⑨ 向精神薬試験研究施設設置者

向精神薬試験研究施設設置者とは，学術研究又は試験検査のため向精神薬を製造し，又は使用する施設（以下，向精神薬試験研究施設）の設置者であって，厚生労働大臣又は都道府県知事の登録を受けたものをいう（麻薬取締法2条1項34号）。

(3) 麻薬に関する取締り

① 免許付与権者（麻薬取締法3条1項）

麻薬輸入業者，麻薬輸出業者，麻薬製造業者，麻薬製剤業者，家庭麻薬製造業者又は麻薬元卸売業者の免許は厚生労働大臣が行う。

麻薬卸売業者，麻薬小売業者，麻薬施用者，麻薬管理者又は麻薬研究者の免許は都道府県知事が行う。

② 免許を受けることができる者

免許の種類に応じて免許を受けることができる者が定められている。**麻薬施用者の免許については，医師，歯科医師又は獣医師のみが受けることができる**（麻薬取締法3条2項7号）。**麻薬管理者の免許については，医師，歯科医師，獣医師又は薬剤師のみが受けることができる**（同条項8号）。薬剤師は，麻薬管理者の免許を受けることはできるが，麻薬施用者の免許を受けることはできない。麻薬研究者の免許については，学術研究上麻薬原料植物を栽培し，麻薬を製造し，又は麻薬，あへん若しくはけしがらを使用することを必要とする者が受けることができる（同条項9号）。

麻薬取扱者の免許の有効期間は，免許の日からその日の属する年の翌々年の12月31日までである（同法5条）。

③ 免許を与えないことができる者（麻薬取締法3条3項）

以下のいずれかに該当する者には，免許を与えないことができる。

一 麻薬取締法違反により免許を取り消され，取消しの日から3年を経過して

いない者
二　罰金以上の刑に処せられ，その執行を終わり，又は執行を受けることがなくなった後，3年を経過していない者
三　前2号に該当する者を除くほか，この法律，大麻草の栽培の規制に関する法律，あへん法，薬剤師法，医療機器等の品質，有効性及び安全性の確保等に関する法律，医師法，医療法その他薬事若しくは医事に関する法令又はこれらに基づく処分に違反し，当該違反行為があった日から2年を経過していない者
四　心身の障害により麻薬取扱者の業務を適正に行うことができない者として厚生労働省令で定めるもの[80]
五　麻薬中毒者又は覚醒剤の中毒者
六　暴力団員による不当な行為の防止に関する法律第2条第6号に規定する暴力団員又は同号に規定する暴力団員でなくなった日から5年を経過しない者（以下「暴力団員等」という。）
七　法人又は団体であって，その業務を行う役員のうちに前各号のいずれかに該当する者があるもの
八　暴力団員等がその事業活動を支配する者

④　麻薬の施用等

以下の場合を除き，**麻薬施用者でなければ，麻薬を施用し，若しくは施用のため交付し，又は麻薬を記載した処方箋を交付してはならない**（麻薬取締法27条1項）。

一　麻薬研究者が，研究のため施用する場合
二　麻薬施用者から施用のため麻薬の交付を受けた者が，その麻薬を施用する場合
三　麻薬小売業者から麻薬処方箋により調剤された麻薬を譲り受けた者が，その麻薬を施用する場合

麻薬施用者は，疾病の治療以外の目的で，麻薬を施用し，若しくは施用のため交付し，又は麻薬を記載した処方箋を交付してはならない（同条3項。但し精神保健指定医による麻薬中毒者に対する診察に関する例外あり）。但し麻薬施用

---

[80]　麻薬及び向精神薬取締法施行規則では，「精神の機能の障害により麻薬取扱者の業務を適正に行うに当たつて必要な認知，判断及び意思疎通を適切に行うことができない者」と定められている（1条の2）。

者は，麻薬又はあへんの中毒者の中毒症状を緩和するため，その他その中毒の治療の目的で，麻薬を施用し，若しくは施用のため交付し，又は麻薬を記載した処方箋を交付してはならない（同条4項。但し麻薬中毒者医療施設における施用の例外あり）。

⑤ 麻薬の所持

以下の場合を除き，麻薬取扱者，麻薬診療施設の開設者又は麻薬研究施設の設置者でなければ，麻薬を所持してはならない（麻薬取締法28条1項）。

一　麻薬施用者から施用のため麻薬の交付を受け，又は麻薬小売業者から麻薬処方箋により調剤された麻薬を譲り受けた者が，その麻薬を所持する場合

二　麻薬施用者から施用のため麻薬の交付を受け，又は麻薬小売業者から麻薬処方箋により調剤された麻薬を譲り受けた者が死亡した場合において，その相続人又は相続人に代わって相続財産を管理する者が，現に所有し，又は管理する麻薬を所持するとき。

三　大麻草採取栽培者又は大麻草研究者が，それぞれ種子若しくは繊維を採取する目的又は大麻草を研究する目的のために大麻を所持する場合

⑥ 麻薬の管理

2人以上の麻薬施用者が診療に従事する麻薬診療施設の開設者は，自身が麻薬管理者である場合を除き，麻薬管理者一人を置かなければならない（麻薬取締法33条1項）。つまり麻薬施用者が1人しかいない麻薬診療施設では，麻薬管理者を置く必要はない。その麻薬施用者が当然に後述する麻薬を管理する義務を負うことになるからである。麻薬管理者（麻薬管理者のいない麻薬診療施設にあっては麻薬施用者）又は麻薬研究者は，当該麻薬診療施設又は当該麻薬研究施設において施用し，若しくは施用のため交付し，又は研究のため自己が使用する麻薬をそれぞれ管理しなければならない（同条2項）。

⑦ 麻薬の保管

麻薬取扱者は，その所有し，又は管理する麻薬を，その麻薬業務所内で保管しなければならない（麻薬取締法34条1項）。この保管は，麻薬以外の医薬品（覚醒剤を除く）と区別し，鍵をかけた堅固な設備内に貯蔵して行わなければならない（同条2項）。

⑧ 帳簿等具備及び記載義務

麻薬管理者（麻薬管理者のいない麻薬診療施設にあっては麻薬施用者）は，麻薬診療施設に帳簿を備え，これに譲り受けた又は譲り渡した麻薬の品名及び数量

などの事項を記載しなければならない（麻薬取締法39条1項）。麻薬診療施設の開設者は，帳簿をその最終の記載の日から2年間保存しなければならない（同条3項）。

　麻薬研究者は，当該麻薬研究施設に帳簿を備え，これに研究のために使用した麻薬の品名及び数量などの事項を記載しなければならない（麻薬取締法40条1項）。麻薬研究施設の設置者は，帳簿をその最終の記載の日から2年間保存しなければならない（同条3項）。

　麻薬施用者は，麻薬を施用し，又は施用のため交付したときは，医師用若しくは歯科医師法に基づく診療録又は獣医師法に基づく診療簿に，患者の氏名及び住所（患畜にあっては，その種類並びにその所有者又は管理者の氏名又は名称及び住所），病名，主要症状，施用し，又は施用のため交付した麻薬の品名及び数量並びに施用又は交付の年月日を記載しなければならない（麻薬取締法41条）。

⑨　届　出

　麻薬管理者は，毎年11月30までに，麻薬診療施設で施用した麻薬の品名及び数量などの事項を都道府県知事に届け出なければならない（麻薬取締法48条）。

　麻薬研究者は，毎年11月30日までに，使用した麻薬の品名及び数量などの事項を都道府県知事に届け出なければならない（同法49条）

(4) 向精神薬に関する取締り

① 向精神薬試験研究施設設置者の登録

　向精神薬試験研究施設設置者の登録は，国の設置する向精神薬試験研究施設にあっては，厚生労働大臣が，その他の向精神薬試験研究施設にあっては，都道府県知事が，それぞれ向精神薬試験研究施設ごとに行う（麻薬取締法50条の5第1項）。

② 譲　渡　し

　向精神薬営業者[81]（向精神薬使用業者[82]を除く。）でなければ，向精神薬を譲り渡し，又は譲り渡す目的で所持してはならない（麻薬取締法50条の16第1項）。ただし，**病院等の開設所が，施用のため交付される向精神薬を譲り渡し，又は譲り渡す目的で所持することはできる**（同条項但書1号）。

---

[81] 向精神薬営業者とは，病院等の開設者及び向精神薬試験研究施設設置者以外の向精神薬取扱者をいう（麻薬取締法2条1項27号）。

[82] 向精神薬使用業者とは，厚生労働大臣の免許を受けて，向精神薬に化学的変化を加えて向精神薬以外の物にすることを業とする者をいう（麻薬取締法2条1項31号）。

向精神薬小売業者（都道府県知事の免許を受けて，向精神薬を記載した処方箋により調剤された向精神薬を譲り渡すことを業とする者。麻薬取締法2条1項33号）は，返品等の厚生労働省令で定める場合を除き，**向精神薬処方箋を所持する者以外の者に向精神薬を譲り渡してはならない**（麻薬取締法50条の16第4項）。向精神薬小売業者は，向精神薬処方箋を所持する者に向精神薬を譲り渡すときは，当該向精神薬処方箋により調剤された向精神薬以外の向精神薬を譲り渡してはならない（同法50条の17）。

③ 保　管　等

向精神薬取扱者は，向精神薬の濫用を防止するため，病院等内で保管する，かぎをかけた設備内で保管するなど厚生労働省令で定めるところ（麻薬取締法施行規則40条）により，その所有する向精神薬を保管し，若しくは廃棄し，又はその他必要な措置を講じなければならない（麻薬取締法50条の21）。

④ 記　　録

病院等の開設者は，譲り渡した向精神薬の品名及び数量等を記録しなければならない（麻薬取締法50条の23第2項）。向精神薬試験研究施設設置者は，譲り受けた向精神薬の品名及び数量等を記録しなければならない（同条3項）。向精神薬取扱者は，これらの記録を，記録の日から2年間保存しなければならない（同条4項）。

◆ 2 　覚醒剤取締法

(1) 目　　的

覚醒剤取締法[83]の目的は，覚醒剤の濫用による保健衛生上の危害を防止するため，覚醒剤及び覚醒剤原料の輸入，輸出，所持，製造，譲渡，譲受及び使用に関して必要な取締りを行うことである（覚醒剤取締法1条）。

(2) 定　　義

① 覚　醒　剤

覚醒剤とは，以下の物をいう（覚醒剤取締法2条1項）。

一　フエニルアミノプロパン（一般名アンフェタミン），フエニルメチルアミノプロパン（一般名メタンフェタミン）及び各その塩類

---

[83] 令和元年改正前は「覚せい剤取締法」であったが，改正により「覚醒剤取締法」に改称された（令和2年3月11日施行）。

二　前号に掲げる物と同種の覚醒作用を有する物であって政令で指定するもの（現時点では指定されていない）
三　前2号に掲げる物のいずれかを含有する物

② 覚醒剤施用機関

覚醒剤施用機関とは，覚醒剤の施用を行うことができるものとして，この法律の規定により指定を受けた病院又は診療所をいう（覚醒剤取締法2条3項）。

③ 覚醒剤研究者

覚醒剤研究者とは，学術研究のため，覚醒剤を使用することができ，また，厚生労働大臣の許可を受けた場合に限り覚醒剤を製造することができるものとして，この法律の規定により指定を受けた者をいう（覚醒剤取締法2条4項）。

④ 覚醒剤原料

覚醒剤原料とは，別表に掲げるものをいう（覚醒剤取締法2条5項）。具体的には，1-フエニル-2-メチルアミノプロパノール-1（一般名エフェドリン），フェニル醋酸などのほか，覚醒剤の原料となるものであって政令で定めるものが該当する（同法別表）。政令では，2・6-ジアミノ-N-（1-フェニルプロパン-2-イル）ヘキサンアミド（一般名リスデキサンフェタミン。医薬品名ビバンセ）などが指定されている（覚醒剤原料を指定する政令）。

⑤ 覚醒剤原料取扱者

覚醒剤原料取扱者とは，覚醒剤原料を譲り渡すことを業とすることができ，又は業務のため覚醒剤原料を使用することができるものとして，この法律の規定により指定を受けた者をいう（覚醒剤取締法2条9項）。

⑥ 覚醒剤原料研究者

覚醒剤原料研究者とは，学術研究のため，覚醒剤原料を製造することができ，又は使用することができるものとして，この法律の規定により指定を受けた者をいう（覚醒剤取締法2条10項）。

(3) 覚醒剤施用機関又は覚醒剤研究者の指定

覚醒剤施用機関又は覚醒剤研究者の指定は病院若しくは診療所又は研究所ごとにその所在地の都道府県知事が，次に掲げる資格を有するもののうち適当と認めるものについて行う（覚醒剤取締法3条1項柱書）。

覚醒剤施用機関の資格については，精神科病院その他診療上覚醒剤の施用を必要とする病院又は診療所と定められている（同条項2号）。**飼育動物診療施設は覚醒剤施用機関に含まれていないことに注意が必要である。**

覚醒剤研究者の資格については，覚醒剤に関し相当の知識を持ち，かつ，研究上覚醒剤の使用を必要とする者と定められている（同条項3号）。

指定の有効期間は，指定の日からその翌年の12月31日までである（覚醒剤取締法6条）。

(4) 覚醒剤所持の原則禁止

覚醒剤製造業者，覚醒剤施用機関の開設者及び管理者，覚醒剤施用機関において診療に従事する医師，覚醒剤研究者並びに覚醒剤施用機関において診療に従事する医師又は覚醒剤研究者から施用のため交付を受けた者のほかは，何人も，覚醒剤を所持してはならない（覚醒剤取締法14条1項）。**獣医師もその資格に基づいて覚醒剤を所持することはできない。**

例外として，覚醒剤施用機関の管理者，覚醒剤施用機関において診療に従事する医師又は覚醒剤研究者の業務上の補助者がその業務のために覚醒剤を所持する場合，覚醒剤施用機関において診療に従事する医師から施用のため交付を受ける者の看護に当たる者がその者のために覚醒剤を所持する場合などの場合は，覚醒剤を所持することは禁止されていない（同条2項）。

(5) 覚醒剤原料取扱者の指定

覚醒剤原料取扱者又は覚醒剤原料研究者の指定は業務所又は研究所ごとにその所在地の都道府県知事が，厚生労働省令の定めるところにより，各号の者のうち適当と認める者について行う（覚醒剤取締法30条の2柱書）。

覚醒剤原料取扱者については，薬局開設者，医薬品製造販売業者等，医薬品販売業者その他覚醒剤原料を譲り渡すことを業としようとする者又は業務のため覚醒剤原料の使用を必要とする者と定められている（同条4号）。

覚醒剤原料研究者については，覚醒剤原料に関し相当の知識を持ち，かつ，研究上覚醒剤原料の製造又は使用を必要とする者と定められている（同条5号）。

(6) 覚醒剤原料所持の原則禁止

何人も，原則として覚醒剤原料を所持してはならない（覚醒剤取締法30条の7柱書）。但し以下のような場合には，例外的に覚醒剤原料を所持することができる（以下は獣医療に関するもののみを列挙）。

一　覚醒剤原料研究者又は覚醒剤研究者が研究のため覚醒剤原料を所持する場合（同条5号）

二　飼育動物診療施設の開設者がその業務のため医薬品である覚醒剤原料を所

持する場合（同条6号）

三　薬局開設者が獣医師の処方箋により薬剤師が調剤した医薬品である覚醒剤原料及び当該調剤のために使用する医薬品である覚醒剤原料を所持する場合（同条7号）

四　薬局，病院若しくは診療所において調剤に従事する薬剤師，**飼育動物診療施設の管理者（獣医師管理者）若しくは飼育動物の診療に従事する獣医師（飼育動物診療施設の開設者である獣医師及び飼育動物診療施設の開設者に使用されている獣医師に限る）**がその業務のため医薬品である覚醒剤原料を所持する場合（同条8号）

五　前記の者の業務上の補助者がその業務のため覚醒剤原料を所持する場合（同条9号）

六　飼育動物の診療に従事する獣医師から施用のため医薬品である覚醒剤原料の交付を受けた者が当該覚醒剤原料を所持する場合（同条11号）

七　獣医師の処方箋の交付を受けた者が当該処方箋により薬剤師が調剤した医薬品である覚醒剤原料を所持する場合（同条12号）

獣医師だけでなく愛玩動物看護師も，その業務のためであれば覚醒剤原料を所持することができる。

(7) 覚醒剤原料譲渡及び譲受の原則禁止

何人も，原則として覚醒剤原料を譲り渡し，又は譲り受けてはならない（覚醒剤取締法30条の9第1項柱書）。但し，飼育動物診療施設の開設者又は薬局開設者が，その業務のため，覚醒剤原料製造者等から医薬品である覚醒剤原料を譲り受ける場合（同条項2号）や，飼育動物の診療に従事する獣医師が施用のため医薬品である覚醒剤原料を交付する場合及び薬局開設者が獣医師の処方箋により薬剤師が調剤した医薬品である覚醒剤原料を当該処方箋を所持する者に譲り渡す場合（同条項3号）などを除く。

(8) 覚醒剤原料使用の原則禁止

何人も，原則として**覚醒剤原料を使用してはならない**（覚醒剤取締法30条の11柱書）。但し以下のような場合には，例外的に覚醒剤原料を使用することができる。

一　覚醒剤原料取扱者，覚醒剤原料研究者又は覚醒剤研究者がその業務又は研究のために使用する場合（同条1号）

二　薬局，病院若しくは診療所において調剤に従事する薬剤師，**獣医師管理者**

又は飼育動物の診療に従事する獣医師（飼育動物診療施設の開設者である獣医師及び飼育動物診療施設の開設者に使用されている獣医師に限る）が，その業務のため，医薬品である覚醒剤原料を施用し，又は調剤のため使用する場合（同条2号）

三　飼育動物の診療に従事する獣医師から施用のため医薬品である覚醒剤原料の交付を受けた者が当該覚醒剤原料を施用する場合及び獣医師の処方箋の交付を受けた者が当該処方箋により薬剤師が調剤した医薬品である覚醒剤原料を薬局開設者から譲り受けて施用する場合（同条3号）

(9) 覚醒剤原料の保管

覚醒剤原料を所有又は所持する者は，以下の通り覚醒剤原料を保管しなければならない（覚醒剤取締法30条の12第1項）。

覚醒剤原料研究者又は覚醒剤研究者は，その研究所において保管しなければならない（同条項3号）。薬局開設者は，その薬局において保管しなければならない（同条項4号）。**飼育動物診療施設の獣医師管理者は，その施設において保管しなければならない**（同条項6号）。

覚醒剤原料の保管は，鍵をかけた場所において行わなければならない（同条2項）。

(10) 帳簿具備・記載義務保管義務

覚醒剤原料取扱者，覚醒剤原料研究者又は覚醒剤研究者は，それぞれその業務所又は研究所ごとに帳簿を備え，使用した覚醒剤原料の品名及び数量などを記入しなければならない（覚醒剤取締法30条の17第2項）。

飼育動物診療施設の開設者又は薬局開設者は，それぞれその飼育動物診療施設又は薬局ごとに帳簿を備え，施用した医薬品である覚醒剤原料の品名及び数量などを記入しなければならない（同条第3項）。

帳簿は最終の記入をした日から2年間保存しなければならない（同条第4項）。

◆ 3　毒物及び劇物取締法

(1) 目　的

毒物及び劇物取締法（以下，毒劇物取締法）の目的は，毒物及び劇物について，保健衛生上の見地から必要な取締を行うことである（1条）。

(2) 定　義

　毒物とは，別表第1に掲げる物（水銀，砒素など27種）であって，医薬品及び医薬部外品以外のものをいう（2条1項）。

　劇物とは，別表第2に掲げる物（アンモニア，塩化水素など93種）であって，医薬品及び医薬部外品以外のものをいう（同条2項）。

　毒物と劇物との差異は毒性の強弱であり，**毒性の強いものが毒物，それより毒性の弱いものが劇物である。**

　特定毒物とは，毒物であって，別表第3（オクタメチルピロホスホルアミド，四アルキル鉛など9種）に掲げるものをいう（同条3項）。特定毒物は毒物の中でも著しく毒性の強いものである。特定毒物については，毒物劇物営業者，特定毒物研究者又は特定毒物使用者しか所持することができず（法3条の2第10項），またこれらの者の間においてしか譲渡又は譲受ができない（同条7・8項）。

(3) 販売等の禁止

　製造業者から販売業者への販売など業者間の販売等を除き，**毒物又は劇物の販売業の登録を受けた者でなければ，毒物又は劇物を販売し，授与し，又は販売若しくは授与の目的で貯蔵し，運搬し，若しくは陳列してはならない**（毒劇物取締法3条3項）。

(4) 営業登録

　毒物又は劇物の製造業，輸入業又は販売業の登録は，その所在地の都道府県知事（販売業にあってはその店舗所在地が保健所設置市又は特別区の区域にある場合においては市長又は区長）が行う（毒劇物取締法4条1項）。

(5) 毒物又は劇物の取扱

　毒物劇物営業者（毒物又は劇物の製造業者，輸入業者又は販売業者）及び特定毒物研究者は，以下の義務を負う。

一　毒物又は劇物が盗難にあい，又は紛失することを防ぐのに必要な措置を講じる義務（毒劇物取締法11条1項）

二　毒物若しくは劇物又は毒物若しくは劇物を含有する物であって政令で定めるものがその製造所，営業所若しくは店舗又は研究所の外に飛散し，漏れ，流れ出，若しくはしみ出，又はこれらの施設の地下にしみ込むことを防ぐのに必要な措置を講じる義務（同条2項）

三　その製造所，営業所若しくは店舗又は研究所の外において毒物若しくは劇

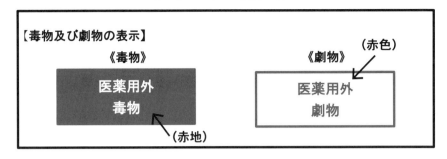

物又は前項の政令で定める物を運搬する場合に，これらの物が飛散し，漏れ，流れ出，又はしみ出ることを防ぐのに必要な措置を講じる義務（同条3項）

四　毒物又は厚生労働省令で定める劇物について，その容器として，飲食物の容器として通常使用される物を使用しない義務（同条4項）

「盗難にあい，又は紛失することを防ぐのに必要な措置」について，厚生省通知によれば以下の措置が講じられることとされている（昭和52年厚生省薬務局長通知「毒物及び劇物の保管管理について」昭和52年3月26日付け薬発第313号）。

一　**毒劇物を貯蔵，陳列等する場所は，その他の物を貯蔵，陳列等する場所と明確に区分された毒劇物専用のものとし，かぎをかける設備等のある堅固な施設とすること。**

二　貯蔵，陳列等する場所については，盗難防止のため敷地境界線から十分離すか又は一般の人が容易に近づけない措置を講ずること。

(6) **表　示**

毒物劇物営業者及び特定毒物研究者は，**毒物又は劇物の容器及び被包に，「医薬用外」の文字及び毒物については赤地に白色をもって「毒物」の文字，劇物については白地に赤色をもって「劇物」の文字を表示しなければならない**（毒劇物取締法12条1項）。

毒物劇物営業者は，その容器及び被包に，名称，成分及びその含量等を表示しなければ，毒物又は劇物を販売し，又は授与してはならない（同条2項）。

毒物劇物営業者及び特定毒物研究者は，毒物又は劇物を貯蔵し，又は陳列する場所に，「医薬用外」の文字及び毒物については「毒物」，劇物については「劇物」の文字を表示しなければならない（同条3項）。

(7) 事故の際の措置

毒物劇物営業者及び特定毒物研究者は，その取扱いに係る毒物若しくは劇物又は政令で定める物が飛散し，漏れ，流れ出し，染み出し，又は地下に染み込んだ場合において，があるときは，直ちに，その不特定又は多数の者について保健衛生上の危害が生ずるおそれ旨を保健所，警察署又は消防機関に届け出るとともに，保健衛生上の危害を防止するために必要な応急の措置を講じなければならない（毒劇物取締法17条1項）。

毒物劇物営業者及び特定毒物研究者は，その取扱いに係る毒物又は劇物が盗難にあい，又は紛失したときは，直ちに，その旨を警察署に届け出なければならない（同条2項）。

(8) 立入検査等

都道府県知事は，保健衛生上必要があると認めるときは，毒物劇物営業者若しくは特定毒物研究者から必要な報告を徴し，又は薬事監視員のうちからあらかじめ指定する者に，これらの者の製造所，営業所，店舗，研究所その他業務上毒物若しくは劇物を取り扱う場所に立ち入り，帳簿その他の物件を検査させ，関係者に質問させ，若しくは試験のため必要な最小限度の分量に限り，毒物，劇物，政令で定める物若しくはその疑いのある物を収去させることができる（毒劇物取締法18条）。

◆ 4 飼料の安全性の確保及び品質の改善に関する法律
（飼料安全法）

(1) 目　的

飼料安全法の目的は，飼料及び飼料添加物の製造等に関する規制，飼料の公定規格の設定及びこれによる検定等を行うことにより，飼料の安全性の確保及び品質の改善を図り，もって公共の安全の確保と畜産物等の生産の安定に寄与することである（1条）。

(2) 定　義

「家畜等」とは，家畜，家きんその他の動物で政令で定めるものをいう（飼料安全法2条1項）。

政令では以下の動物が定められている（飼料安全法施行令1条）。

一　牛，馬（農林水産大臣が指定するものを除く。），豚，めん羊，山羊及び鹿
二　鶏及びうずら

三　蜜蜂

四　ぶり，まだい，ぎんざけ，かんぱち，ひらめ，とらふぐ，しまあじ，まあじ，ひらまさ，たいりくすずき，すずき，すぎ，くろまぐろ，くるまえび，こい（農林水産大臣が指定するものを除く。），うなぎ，にじます，あゆ，やまめ，あまご及びにっこういわなその他のいわな属の魚であって農林水産大臣が指定するもの

農林水産大臣が指定する馬としては，食用に供しない馬が指定されている（令和2年6月1日農林水産省告示第1070号）。農林水産大臣が指定するこいとしては，食用に供しないこいが指定されている（昭和51年7月24日農林省告示第749号）。農林水産大臣が指定するいわな属の魚としては，にっこういわな，えぞいわな及びやまといわなが指定されている（平成16年10月27日農林水産省告示第1936号）。

「飼料」とは，家畜等の栄養に供することを目的として使用される物をいう（飼料安全法2条2項）。

「飼料添加物」とは，飼料の品質の低下の防止その他の農林水産省令で定める用途に供することを目的として飼料に添加，混和，浸潤その他の方法によって用いられる物で，農林水産大臣が農業資材審議会の意見を聴いて指定するものをいう（同条3項）。

農林水産省令では，用途について以下のものが定められている（飼料安全法施行規則1条）。

一　飼料の品質の低下の防止
二　飼料の栄養成分その他の有効成分の補給
三　飼料が含有している栄養成分の有効な利用の促進

具体的な飼料添加物については，「飼料の安全性の確保及び品質の改善に関する法律第2条第3項に基づき飼料添加物を定める件」（昭和51年農林省告示第750号昭和51年7月24日）において定められている。

(3) 飼料の製造等に関する規制

農林水産大臣は，飼料の使用又は飼料添加物を含む飼料の使用が原因となって，有害畜産物が生産され，又は家畜等に被害が生ずることにより畜産物の生産が阻害されることを防止する見地から，農林水産省令で，飼料若しくは飼料添加物の製造，使用若しくは保存の方法若しくは表示につき基準を定め，又は飼料若しくは飼料添加物の成分につき規格を定めることができる（飼料安全法

3条1項)。

　この基準及び規格については，飼料及び飼料添加物の成分規格等に関する省令において定められている。

　この基準又は規格が定められたときは，何人も，次に掲げる行為をしてはならない（飼料安全法4条）。

一　当該基準に合わない方法により，飼料又は飼料添加物を販売（不特定又は多数の者に対する販売以外の授与及びこれに準ずるものとして農林水産省令で定める授与を含む。以下同じ。）の用に供するために製造し，若しくは保存し，又は使用すること。

二　当該基準に合わない方法により製造され，又は保存された飼料又は飼料添加物を販売し，又は販売の用に供するために輸入すること。

三　当該基準に合う表示がない飼料又は飼料添加物を販売すること。

四　当該規格に合わない飼料又は飼料添加物を販売し，販売の用に供するために製造し，若しくは輸入し，又は使用すること。

　農林水産省令で定める授与とは，特定の者に対する授与であって，次のいずれかの要件を満たすものとする（飼料安全法施行規則2条）。

一　当該授与に係る飼料又は飼料添加物が販売の用に供されるものであること。

二　当該授与に係る飼料又は飼料添加物が不特定又は多数の者に販売以外の方法により授与されるものであること。

◆ 5　愛がん動物用飼料の安全性の確保に関する法律
　　　（ペットフード安全法）

(1) 成立背景

　愛がん動物用飼料の安全性の確保に関する法律（以下，ペットフード安全法）が成立することになったし契機の1つが牛海綿状脳症の発生である。2001年に国内において牛海綿状脳症が発生したことから，動物性たんぱく原材料の使用が停止され，その結果国内におけるペットフードの製造が停止した。もう1つの契機が北米におけるメラミンが混入したペットフードによる犬及び猫の健康被害の発生である。2007年に北米においてメラミンが混入した中国産原材料を使用したペットフードによる犬及び猫の健康被害が発生し，国内において輸入されたペットフードの自主回収が行われた。

こうした事件を経て，2007年にペットフードの安全確保に関する研究会が，ペットフードの安全確保のための法規制導入を提言した（「ペットフードの安全確保について（中間とりまとめ）」）。これを受け2008年にペットフード安全法が成立した（2009年施行）。

(2) 目　的
ペットフード安全法の**目的**は，愛がん動物用飼料の製造等に関する規制を行うことにより，**愛がん動物用飼料の安全性の確保**を図り，もって愛がん動物の健康を保護し，動物の愛護に寄与することである（同法1条）。

(3) 定　義
① 愛がん動物
愛がん動物とは，愛がんすることを目的として飼養される動物であって政令で定めるものをいう（ペットフード安全法2条1項）。**政令では，犬及び猫**と定められている（ペットフード安全法施行令1条）。

② 愛がん動物用飼料
愛がん動物用飼料とは，**愛がん動物の栄養に供することを目的として使用される物**をいう（ペットフード安全法2条2項）。

生肉，ミネラルウォーター，サプリメントは「栄養に供すること」を目的としているので愛がん動物用飼料に含まれる。またたびや猫草は「栄養に供すること」を目的としていないので，愛がん動物用飼料に含まれない。動物用医薬品も薬機法の対象となるので愛がん動物用飼料に含まれない。

③ 製造業者，輸入業者及び販売業者
製造業者とは，愛がん動物用飼料の製造（配合及び加工を含む。以下同じ。）**を業とする者**をいい，**輸入業者**とは，愛がん動物用飼料の輸入を業とする者をいい，**販売業者**とは，愛がん動物用飼料の販売を業とする者で製造業者及び輸入業者以外のものをいう（ペットフード安全法2条3項）。

(4) 事業者及び国の責務
① 事業者の責務
製造業者，輸入業者又は販売業者は，その事業活動を行うに当たって，自らが愛がん動物用飼料の安全性の確保について第一義的責任を有していることを認識して，愛がん動物用飼料の安全性の確保に係る知識及び技術の習得，愛がん動物用飼料の原材料の安全性の確保，愛がん動物の健康が害されることを防止するための愛がん動物用飼料の回収その他**必要な措置を講ずるよう努めな**

ければならない（ペットフード安全法3条）。

② 国の責務

国は，愛がん動物用飼料の安全性に関する情報の収集，整理，分析及び提供を図るよう努めなければならない（ペットフード安全法4条）。

(5) 愛がん動物用飼料の製造等に関する規制

① 基準及び規格

農林水産大臣及び環境大臣は，愛がん動物用飼料の使用が原因となって，愛がん動物の健康が害されることを防止する見地から，農林水産省令・環境省令で，**愛がん動物用飼料の製造の方法若しくは表示につき基準を定め，又は愛がん動物用飼料の成分につき規格を定めることができる**（ペットフード安全法5条1項）。これを受けて「愛玩動物用飼料の成分規格等に関する省令」において愛玩動物用飼料の成分規格並びに製造の方法及び表示の基準が定められている。

② 製造等の禁止

前条第1項の規定により基準又は規格が定められたときは，何人も，次に掲げる行為をしてはならない（ペットフード安全法6条）。

一　当該基準に合わない方法により，愛がん動物用飼料を販売（不特定又は多数の者に対する販売以外の授与及びこれに準ずるものとして農林水産省令・環境省令で定める授与を含む。以下同じ。）の用に供するために製造すること。

二　当該基準に合わない方法により製造された愛がん動物用飼料を販売し，又は販売の用に供するために輸入すること。

三　当該基準に合う表示がない愛がん動物用飼料を販売すること。

四　当該規格に合わない愛がん動物用飼料を販売し，又は販売の用に供するために製造し，若しくは輸入すること。

③ 有害な物質を含む愛がん動物用飼料の製造等の禁止

農林水産大臣及び環境大臣は，次に掲げる愛がん動物用飼料の使用が原因となって，愛がん動物の健康が害されることを防止するため必要があると認めるときは，農業資材審議会及び中央環境審議会の意見を聴いて，製造業者，輸入業者又は販売業者に対し，当該愛がん動物用飼料の製造，輸入又は販売を禁止することができる（ペットフード安全法7条1項）。

一　有害な物質を含み，又はその疑いがある愛がん動物用飼料

二　病原微生物により汚染され，又はその疑いがある愛がん動物用飼料

第8章 その他の医薬品及び畜産資材の安全確保に関連する法規

④ 廃棄等の命令

製造業者，輸入業者又は販売業者が次に掲げる愛がん動物用飼料を販売した場合又は販売の用に供するために保管している場合において，当該愛がん動物用飼料の使用が原因となって，愛がん動物の健康が害されることを防止するため特に必要があると認めるときは，必要な限度において，**農林水産大臣及び環境大臣は，当該製造業者，輸入業者又は販売業者に対し，当該愛がん動物用飼料の廃棄又は回収を図ることその他必要な措置をとるべきことを命ずることができる**（ペットフード安全法8条）。

一　第6条第2号から第4号までに規定する愛がん動物用飼料
二　前条第1項の規定による禁止に係る愛がん動物用飼料

⑤ 製造業者等の届出

第5条第1項の規定により基準又は規格が定められた愛がん動物用飼料の**製造業者又は輸入業者（農林水産省令・環境省令で定める者を除く。）は，農林水産省令・環境省令で定めるところにより，その事業の開始前に，次に掲げる事項を農林水産大臣及び環境大臣に届け出なければならない**（ペットフード安全法9条1項）。

一　氏名及び住所（法人にあっては，その名称，代表者の氏名及び主たる事務所の所在地）
二　製造業者にあっては，当該愛がん動物用飼料を製造する事業場の名称及び所在地
三　販売業務を行う事業場及び当該愛がん動物用飼料を保管する施設の所在地
四　その他農林水産省令・環境省令で定める事項

届け出なければならないのは製造業者及び輸入業者であり，**販売業者は届け出なくてよい**。

農林水産省令・環境省令で定める者は，販売を目的としない製造を業とする製造業者又は輸入を業とする輸入業者である（ペットフード安全法施行規則3条）。例えばドッグカフェは，その調理したペットフードを店内で消費するのであれば，ペットフードの調理は販売を目的としない製造であるので，製造業者としての届出が不要となる。しかしその調理したペットフードを持ち帰ることができる場合には，ペットフードの調理は販売を目的とする製造となるため，製造業者としての届出が必要となる。

⑥ 帳簿の備付け

第5条第1項の規定により基準又は規格が定められた愛がん動物用飼料の製造業者又は輸入業者は，帳簿を備え，当該愛がん動物用飼料を製造し，又は輸入したときは，農林水産省令・環境省令で定めるところにより，その名称，数量その他農林水産省令・環境省令で定める事項を記載し，これを保存しなければならない（ペットフード安全法10条1項）。

第5条第1項の規定により基準又は規格が定められた愛がん動物用飼料の製造業者，輸入業者又は販売業者は，帳簿を備え，当該愛がん動物用飼料を製造業者，輸入業者又は販売業者に譲り渡したときは，農林水産省令・環境省令で定めるところにより，その名称，数量，相手方の氏名又は名称その他農林水産省令・環境省令で定める事項を記載し，これを保存しなければならない（同条2項）。

つまり販売業者は，愛がん動物用飼料を製造業者，輸入業者又は販売業者に販売した場合には記載記載及び保存義務を負うが，**一般消費者に販売した場合には記帳記載及び保存義務を負わない**ことになる。

⑦ 報告の徴収

農林水産大臣又は環境大臣は，この法律の施行に必要な限度において，製造業者，輸入業者若しくは販売業者又は愛がん動物用飼料の運送業者若しくは倉庫業者に対し，その業務に関し必要な報告を求めることができる（ペットフード安全法11条1項）。

⑧ 立入検査等

農林水産大臣又は環境大臣は，この法律の施行に必要な限度において，その職員に，製造業者，輸入業者若しくは販売業者又は愛がん動物用飼料の運送業者若しくは倉庫業者の事業場，倉庫，船舶，車両その他愛がん動物用飼料の製造，輸入，販売，輸送又は保管の業務に関係がある場所に立ち入り，愛がん動物用飼料，その原材料若しくは業務に関する帳簿，書類その他の物件を検査させ，関係者に質問させ，又は検査に必要な限度において愛がん動物用飼料若しくはその原材料を集取させることができる。ただし，愛がん動物用飼料又はその原材料を集取させるときは，時価によってその対価を支払わなければならない（ペットフード安全法12条1項）。

⑨ センターによる立入検査等

農林水産大臣は，前条第一項の場合において必要があると認めるときは，独

立行政法人農林水産消費安全技術センター[84]に，同項に規定する者の事業場，倉庫，船舶，車両その他愛がん動物用飼料の製造，輸入，販売，輸送又は保管の業務に関係がある場所に立ち入り，愛がん動物用飼料，その原材料若しくは業務に関する帳簿，書類その他の物件を検査させ，関係者に質問させ，又は検査に必要な限度において愛がん動物用飼料若しくはその原材料を集取させることができる。ただし，愛がん動物用飼料又はその原材料を集取させるときは，時価によってその対価を支払わなければならない（ペットフード安全法13条1項）。

(6) 輸出用愛がん動物用飼料に関する特例

輸出用の愛がん動物用飼料については，政令で，この法律の一部の適用を除外し，その他必要な特例を定めることができる（ペットフード安全法15条）。政令では，法第6条の規定［規格又は基準に合わない愛がん動物用飼料の販売等の禁止］は，愛がん動物用飼料の輸出のための製造，販売又は輸入については，適用しないと定められている（ペットフード安全法施行令2条）

(7) 愛玩動物用飼料の成分規格等に関する省令の概要

愛玩動物用飼料の成分規格並びに製造の方法及び表示の基準については，別表において以下のように定められている。

① 販売用愛玩動物用飼料の成分規格

添加物（亜硝酸ナトリウム，エトキシキン等），農薬（グリホサート，クロルピリホスメチル等）及び汚染物質（カドミウム，鉛等）の販売用愛玩動物用飼料中の許容含有量が定められている。

② 販売用愛玩動物用飼料の製造の方法の基準

ア　有害な物質を含み，若しくは病原微生物により汚染され，又はこれらの疑いがある原材料を用いてはならない。

イ　販売用愛玩動物用飼料を加熱し，又は乾燥する場合は，原材料等に由来

---

[84] 独立行政法人農林水産消費安全技術センターは，「独立行政法人農林水産消費安全技術センター法」に基づいて設立された法人であり，一般消費者の利益の保護に資するため，農林水産物，飲食料品及び油脂の品質及び表示に関する調査及び分析，農林物資等の検査等を行うことにより，これらの物資の品質及び表示の適正化を図るとともに，肥料，農薬，飼料及び飼料添加物並びに土壌改良資材の検査等を行うことにより，これらの資材の品質の適正化及び安全性の確保を図ることを目的としている（同法3条）。同センターは，ペットフード安全法だけでなく，食品表示法や飼料の安全性の確保及び品質の改善に関する法律に基づく立入検査も行う（同法10条2項）。

して当該販売用愛玩動物用飼料中に存在し，かつ，発育し得る微生物を除去するのに十分な効力を有する方法で行うこと。

ウ　プロピレングリコールは，猫を対象とする販売用愛玩動物用飼料に用いてはならない。

③　販売用愛玩動物用飼料の表示の基準

販売用愛玩動物用飼料には，次に掲げる事項を表示しなければならない。

ア　販売用愛玩動物用飼料の名称

イ　原材料名

ウ　賞味期限（定められた方法により保存した場合において，期待される全ての品質の保持が十分に可能であると認められる期限を示す年月日をいう。ただし，当該期限を超えた場合であっても，これらの品質が保持されていることがあるものとする。）

エ　製造業者，輸入業者又は販売業者の氏名又は名称及び住所

オ　原産国名

【補足】　ペットフードの表示に関する公正競争規約

　ペットフードの表示については，省令とは別に「ペットフードの表示に関する公正競争規約[85]（以下，規約）」による規制も実施されている。規約の規制の概要は以下の通りである。

　規約では，必ず表示しなければならない事項として以下のことが定められている（規約4条）。

(1) ペットフードの名称
(2) ペットフードの目的
(3) 内容量
(4) 給与方法
(5) 賞味期限
(6) 成分
(7) 原材料名
(8) 原産国名

---

[85]　公正競争規約とは，不当景品類及び不当表示防止法36条に基づき，公正取引委員会及び消費者庁長官の認定を受けた，業界団体の自主ルールのことをいう。公正競争規約は，不当な表示を防止することによって消費者が適切に商品やサービスを選択できるようにすることを目的としている。また公正競争規約に基づく事業者や業界団体の行為は，私的独占の禁止及び公正取引の確保に関する法律における不当な取引制限として扱われないことが法律上保障される（不当景品類及び不当表示防止法36条5項）。

(9) 事業者の氏名又は名称及び住所

　規約では，省令に定められている事項以外に，ペットフードの目的，内容量，給与方法及び成分が必ず表示しなければならない事項として定められている。

　ペットフードの目的には，総合栄養食，間食，療法食及びその他の目的食がある（規約3条2-5項）。総合栄養食とは，毎日の主要な食事として給与することを目的とし，当該ペットフード及び水のみで指定された成長段階における健康を維持できるような栄養的にバランスのとれたものであって，ペットフードの表示に関する公正競争規約施行規則（以下「施行規則」という。）に定める栄養成分等に関する運用基準（「分析方法による総合栄養食の栄養基準」又は「給与試験による総合栄養食の証明に関する運用基準」。施行規則1条1項）を常に満たすものをいう（規約3条2項）。間食とは，おやつ，褒美，又はコミュニケーションの手段として，時を選ばず給与することを目的としたものをいう（同条3項）。「療法食」とは，栄養成分の量や比率が調節され，特定の疾病又は健康状態にあるペットの栄養学的サポートを目的に，獣医療において獣医師の指導のもとで食事管理に使用されることを意図したものをいう（同条4項）。「その他の目的食」とは，特定の栄養成分等の調節・補給又は嗜好増進として与えることなどを目的としたものであって，総合栄養食，間食及び療法食以外のものをいう（同条5項）。

　また事業者は「ビーフ」，「チキン」，「まぐろ」等特定の原材料をペットフードの内容量の5パーセント以上使用している場合でなければ，当該ペットフードの名称，絵，写真，説明文等に当該原材料を使用している旨の表示をしてはならない（同規約7条）。

　さらに①特定の栄養成分の含有の有無又は量の多寡（「高」，「豊富」，「含む」，「強化」，「ゼロ」，「低」，「減」等）の用語，②「推奨」又はこれに類する用語，③「受賞」又はこれに類する用語，④「無添加」，「不使用」又はこれらに類似する用語及び⑤「ナチュラル」，「ネーチャー」又はこれに類似する用語の表示についても，施行規則による規制がなされている（同規約8条）。例えば特定の栄養成分の含有の有無又は量の多寡の用語は，①当該商品と同種の商品に比べてどのくらい差があるか，数値をもって具体的に記載する場合又は②客観的な数値基準をもってその根拠を説明できるものであって，かつ，その根拠を記載する場合に限り表示することができると定められている（施行規則7条(1)）。

◆ 章 末 問 題 ◆

問1　麻薬の使用と保管に関する記述として誤っているのはどれか。（第75回獣医師国家試験）

1．麻薬管理者は麻薬に関する帳簿を備えることが義務づけられている。
2．麻薬施用者免許証は都道府県知事から取得する。
3．動物診療施設では麻薬施用者免許は獣医師，愛玩動物看護師に与えられる。
4．麻薬管理者免許は医師，歯科医師，獣医師または薬剤師に与えられる。
5．麻薬は麻薬業務所内で保管し，麻薬以外の医薬品と区別して鍵をかけた堅固な設備に貯蔵する。

問2　「飼料の安全性の確保及び品質の改善に関する法律」で対象となっている動物でないのはどれか。（第71回獣医師国家試験）

1．鹿
2．牛
3．鶏
4．犬
5．豚

第8章 その他の医薬品及び畜産資材の安全確保に関連する法規

◇ 章末問題の解説 ◇

問1　正答　3

1. 麻薬管理者は，麻薬診療施設に帳簿を備え，これに譲り受けた又は譲り渡した麻薬の品名及び数量などの事項を記載しなければならない。
2. 麻薬施用者の免許は都道府県知事が行う。
3. 麻薬施用者の免許は医師，歯科医師又は獣医師のみが受けることができる。
4. 麻薬管理者の免許は医師，歯科医師，獣医師又は薬剤師のみが受けることができる。
5. 麻薬取扱者は麻薬を麻薬業務所内で保管しなければならない。また麻薬の保管は麻薬以外の医薬品と区別し，かぎをかけた堅固な設備内に貯蔵して行わなければならない。

問2　正答　4

　対象動物である「家畜等」とは，以下の動物である。
一　牛，馬（食用に供しない馬を除く），豚，めん羊，山羊及び鹿
二　鶏及びうずら
三　蜜蜂
四　ぶり，まだい，ぎんざけ，かんぱち，ひらめ，とらふぐ，しまあじ，まあじ，ひらまさ，たいりくすずき，すずき，すぎ，くろまぐろ，くるまえび，こい（食用に供しないこいを除く），うなぎ，にじます，あゆ，やまめ，あまご及びいわな属の魚（にっこういわな，えぞいわな及びやまといわな）

第 5 編

食品の安全性確保に関する法規

◆第9章◆
食品安全基本法

《本章の内容》

1. 沿革
2. 目的
3. 定義
4. 基本理念
5. 各関係者の責務及び役割
6. 施策の策定に係る基本的な方針
7. 食品安全委員会

《この章の目標》

1. 食品安全基本法の成立の沿革の概要について説明できる。
2. 食品安全基本法の目的について説明できる。
3. 食品安全基本法における食品の定義について説明できる。
4. 食品安全基本法における食品の安全性の確保のための必要な措置を講じる際の基本理念について説明できる。
5. 各関係者の責務及び役割について説明できる。
6. 施策の策定に係る基本的な方針について説明できる。
7. 食品安全委員会の概要について説明できる。

◆ 1 沿 革

食品安全基本法が制定される契機となった事件は,平成13(2001)年に日本において初めて牛海綿状脳症(BSE)に罹患した牛が発見されたことである。これにより多くの消費者が牛肉の安全性について疑問視するようになり,牛肉の消費量が著しく減少した[86]。

そこで厚生労働省及び農林水産省は，BSE問題に対する行政の対応を検証し，今後の畜産・食品衛生行政のあり方について調査検討を行うための厚生労働大臣及び農林水産大臣の私的諮問機関である「BSE問題に関する調査検討委員会」を開催することとした。この委員会は第1回の平成13(2001)年11月19日から最後となる第11回の平成14(2002)年4月2日まで開催された。この最後の委員会において「BSE問題に関する調査検討委員会報告」が出された。この報告書では，農林水産省が1996年にWHOからBSEの感染源と考えられる肉骨粉の禁止勧告を受けていながら行政指導しか行わなかったことなどの危機意識の欠如，BSEが発生した当時は危機対応マニュアルが存在していなかったことなどの危機管理体制の欠落，行政と科学との間のリスクコミュニケーションの欠落など行政に対する厳しい批判がなされた。そしてこの報告書では，改善点として食品の安全性に係わる関係法においては消費者の健康保護を最優先とすべきであること，食品安全確保の手法としてリスク分析[87]手法を導入すべきであることが指摘され，この実現のために食品の安全性の確保に関する基本原則，リスク分析の導入を重点と位置付け，リスク分析の分担及び手続き，ならびに消費者の参加の保証を内容とする「消費者の保護を基本とした包括的な食品の安全を確保するための法」を制定すること及びリスク評価機能を中心とし，独立性・一貫性をもち，各省庁との調整機能をもつ新たな食品安全行政機関を設置することが提言された。

　この報告書を受け当時の小泉純一郎内閣は「食品安全行政に関する関係閣僚会議」を開催することとした。同会議は第1回の平成14(2002)年4月5日から第4回の同年6月11日まで開催され，同会議において食品の安全に関するリスク評価を行う食品安全委員会を設置すること及び消費者の保護を基本とした包括的な食品の安全を確保するための法律として食品安全基本法を制定すること

(86)　農林水産省が公表する『食料需給表』によれば，1人1年当たりの牛肉の消費量は平成12(2000)年度が12.0kgであったのに対して，平成13(2001)年度は10.0kgまで減少した。なお平成12年度の値はこれまでの最高値であり，令和4(2022)年度も9.9kgにとどまっている。

(87)　報告書によれば，リスク分析とは「消費者の健康の保護を目的として，国民やある集団が危害にさらされる可能性がある場合，事故の後始末ではなく，可能な範囲で事故を未然に防ぎリスクを最小限にするためのシステム」としている。そしてリスク分析は，「リスク評価」，「リスク管理」，「リスクコミュニケーション」の3つの要素からなるとする。

第9章 食品安全基本法

が決定された[88]。この決定を受け内閣は平成15(2003)年2月7日に「食品安全基本法案」を国会に提出し，同年5月16日に参議院本会議において可決され「食品安全基本法」が成立した（同年5月23日公布，同年7月1日施行）。

◆ 2 目 的

食品安全基本法［以下，本章における法］は，科学技術の発展，国際化の進展その他の国民の食生活を取り巻く環境の変化に適確に対応することの緊要性にかんがみ，食品の安全性の確保に関し，基本理念を定め，並びに国，地方公共団体及び食品関連事業者の責務並びに消費者の役割を明らかにするとともに，施策の策定に係る基本的な方針を定めることにより，食品の安全性の確保に関する施策を総合的に推進することを目的とする（法1条）。

◆ 3 定 義

この法において「食品」とは，全ての飲食物（医薬品，医療機器等の品質，有効性及び安全性の確保等に関する法律に規定する医薬品，医薬部外品及び再生医療等製品を除く。）をいう（法2条）。

◆ 4 基本理念

この法では，食品の安全性の確保のための必要な措置を講じる際の基本理念として，①国民の健康の保護が最も重要であるという基本的認識の下に講じること（法3条），②農林水産物の生産から食品の販売に至る一連の国の内外における食品供給の工程の各段階において講じること（法4条），③食品の安全性の確保に関する国際的動向及び国民の意見に十分配慮しつつ科学的知見に基づき，食品を摂取することによる国民の健康への悪影響が未然に防止されるように講じること（法5条），が定められている。

◆ 5 各関係者の責務及び役割

(1) 国

国は，基本理念にのっとり，食品の安全性の確保に関する施策を総合的に策

---

[88] 食品安全行政に関する関係閣僚会議「今後の食品安全行政のあり方について」（平成14年6月11日）。

定し，及び実施する責務を有する（法6条）。

(2) 地方公共団体

地方公共団体は，基本理念にのっとり，食品の安全性の確保に関し，国との適切な役割分担を踏まえて，その地方公共団体の区域の自然的経済的社会的諸条件に応じた施策を策定し，及び実施する責務を有する（法7条）。

(3) 食品関連事業者

肥料，農薬，飼料，飼料添加物，動物用の医薬品その他食品の安全性に影響を及ぼすおそれがある農林漁業の生産資材，食品若しくは添加物又は器具若しくは容器包装の生産，輸入又は販売その他の事業活動を行う事業者（以下「食品関連事業者」という。）は，基本理念にのっとり，その事業活動を行うに当たって，自らが食品の安全性の確保について第一義的責任を有していることを認識して，食品の安全性を確保するために必要な措置を食品供給行程の各段階において適切に講ずる責務を有する（法8条1項）。

前項に定めるもののほか，食品関連事業者は，基本理念にのっとり，その事業活動を行うに当たっては，その事業活動に係る食品その他の物に関する正確かつ適切な情報の提供に努めなければならない（同条2項）。

前2項に定めるもののほか，食品関連事業者は，基本理念にのっとり，その事業活動に関し，国又は地方公共団体が実施する食品の安全性の確保に関する施策に協力する責務を有する（同条3項）。

(4) 消 費 者

消費者は，食品の安全性の確保に関する知識と理解を深めるとともに，食品の安全性の確保に関する施策について意見を表明するように努めることによって，食品の安全性の確保に積極的な役割を果たすものとする（法9条）。

◆ 6　施策の策定に係る基本的な方針

法では，食品の安全性の確保の確保に関する施策の策定に関して，以下のような基本的な方針が定められている。

① 食品健康影響評価を実施すること（法11条）
② 国民の食生活の状況その他の事情を考慮するとともに，食品健康影響評価の結果に基づいて行われること（法12条）
③ 国民への情報提供，国民に意見を述べる機会の付与等関係者の意見交換の促進を図ること（法13条）

④ 緊急事態の対処及びその発生の防止に関する体制を整備すること（法14条）
⑤ 関係行政機関の相互の密接な連携の下に行うこと（法15条）
⑥ 試験研究体制の整備や研究開発の推進，研究者の養成等を行うこと（法16条）
⑦ 国の内外の情報の収集，整理及び活用を行うこと（法17条）
⑧ 表示制度を適切に運用するなど情報を正確に伝達すること（法18条）
⑨ 教育及び学習の振興並びに広報活動を充実させること（法19条）
⑩ 環境に及ぼす影響に配慮すること（法20条）

◆ 7　食品安全委員会

食品安全委員会は，内閣府に設置される（法22条）。食品安全委員会の職務には，閣議決定によって定める食品の安全性の確保に関する施策の実施に関する基本的事項について，内閣総理大臣に意見を述べること（法23条1項1号），食品健康影響評価を行うこと（同条項2号），食品の安全性の確保に関する施策につき内閣総理大臣を通じて関係各大臣に勧告すること及び関係行政機関の長に意見を述べること（同条項3-5号），こうした事務を行うために必要な科学的調査及び研究並びに関係者相互間の情報及び意見交換（同条項6・7号）がある。

委員会は，委員7人をもって組織する（法28条1項）。委員は，食品の安全性の確保に関して優れた識見を有する者のうちから，両議院の同意を得て，内閣総理大臣が任命する（法29条1項）。

◆ 章 末 問 題 ◆

問1　食品安全委員会が設置されている行政機関はどれか。（第72回獣医師国家試験）

1．環境省
2．厚生労働省
3．消費者庁
4．内閣府
5．農林水産省

問2　食品のリスク評価を行う行政機関はどれか。（第74回）

1．農林水産省
2．総務省
3．内閣府食品安全委員会
4．厚生労働省
5．都道府県

◇ 章末問題の解説 ◇

問1　正答　4

　食品安全委員会は，内閣府に設置される。

問2　正答　3

　内閣府食品安全委員会は，食品健康影響評価を行うほか，食品の安全性の確保に関する施策の実施に関する基本的事項について内閣総理大臣に意見を述べたり，食品の安全性の確保に関する施策につき内閣総理大臣を通じて関係各大臣に勧告したりする。

◆第10章◆
食品衛生法

《本章の内容》

1. 目的
2. 各関係者の責務
3. 定義
4. 食品及び添加物
5. 器具及び包装容器
6. 表示及び広告
7. 輸入届出
8. 食品衛生管理者
9. 食品衛生監視員

《本章の目標》

1. 法の目的について説明できる
2. 関係者の責務の概要について説明できる。
3. 各用語の定義について説明できる。
4. 食品及び添加物に対する規制の概要について説明できる。
5. 器具及び包装容器に対する規制の概要について説明できる。
6. 表示及び広告に対する規制の概要について説明できる。
7. 輸入届出について説明できる。
8. 食品衛生管理者の概要について説明できる。
9. 食品衛生監視員の任命，職務及び資格について説明できる。

◆ 1 目 的

食品衛生法［以下，本章における法］の**目的**は，食品の安全性の確保のため

に公衆衛生の見地から必要な規制その他の措置を講ずることにより，飲食に起因する衛生上の危害の発生を防止し，もって国民の健康の保護を図ることである（法1条）。

平成15年に改正される前の法では，「この法律は，飲食に起因する衛生上の危害の発生を防止し，公衆衛生の向上及び増進に寄与することを目的とする。」とのみ定められていた（旧1条）。しかし平成15年の改正により，同年に制定された食品安全基本法3条を踏まえ，「食品の安全性の確保」及び「国民の健康の保護を図ること」が法の目的に明記されることとなった。

◆ 2　各関係者の責務

平成15年に制定された食品安全基本法において定められた施策の策定に係る基本的な方針に基づき，平成15年の法改正により新たに各関係者の責務が定められた。

(1) 国等の責務

国，都道府県，保健所設置市及び特別区は，教育活動及び広報活動を通じた食品衛生に関する正しい知識の普及，食品衛生に関する情報の収集，整理，分析及び提供，食品衛生に関する研究の推進，食品衛生に関する検査の能力の向上並びに食品衛生の向上にかかわる人材の養成及び資質の向上を図るために必要な措置を講じなければならない（法2条1項）。

国，都道府県，保健所設置市及び特別区は，食品衛生に関する施策が総合的かつ迅速に実施されるよう，相互に連携を図らなければならない（同条2項）。

国は，食品衛生に関する情報の収集，整理，分析及び提供並びに研究並びに輸入される食品，添加物，器具及び容器包装についての食品衛生に関する検査の実施を図るための体制を整備し，国際的な連携を確保するために必要な措置を講ずるとともに，都道府県，保健所を設置する市及び特別区（以下「都道府県等」という。）に対し前2項の責務が十分に果たされるように必要な技術的援助を与えるものとする（同条3項）。

(2) 食品等事業者の責務

食品等事業者（食品若しくは添加物を採取し，製造し，輸入し，加工し，調理し，貯蔵し，運搬し，若しくは販売すること若しくは器具若しくは容器包装を製造し，輸入し，若しくは販売することを営む人若しくは法人又は学校，病院その他の施設において継続的に不特定若しくは多数の者に食品を供与する人若しくは法人を

いう。以下同じ。）は，その採取し，製造し，輸入し，加工し，調理し，貯蔵し，運搬し，販売し，不特定若しくは多数の者に授与し，又は営業上使用する食品，添加物，器具又は容器包装（以下「販売食品等」という。）について，自らの責任においてそれらの安全性を確保するため，販売食品等の安全性の確保に係る知識及び技術の習得，販売食品等の原材料の安全性の確保，販売食品等の自主検査の実施その他の必要な措置を講ずるよう努めなければならない（法3条1項）。

法における**食品等事業者**とは，以下の者をいう。
① 食品又は添加物の製造，運搬，販売等を営む人又は法人
② 器具又は包装容器の製造，販売等を営む人又は法人
③ 学校，病院その他の施設において継続的に不特定又は多数の者に食品を供与する人又は法人

食品等事業者は，販売食品等について，自らの責任においてその安全性を確保するために以下の措置その他の必要な措置を講ずる努力義務を負う。
① 安全性確保に係る知識及び技術の習得
② 原材料の安全性の確保
③ 自主検査の実施

食品等事業者は，販売食品等に起因する食品衛生上の危害の発生の防止に必要な限度において，当該食品等事業者に対して販売食品等又はその原材料の販売を行った者の名称その他**必要な情報に関する記録を作成し，これを保存する**よう努めなければならない（同条2項）。

食品等事業者は，販売食品等に起因する食品衛生上の危害の発生を防止するため，前項に規定する記録の国，都道府県等への提供，食品衛生上の危害の原因となった販売食品等の廃棄その他の必要な措置を適確かつ迅速に講ずるよう努めなければならない（同条3項）。

◆ 3 定　義

(1) 食　品

食品とは，全ての飲食物をいう。ただし，医薬品，医療機器等の品質，有効性及び安全性の確保等に関する法律に規定する医薬品，医薬部外品及び再生医療等製品は，これを含まない（法4条1項）。

(2) 添加物

添加物とは，食品の製造の過程において又は食品の加工若しくは保存の目的で，食品に添加，混和，浸潤その他の方法によって使用する物をいう（法4条2項）。

(3) 天然香料

天然香料とは，動植物から得られた物又はその混合物で，食品の着香の目的で使用される添加物をいう（法4条3項）。

(4) 器　具

器具とは，飲食器，割ぽう具その他食品又は添加物の採取，製造，加工，調理，貯蔵，運搬，陳列，授受又は摂取の用に供され，かつ，食品又は添加物に直接接触する機械，器具その他の物をいう（法4条4項本文）。ただし，農業及び水産業における食品の採取の用に供される機械，器具その他の物は，これを含まない（同条項但書）。

(5) 容器包装

容器包装とは，食品又は添加物を入れ，又は包んでいる物で，食品又は添加物を授受する場合そのままで引き渡すものをいう（法4条5項）。

(6) 食品衛生

食品衛生とは，食品，添加物，器具及び容器包装を対象とする飲食に関する衛生をいう（法4条6項）。

(7) 営　業

営業とは，業として，食品若しくは添加物を採取し，製造し，輸入し，加工し，調理し，貯蔵し，運搬し，若しくは販売すること又は器具若しくは容器包装を製造し，輸入し，若しくは販売することをいう（法4条7項本文）。営利目的か非営利目的かを問わない。但し**農業及び水産業における食品の採取業は，これを含まない**（同条項但書）。農業および水産業における食品の採取業の具体的な範囲については，厚生労働省の通知によって示されている（厚生労働省医薬・生活衛生局食品監視安全課長通知「農業及び水産業における食品の採取業の範囲について」令和2年5月18日付け薬生食監発0518第1号）。例えば農業者自ら採卵した卵を未加工で直売所等において直売することは，出荷に当たるので採取業の範囲に含まれるとされている。また農業者自ら採卵した卵を洗卵せず小売店舗へ販売することも採取業に含まれるとされている。しかし農業者自ら採卵した卵を洗卵包装設備を設け洗卵し，小売店舗へ販売することは採取業に含ま

れず本法における営業に該当することになる。

◆ 4　食品及び添加物
(1) 清潔及び衛生義務
　販売（不特定又は多数の者に対する販売以外の授与を含む。以下同じ。）の用に供する食品又は添加物の採取，製造，加工，使用，調理，貯蔵，運搬，陳列及び授受は，清潔で衛生的に行われなければならない（法5条）。
　なおこの規定により**本法における「販売」は不特定又は多数の者に対する販売以外の授与を含む**と定義されている。具体的には学校における給食の提供やイベントにおけるサンプル食品の無料配布なども「販売」含まれる。

(2) 不衛生食品等の販売等の禁止
　次に掲げる食品又は添加物は，これを販売し（不特定又は多数の者に授与する販売以外の場合を含む。以下同じ。），又は販売の用に供するために，採取し，製造し，輸入し，加工し，使用し，調理し，貯蔵し，若しくは陳列してはならない（法6条）。
一　腐敗し，若しくは変敗したもの又は未熟であるもの。ただし，一般に人の健康を損なうおそれがなく飲食に適すると認められているものは，この限りでない。
二　有毒な，若しくは有害な物質が含まれ，若しくは付着し，又はこれらの疑いがあるもの。ただし，人の健康を損なうおそれがない場合として厚生労働大臣が定める場合においては，この限りでない。
三　病原微生物により汚染され，又はその疑いがあり，人の健康を損なうおそれがあるもの。
四　不潔，異物の混入又は添加その他の事由により，人の健康を損なうおそれがあるもの。
　腐敗した，有毒な，病原微生物により汚染された及び不潔な食品は，人の健康を損なうおそれがあるので，販売することが禁止される。
　例外的にこれらに該当するものであっても，人の健康を損なうおそれがない食品等については，販売することができる。
　1号の「一般に人の健康を損なうおそれがなく飲食に適すると認められているもの」とは，納豆や醬油等である。
　2号の「人の健康を損なうおそれがない場合として厚生労働大臣が定める場

合」については，食品衛生法施行規則（以下，本章における施行規則）において以下の場合と定められている（1条）。

一 有毒な又は有害な物質であっても，自然に食品又は添加物に含まれ又は附着しているものであって，その程度又は処理により一般に人の健康を損なうおそれがないと認められる場合。

二 食品又は添加物の生産上有毒な又は有害な物質を混入し又は添加することがやむを得ない場合であって，かつ，一般に人の健康を損なうおそれがないと認められる場合。

1号には，例えばフグ料理が該当する。2号には，例えば塩酸や硫酸が食品添加物として使用される場合が該当する。

3号の「病原微生物により汚染され，又はその疑いがあり，人の健康を損なうおそれがあるもの」には，病原微生物に汚染され，又はその疑いがあるが，人の健康を損なうおそれがないものは含まれないことに注意が必要である。つまり病原微生物に汚染されているすべての食品等の販売等が禁止されているわけではない。病原微生物に汚染されている食品等のうち，人の健康を損なうおそれがあるもののみ，その販売等が禁止されている。

(3) 厚生労働大臣による食品の販売禁止

厚生労働大臣は，以下の場合において，食品衛生上の危害の発生を防止するため必要があると認めるときは，厚生科学審議会[89]の意見を聴いて，それらの物を食品として販売することを禁止することができる（法7条1-3項）。

① 一般に飲食に供されることがなかった物であって人の健康を損なうおそれがない旨の確証がないもの又はこれを含む物が新たに食品として販売され，又は販売されることとなった場合（法7条1項）。

② 一般に食品として飲食に供されている物であって当該物の通常の方法と著しく異なる方法により飲食に供されているものについて，人の健康を損なうおそれがない旨の確証がない場合（同条2項）。

③ 食品によるものと疑われる人の健康に係る重大な被害が生じた場合において，当該被害の態様からみて当該食品に当該被害を生ずるおそれのある一般に飲食に供されることがなかった物が含まれていることが疑われる場

---

[89] 令和5年改正前の法では，薬事・食品衛生審議会の意見を聴くことになっていたが，令和5年の法改正により現行の規定となった。

合（同条3項）。

【補足】　生活衛生等関係行政の機能強化のための関係法律の整備に関する法律
　従来，食品又は添加物の基準及び規格の策定等の食品衛生基準行政は，厚生労働省の所管であった。しかし食品衛生についての科学的安全を確保し，消費者利益の更なる増進を図るため，令和5年に成立した「生活衛生等関係行政の機能強化のための関係法律の整備に関する法律」により食品衛生法が改正され，食品衛生基準行政が厚生労働省から食品安全行政の司令塔的機能を担う消費者庁に移管されることとなった。なお違反食品の取締等の食品衛生監視行政は従来通り厚生労働省の所管として残された。これにより厚生労働省に設置されていた薬事・食品衛生審議会に対する意見聴取事項のうち，食品衛生基準行政に係るものは，新たに消費者庁に設置される食品衛生基準審議会の意見聴取事項となり，食品衛生監視行政に係るものは，新たに厚生労働省に設置される厚生科学審議会の意見聴取事項となった。またこうした移管に伴い令和6年4月1日より厚生労働省に設置されている薬事・食品衛生審議会は薬事審議会に改組された。

(4) 指定成分等含有食品による健康被害の届出義務

　食品衛生上の危害の発生を防止する見地から特別の注意を必要とする成分又は物であって，厚生労働大臣及び内閣総理大臣が食品衛生基準審議会の意見を聴いて指定したもの[90]（第3項及び第70条第5項において「指定成分等」という。）を含む食品（以下この項において「指定成分等含有食品」という。）を取り扱う営業者は，その取り扱う指定成分等含有食品が人の健康に被害を生じ，又は生じさせるおそれがある旨の情報を得た場合は，当該情報を，厚生労働省令で定めるところにより，遅滞なく，都道府県知事，保健所を設置する市の市長又は特別区の区長（以下「都道府県知事等」という。）に届け出なければならない（法8条1項）。
　都道府県知事等は，前項の規定による届出があったときは，当該届出に係る事項を厚生労働大臣に報告しなければならない（同条2項）。
　医師，歯科医師，薬剤師その他の関係者は，指定成分等の摂取によるものと疑われる人の健康に係る被害の把握に努めるとともに，都道府県知事等が，食品衛生上の危害の発生を防止するため指定成分等の摂取によるものと疑われる人の健康に係る被害に関する調査を行う場合において，当該調査に関し必要な

---

(90)　令和5年改正前の法では，「厚生労働大臣が薬事・食品衛生審議会の意見を聴いて」と定められていた。しかし令和5年の法改正により現行の規定となった。

協力を要請されたときは，当該要請に応じ，当該被害に関する情報の提供その他必要な協力をするよう努めなければならない（同条3項）。

指定成分等としては，コレウス・フォルスコリー，ドオウレン，プエラリア・ミリフィカ，ブラックコホシュ[91]が指定されている（「食品衛生法第8条第1項の規定に基づき厚生労働大臣及び内閣総理大臣が指定する指定成分等」令和2年3月27日厚生労働省告示119号）。

(5) 特定国・地域の食品等の販売禁止

厚生労働大臣は，特定の国若しくは地域において採取され，製造され，加工され，調理され，若しくは貯蔵され，又は特定の者により採取され，製造され，加工され，調理され，若しくは貯蔵される特定の食品又は添加物について，第26条第1項から第3項まで［厚生労働大臣，都道府県知事又は登録検査機関による検査］又は第28条第1項［厚生労働大臣，内閣総理大臣又は都道府県知事等による営業場所，事務所，倉庫等の検査］の規定による検査の結果次に掲げる食品又は添加物に該当するものが相当数発見されたこと，生産地における食品衛生上の管理の状況その他の厚生労働省令で定める事由からみて次に掲げる食品又は添加物に該当するものが相当程度含まれるおそれがあると認められる場合において，人の健康を損なうおそれの程度その他の厚生労働省令で定める事項を勘案して，当該特定の食品又は添加物に起因する食品衛生上の危害の発生を防止するため特に必要があると認めるときは，厚生科学審議会[92]の意見を聴いて，当該特定の食品又は添加物を販売し，又は販売の用に供するために，採取し，製造し，輸入し，加工し，使用し，若しくは調理することを禁止することができる（法9条1項）。

一　第6条各号に掲げる食品又は添加物［不衛生食品又は添加物］
二　第12条に規定する食品［添加物含有食品］
三　第13条第1項の規定により定められた規格［食品又は添加物の成分規格］

---

(91) コレウス・フォルスコリーは，ダイエット等の効果があるとされる。しかし下痢等の健康被害が生じることがある。ドオウレンは鎮痛等の効果があるとされる。しかし肝機能障害が生じることが海外において報告されている。プエラリア・ミリフィカは，バスト・アップ等の効果があるとされる。しかし月経不順等の健康被害が生じることがある。ブラックコホシュは更年期障害の症状緩和等の効果があるとされる。しかし肝機能障害等の健康被害が生じることがある。

(92) 令和5年改正前の法では，薬事・食品衛生審議会の意見を聴くこととなっていたが，令和5年の法改正により現行の規定となった。

第10章　食品衛生法

に合わない食品又は添加物
四　第13条第1項の規定により定められた基準［食品又は添加物の基準］に合わない方法により添加物を使用した食品
五　第13条第3項に規定する食品［農薬等の残留する食品］

(6) 疾病に罹患した獣畜の肉等の販売等の禁止

以下の獣畜の肉等は、厚生労働省令で定める場合[93]を除き、これを食品として販売し、又は食品として販売の用に供するために、採取し、加工し、使用し、調理し、貯蔵し、若しくは陳列してはならない（法10条1項本文）。

① と畜場法14条6項各号[94]に掲げる疾病にかかり若しくはその疑いがあり、同条項各号に掲げる異常があり、又はへい死した獣畜（と畜場法3条1項に規定する獣畜[95]及び厚生労働省令で定めるその他の物[96]をいう。以下

---

[93]　厚生労働省令で定める場合とは以下の場合である（施行規則7条2項）。
　一　と畜場法施行規則別表第5の上欄に掲げる疾病（牛疫、牛肺疫、口蹄疫等）にかかり、又は同欄に掲げる異常（黄疸、水腫、腫瘍等）があると認められた獣畜について、それぞれ同表の下欄に掲げる部分（例えば黄疸であれば当該病変部分及び血液）について廃棄その他食用に供されることを防止するために必要な措置を講じた場合
　二　食鳥処理の事業の規制及び食鳥検査に関する法律施行規則第33条第1項第3号の内臓摘出後検査の結果、同令別表第10の上欄について、同表の下欄に掲げる部分（例えば伝染性コリーザであれば、当該病変部分に係る肉、臓器、骨及び皮）の廃棄等の措置を講じた場合

[94]　と畜場法14条6項
　前各項の規定による検査は、次に掲げるものの有無について行うものとする。
　一　家畜伝染病予防法（昭和26年法律第166号）第2条第1項に規定する家畜伝染病及び同法第4条第1項に規定する届出伝染病
　二　前号に掲げるもの以外の疾病であつて厚生労働省令で定めるもの
　三　潤滑油の付着その他の厚生労働省令で定める異常
　と畜場法施行規則14条
　法第14条第6項第2号又は第3号に規定する疾病又は異常は、別表第3のとおりとする。
　と畜場法施行規則別表第3
　Q熱、悪性水腫、白血病、リステリア症、痘病、膿毒症、敗血症、尿毒症、黄疸、水腫、腫瘍、旋毛虫病その他の寄生虫病、中毒諸症、放線菌病、ブドウ菌腫、熱性諸症、外傷、炎症、変性、萎縮、奇形、臓器の異常な形、大きさ、硬さ、色又はにおい、注射反応（生物学的製剤により著しい反応を呈しているものに限る。）及び潤滑油又は炎性産物等による汚染

[95]　と畜場法3条1項
　この法律で「獣畜」とは、牛、馬、豚、めん羊及び山羊をいう。

同じ。）の肉，骨，乳，臓器及び血液
② 食鳥処理の事業の規制及び食鳥検査に関する法律15条4項各号[97]に掲げる疾病にかかり，若しくはその疑いがあり，同条項各号に掲げる異常があり，又はへい死した家きん（食鳥処理の事業の規制及び食鳥検査に関する法律2条1号に規定する食鳥[98]及び厚生労働省令で定めるその他の物をいう。以下同じ。）の肉，骨及び臓器
③ と畜場法14条6項各号又は食鳥処理の事業の規制及び食鳥検査に関する法律15条4項各号に掲げる疾病又は異常以外の疾病又は異常であって厚生労働省令で定めるものに掲げる疾病にかかり，若しくはその疑いがあり，それらに掲げる異常があり，又はへい死した獣畜の肉，骨，乳，臓器及び血液並びに家きんの肉，骨及び臓器

ただし，へい死した獣畜又は家きんの肉，骨及び臓器であって，当該職員が，人の健康を損なうおそれがなく飲食に適すると認めたものは，この限りでない（法10条1項但書）。人の健康を損なうおそれがなく飲食に適すると認める場合とは，健康な獣畜が不慮の災害により即死したときである（施行規則7条3項）。

獣畜の肉，乳及び臓器並びに家きんの肉及び臓器並びに厚生労働省令で定めるこれらの製品（以下この項において「獣畜の肉等」という。）は，輸出国の政府機関によって発行され，かつ，前項各号に掲げる疾病にかかり，若しくはその疑いがあり，同項各号に掲げる異常があり，又はへい死した獣畜の肉，乳若しくは臓器若しくは家きんの肉若しくは臓器又はこれらの製品でない旨その他厚生労働省令で定める事項（以下この項において「衛生事項」という。）を記載した証明書又はその写しを添付したものでなければ，これを食品として販売の用に

---

(96) 食品衛生法施行規則7条1項
　法第10条第1項に規定する厚生労働省令で定める獣畜は，水牛とする。
(97) 食鳥処理の事業の規制及び食鳥検査に関する法律15条4項
　前3項の規定による検査は，次に掲げるものの有無について行うものとする。
　一 家畜伝染病予防法（昭和26年法律第166号）第2条第1項に規定する家畜伝染病及び同法第4条第1項に規定する届出伝染病
　二 前号に掲げるもの以外の疾病であって厚生労働省令で定めるもの
　三 潤滑油の付着その他の厚生労働省令で定める異常
(98) 食鳥処理の事業の規制及び食鳥検査に関する法律2条1号
　食鳥　鶏，あひる，七面鳥その他一般に食用に供する家きんであって政令で定めるものをいう。（政令で定めるものは現在存在しない）。

供するために輸入してはならない（法10条2項本文）。厚生労働省令で定める製品は，以下のとおりである（施行規則8条）。

一　食肉製品
二　乳（乳及び乳製品の成分規格等に関する命令第2条第1項に規定する乳をいう。）及び乳製品（同令第2条第13項に規定する乳製品のうち，バターオイル，チーズ（プロセスチーズに限る。），アイスクリーム類，調製粉乳，調製液状乳，乳酸菌飲料及び乳飲料を除くものをいう。）

ただし，厚生労働省令で定める国から輸入する獣畜の肉等であって，当該獣畜の肉等に係る衛生事項が当該国の政府機関から電気通信回線を通じて，厚生労働省の使用に係る電子計算機（入出力装置を含む。）に送信され，当該電子計算機に備えられたファイルに記録されたものについては，この限りでない。厚生労働省令で定める国は，アメリカ合衆国，オーストラリア及びニュー・ジーランドである（施行規則11条）。

(7) 食品衛生上の危害の発生を防止するために特に重要な工程を管理するための措置が講じられた食品等以外の輸入禁止

食品衛生上の危害の発生を防止するために特に重要な工程を管理するための措置が講じられていることが必要なものとして厚生労働省令で定める食品又は添加物は，当該措置が講じられていることが確実であるものとして厚生労働大臣が定める国若しくは地域又は施設において製造し，又は加工されたものでなければ，これを販売の用に供するために輸入してはならない（法11条1項）。

「食品衛生上の危害の発生を防止するために特に重要な工程を管理するための措置」とは，コーデックス委員会のガイドラインに従ったHACCPに基づく衛生管理措置をいう。つまり輸入食品についてもHACCPに基づく衛生管理措置が講じられていることを求めているのがこの規定である。

厚生労働省令で定める食品又は添加物は，獣畜及び家きんの肉及び臓器である（施行規則11条の2第1項）。

【補足】　日本におけるHACCPの導入

HACCP（Hazard Analysis and Critical Conrol Point）とは，日本語では危害要因分析及び重要管理点といい，あらかじめ製品製造工程における危害要因を把握し（Hazard Analysis），危害要因を除去又は低減する重要な工程（Critical Conrol Point）を管理することにより，製品の安全性を確保するという衛生管理の手法をい

う。HACCPは1960年代にアメリカ航空宇宙局（NASA）において宇宙食の安全性を確保するために開発され1971年に公表された。国連食糧農業機関（FAO）及び世界保健機関（WHO）によって設置された消費者の健康の保護や食品の公正な貿易の確保等を目的とするコーデックス委員会において，1993年にHACCPガイドラインが策定された。このHACCPガイドラインが食品衛生管理の国際標準となっている。日本においても日本からの食品の輸出の増加や日本における外国人による日本食体験の増加などの日本の食品の国際化に対応するためには，日本における食品衛生管理が国際標準に適合している必要がある。このため平成30年の法改正によりHACCPに沿った衛生管理が制度化されることとなった。すなわち原則としてすべての食品等事業者は，HACCPに沿った衛生管理を実施しなければならないこととなった。

第6条各号に掲げる食品又は添加物のいずれにも該当しないことその他厚生労働省令で定める事項を確認するために生産地における食品衛生上の管理の状況の証明が必要であるものとして厚生労働省令で定める食品又は添加物は，輸出国の政府機関によって発行され，かつ，当該事項を記載した証明書又はその写しを添付したものでなければ，これを販売の用に供するために輸入してはならない（法11条2項）。厚生労働省令で定める食品又は添加物は，生食用のかき及びふぐである（施行規則11条の2第2項）

(8) 添加物の販売等の禁止

人の健康を損なうおそれのない場合として内閣総理大臣が食品衛生基準審議会の意見を聴いて[99]定める場合を除いては，添加物（天然香料及び一般に食品として飲食に供されている物であって添加物として使用されるものを除く。）並びにこれを含む製剤及び食品は，これを販売し，又は販売の用に供するために，製造し，輸入し，加工し，使用し，貯蔵し，若しくは陳列してはならない（法12条）。つまり安全性が確認されない限り，添加物の販売等を禁止するという規定である。人の健康を損なうおそれのない添加物については，施行規則別表第1においてL-アスコルビン酸やクエン酸などの476品目が列挙されている（施行規則12条）。

(9) 食品又は添加物の基準及び規格の策定

内閣総理大臣[100]は，公衆衛生の見地から，食品衛生基準審議会の意見を聴

---

(99) 令和5年改正前の法では「厚生労働大臣が薬事・食品衛生審議会の意見を聴いて」と定められていたが，令和5年の法改正により現行の規定となった。
(100) 内閣総理大臣の権限は消費者庁長官に委任されるので（法80条3項），実際には消費者庁長官が定める（その他の内閣総理大臣の権限も同様）。

いて⁽¹⁰¹⁾，販売の用に供する食品若しくは添加物の製造，加工，使用，調理若しくは保存の方法につき基準を定め，又は販売の用に供する食品若しくは添加物の成分につき規格を定めることができる（法13条1項）。

これにより「食品，添加物等の規格基準」（昭和34年厚生省告示第370号）及び「乳及び乳製品の成分規格等に関する命令」⁽¹⁰²⁾（昭和26年厚生省令第52号）が定められている。

前項の規定により基準又は規格が定められたときは，その基準に合わない方法により食品若しくは添加物を製造し，加工し，使用し，調理し，若しくは保存し，その基準に合わない方法による食品若しくは添加物を販売し，若しくは輸入し，又はその規格に合わない食品若しくは添加物を製造し，輸入し，加工し，使用し，調理し，保存し，若しくは販売してはならない（法13条2項）。

農薬（農薬取締法第2条第1項に規定する農薬をいう。），飼料の安全性の確保及び品質の改善に関する法律第2条第3項の規定に基づく農林水産省令で定める用途に供することを目的として飼料（同条第2項に規定する飼料をいう。）に添加，混和，浸潤その他の方法によって用いられる物及び医薬品，医療機器等の品質，有効性及び安全性の確保等に関する法律第2条第1項に規定する医薬品であって動物のために使用されることが目的とされているものの成分である物質（その物質が化学的に変化して生成した物質を含み，人の健康を損なうおそれのないことが明らかであるものとして内閣総理大臣が定める物質⁽¹⁰³⁾を除く。）が，人の健康を損なうおそれのない量として内閣総理大臣が食品衛生基準審議会の意見を聴いて⁽¹⁰⁴⁾定める量を超えて残留する食品は，これを販売の用に供するために製造し，輸入し，加工し，使用し，調理し，保存し，又は販売してはならない（法13条3項本文）。つまり人の健康を損なうおそれのないことが明らかであるものとして内閣総理大臣が定める物質を除く農薬，飼料添加物及び動物用医薬品の成分物質が人の健康を損なうおそれのない量として内閣総理大

---

(101) 令和5年改正前の法では，厚生労働大臣が，薬事・食品衛生審議会の意見を聴いて定めることになっていたが，令和5年の法改正により現行の規定となった。
(102) 令和6年改正前は「乳及び乳製品の成分規格等に関する省令」であったが，令和6年4月1日より現在の名前に改称された。
(103) 令和5年改正前の法では厚生労働大臣が定めることになっていたが，令和5年の法改正により現行の規定となった。
(104) 令和5年改正前の法では，厚生労働大臣が薬事・食品衛生審議会の意見を聴いて定めることになっていたが，令和5年の法改正により現行の規定となった。

臣が食品衛生基準審議会の意見を聴いて定める量を越えて残留する食品の販売等が禁止されている。

　人の健康を損なうおそれのないことが明らかであるものとして内閣総理大臣が定める物質については令和6年の時点で亜鉛，アザジラクチン，アスコルビン酸等79品目が指定されている（「食品衛生法第13条第3項の規定により人の健康を損なうおそれのないことが明らかであるものとして内閣総理大臣が定める物質」平成17年11月29日厚生労働省告示第498号[105]）。また人の健康を損なうおそれのない量として内閣総理大臣が食品衛生基準審議会の意見を聴いて定める量については0.01ppm と定められている（「食品衛生法第13条第3項の規定により人の健康を損なうおそれのない量として内閣総理大臣が定める量」平成17年11月29日厚生労働省告示第497号[106]）。

　ただし，当該物質の当該食品に残留する量の限度について第1項の食品の成分に係る規格が定められている場合については，この限りでない（法13条3項但書）。つまり**成分規格において残留基準が定められている農薬等についてのみ，人の健康を損なうおそれのない量として内閣総理大臣が定める量を超えてその残留する食品の販売等を認めるといういわゆるポジティブ・リスト制度が採用されている**[107]。

⑽ 一般的衛生管理基準及び重要工程管理基準

　厚生労働大臣は，営業（器具又は容器包装を製造する営業及び食鳥処理の事業の規制及び食鳥検査に関する法律第2条第5号に規定する食鳥処理の事業を除く。）の施設の衛生的な管理その他公衆衛生上必要な措置（以下この条において「公衆衛

---

(105) 制定当初の名称は「食品衛生法第11条第3項の規定により人の健康を損なうおそれのないことが明らかであるものとして厚生労働大臣が定める物質」であったが，食品衛生法の改正に合わせて数度改称され，「生活衛生等関係行政の機能強化のための関係法律の整備に関する法律の施行に伴う厚生労働省関係告示の整理に関する告示」令和6年3月29日厚生労働省告示第171号により現行のものに改称された。

(106) 制定当初の名称は「食品衛生法第11条第3項の規定により人の健康を損なうおそれのない量として厚生労働大臣が定める量」であったが，食品衛生法の改正に合わせて数度改称され，「生活衛生等関係行政の機能強化のための関係法律の整備に関する法律の施行に伴う厚生労働省関係告示の整理に関する告示」令和6年3月29日厚生労働省告示第171号により現行のものに改称された。

(107) 平成15年改正前の法では，残留基準が定められている農薬等が残留基準を超えて残留する食品の販売等は禁止されるが，残留基準が定められていない農薬等が残留する食品の販売等は禁止されないという，いわゆるネガティブ・リスト制度が採用されていた。

生上必要な措置」という。）について，厚生労働省令で，次に掲げる事項に関する基準を定めるものとする（法51条１項）。

一　施設の内外の清潔保持，ねずみ及び昆虫の駆除その他**一般的な衛生管理**に関すること。

二　食品衛生上の危害の発生を防止するために特に重要な工程を管理するための取組（小規模な営業者（器具又は容器包装を製造する営業者及び食鳥処理の事業の規制及び食鳥検査に関する法律第６条第１項に規定する食鳥処理業者を除く。次項において同じ。）その他の政令で定める営業者にあっては，その取り扱う食品の特性に応じた取組）に関すること。

つまり**厚生労働大臣は食品等取扱事業者の一般的衛生管理基準及び重要工程管理基準（HACCPに基づく衛生管理基準）を定める**ことになっている。ただし**小規模な営業者については，その取り扱う食品の特性に応じた取組（HACCPの考え方を取り入れた衛生管理）でよい**とされている。小規模な営業者は，HACCPに基づく衛生管理を行うことが資金や人材などの点から難しいことがあるからである。

政令で定める小規模な営業者は，以下の通りである（食品衛生法施行令［以下，本章における施行令］34条の２）。

一　食品を製造し，又は加工する営業者であって，食品を製造し，又は加工する施設に併設され，又は隣接した店舗においてその施設で製造し，又は加工した食品の全部又は大部分を小売販売するもの［例えばパンやケーキなどを店内で製造して販売するような店］

二　飲食店営業（食品を調理し，又は設備を設けて客に飲食させる営業をいう。）又は調理の機能を有する自動販売機（容器包装に入れられず，又は容器包装で包まれない状態の食品に直接接触するものに限る。）により食品を調理し，調理された食品を販売する営業を行う者その他の食品を調理する営業者であって厚生労働省令で定めるもの[108]

---

(108)　厚生労働省令では，以下のものが定められている（施行規則66条の３）。
　　　　一　令第35条第１号に規定する飲食店営業を行う者（喫茶店営業（喫茶店，サロンその他設備を設けて酒類以外の飲物又は茶菓を客に飲食させる営業をいう。）を行う者及び法第68条第３項に規定する学校，病院その他の施設［営業以外で継続的に不特定又は多数の者に食品を供与する施設］における当該施設の設置者又は管理者を含む。）
　　　　二　令第35条第２号に規定する調理の機能を有する自動販売機により食品を調理し，

三　容器包装に入れられ，又は容器包装で包まれた食品のみを貯蔵し，運搬し，又は販売する営業者
四　前3号に掲げる営業者のほか，食品を分割して容器包装に入れ，又は容器包装で包み，小売販売する営業者その他の法第51条第1項第1号に規定する施設の内外の清潔保持，ねずみ及び昆虫の駆除その他一般的な衛生管理並びに同項第2号に規定するその取り扱う食品の特性に応じた取組により公衆衛生上必要な措置を講ずることが可能であると認められる営業者であって厚生労働省令で定めるもの[109]

一般衛生管理基準については，施行規則別表17において定められている（施行規則66条の2第1項）。別表17においては以下の事項に関する基準が定められている。

一　食品衛生責任者等の選任
二　施設の衛生管理
三　設備等の衛生管理
四　使用水等の管理
五　ねずみ及び昆虫対策
六　廃棄物及び排水の取扱い
七　食品又は添加物を取り扱う者の衛生管理

　　　　調理された食品を販売する営業を行う者
　　三　令第35条第11号に規定する菓子製造業［複合型そうざい製造業及び複合型冷凍食品製造業を除く，パン及びあん類を含む菓子を製造する営業］のうち，パン（比較的短期間に消費されるものに限る。）を製造する営業を行う者
　　四　令第35条第25号に規定するそうざい製造業を行う者
　　五　調理の機能を有する自動販売機により食品を調理し，調理された食品を販売する営業を行う者（第1号又は第2号に規定する営業を行う者を除く。）
[109]　厚生労働省令では，以下の者が定められている（施行規則66条の4）。
　　一　食品を分割し，容器包装に入れ，又は容器包装で包み販売する営業を行う者［例えばコーヒーやお茶の量り売り］
　　二　前号に掲げる営業者のほか，食品を製造し，加工し，貯蔵し，販売し，又は処理する営業を行う者のうち，食品の取扱いに従事する者の数が50人未満である事業場（以下この号において「小規模事業場」という。）を有する営業者。ただし，当該営業者が，食品の取扱いに従事する者の数が50人以上である事業場（以下この号において「大規模事業場」という。）を有するときは，法51条第1項第2号に規定する取り扱う食品の特性に応じた取組に関する同項の厚生労働省令で定める基準は，当該営業者が有する小規模事業場についてのみ適用し，当該営業者が有する大規模事業場については，適用しないものとする。

八　検食の実施
九　情報の提供
十　回収・廃棄
十一　運搬
十二　販売
十三　教育訓練
十四　その他（記録の作成及び保存）

　重要工程管理基準については，施行規則別表18において定められている（施行規則66条の2第2項）。別表18においては以下のような基準が定められている。

一　危害要因の分析
　食品又は添加物の製造，加工，調理，運搬，貯蔵又は販売の工程ごとに，食品衛生上の危害を発生させ得る要因（以下この表において「危害要因」という。）の一覧表を作成し，これらの危害要因を管理するための措置（以下この表において「管理措置」という。）を定めること。

二　重要管理点の決定
　前号で特定された危害要因につき，その発生を防止し，排除し，又は許容できる水準にまで低減するために管理措置を講ずることが不可欠な工程（以下この表において「重要管理点」という。）を決定すること。

三　管理基準の設定
　個々の重要管理点における危害要因につき，その発生を防止し，排除し，又は許容できる水準にまで低減するための基準（以下この表において「管理基準」という。）を設定すること。

四　モニタリング方法の設定
　重要管理点の管理について，連続的な又は相当の頻度による実施状況の把握（以下この表において「モニタリング」という。）をするための方法を設定すること。

五　改善措置の設定
　個々の重要管理点において，モニタリングの結果，管理基準を逸脱したことが判明した場合の改善措置を設定すること。

六　検証方法の設定
　前各号に規定する措置の内容の効果を，定期的に検証するための手順を定めること。

七　記録の作成

営業の規模や業態に応じて，前各号に規定する措置の内容に関する書面とその実施の記録を作成すること。

八　令第34条の2に規定する営業者［小規模営業者］

令第34条の2に規定する営業者（第66条の4第2号に規定する規模の添加物を製造する営業者を含む。）にあっては，その取り扱う食品の特性又は営業の規模に応じ，前各号に掲げる事項を簡略化して公衆衛生上必要な措置を行うことができる。

営業者は，前項の規定により定められた基準に従い，厚生労働省令で定めるところにより公衆衛生上必要な措置を定め，これを遵守しなければならない（法51条2項）。

厚生労働省令で定める公衆衛生上必要な措置とは，以下の通りである（施行規則66条の2第3項）。

一　食品衛生上の危害の発生の防止のため，施設の衛生管理及び食品又は添加物の取扱い等に関する計画（以下「衛生管理計画」という。）を作成し，食品又は添加物を取り扱う者及び関係者に周知徹底を図ること。

二　施設設備，機械器具の構造及び材質並びに食品の製造，加工，調理，運搬，貯蔵又は販売の工程を考慮し，これらの工程において公衆衛生上必要な措置を適切に行うための手順書（以下「手順書」という。）を必要に応じて作成すること。

三　衛生管理の実施状況を記録し，保存すること。なお，記録の保存期間は，取り扱う食品又は添加物が使用され，又は消費されるまでの期間を踏まえ，合理的に設定すること。

四　衛生管理計画及び手順書の効果を検証し，必要に応じてその内容を見直すこと。

◆ 5　器具及び包装容器

第3章において，器具及び包装容器に対する規制が定められている。具体的には以下のようなことが定められている。

① 営業上使用する器具及び包装容器の清潔かつ衛生保持義務（法15条）
② 有毒な器具又は包装容器の販売等の禁止（法16条）
③ 厚生労働大臣による特定の外国又は特定の者により製造される特定の有

毒な器具又は包装容器等の販売等の禁止（法17条）
④　内閣総理大臣[110]による器具又は包装容器の規格又は基準の策定（法18条1項）
⑤　規格又は基準に適合しない器具又は包装容器の販売等の禁止（法18条2項）
⑥　規格に定められていない政令で定める食品に溶出する原材料の使用禁止（法18条3項）
⑦　営業者の厚生労働大臣が定める一般衛生管理基準及び適正製造管理基準（GMP）[111]の遵守義務（法52条）

◆ 6　表示及び広告

　内閣総理大臣は，一般消費者に対する器具又は容器包装に関する公衆衛生上必要な情報の正確な伝達の見地から，消費者委員会の意見を聴いて，規格又は基準が定められた器具又は容器包装に関する表示につき，必要な基準を定めることができる（法19条1項）。前項の規定により表示につき**基準が定められた器具又は容器包装**は，その基準に合う表示がなければ，これを販売し，販売の用に供するために陳列し，又は営業上使用してはならない（同条2項）。

　販売の用に供する食品及び添加物に関する表示の基準については，食品表示法で定めるところによる（同条3項）。

　食品，添加物，器具又は容器包装に関しては，公衆衛生に危害を及ぼすおそれがある虚偽の又は誇大な表示又は広告をしてはならない（法20条）。

◆ 7　輸入届出

　販売の用に供し，又は営業上使用する食品，添加物，器具又は容器包装を輸入しようとする者は，厚生労働省令で定めるところにより，その都度厚生労働大臣に届け出なければならない（法27条）。

---

(110)　令和5年改正前の法では厚生労働大臣と定められていたが，令和5年の法改正により現行の規定となった。
(111)　GMP（Good Manufacturing Practice）とは，原材料の受け入れから製品の出荷までの全製造工程において適切な管理を行うことにより製品の品質及び安全性を確保するという品質管理を行うための基準をいう。

◆ 8　食品衛生管理者

　乳製品，第12条の規定により内閣総理大臣[112]が定めた添加物その他製造又は加工の過程において特に衛生上の考慮を必要とする食品又は添加物であって政令で定めるものの製造又は加工を行う営業者は，その製造又は加工を衛生的に管理させるため，その施設ごとに，専任の食品衛生管理者を置かなければならない（法48条1項本文）。ただし，営業者が自ら食品衛生管理者となって管理する施設については，この限りでない（同条項但書）。

　食品衛生管理者は，当該施設においてその管理に係る食品又は添加物に関してこの法律又はこの法律に基づく命令若しくは処分に係る違反が行われないように，その食品又は添加物の製造又は加工に従事する者を監督しなければならない（同条3項）。食品衛生管理者は，前項に定めるもののほか，当該施設においてその管理に係る食品又は添加物に関してこの法律又はこの法律に基づく命令若しくは処分に係る違反の防止及び食品衛生上の危害の発生の防止のため，当該施設における衛生管理の方法その他の食品衛生に関する事項につき，必要な注意をするとともに，営業者に対し必要な意見を述べなければならない（同条4項）。営業者は，その施設に食品衛生管理者を置いたときは，前項の規定による食品衛生管理者の意見を尊重しなければならない（同条5項）。

　次の各号のいずれかに該当する者でなければ，食品衛生管理者となることができない（同条6項）。

一　医師，歯科医師，薬剤師又は**獣医師**
二　学校教育法に基づく大学，旧大学令に基づく大学又は旧専門学校令に基づく専門学校において医学，歯学，薬学，獣医学，畜産学，水産学又は農芸化学の課程を修めて卒業した者（当該課程を修めて同法に基づく専門職大学の前期課程を修了した者を含む。）
三　都道府県知事の登録を受けた食品衛生管理者の養成施設において所定の課程を修了した者
四　学校教育法に基づく高等学校若しくは中等教育学校若しくは旧中等学校令に基づく中等学校を卒業した者又は厚生労働省令で定めるところによりこれらの者と同等以上の学力があると認められる者で，第1項の規定により食品

---

[112]　令和5年改正前の法では厚生労働大臣と定められていたが，令和5年の法改正により現行の規定となった。

衛生管理者を置かなければならない製造業又は加工業において食品又は添加物の製造又は加工の衛生管理の業務に3年以上従事し，かつ，都道府県知事の登録を受けた講習会の課程を修了した者

◆ 9 食品衛生監視員
(1) 任命及び職務
第28条第1項に規定する当該職員の職権及び食品衛生に関する指導の職務を行わせるために，**厚生労働大臣，内閣総理大臣又は都道府県知事等は，その職員のうちから食品衛生監視員を命ずる**ものとする（法30条1項）。

第28条第1項に規定する当該職員の職権は，以下の通りである。
① 営業の場所，事務所，倉庫その他の場所の**臨検**
② 販売の用に供し，又は営業上使用する食品，添加物，器具又は容器包装，営業の施設，帳簿書類その他の物件の**検査**
③ 試験の用に供するのに必要な限度において，販売の用に供し，又は営業上使用する食品，添加物，器具又は容器包装の**無償収去**

都道府県知事等は，都道府県等食品衛生監視指導計画の定めるところにより，その命じた食品衛生監視員に監視指導を行わせなければならない（法30条2項）。

内閣総理大臣は，指針に従い，その命じた食品衛生監視員に食品，添加物，器具及び容器包装の表示又は広告に係る監視指導を行わせるものとする（同条3項）。

厚生労働大臣は，輸入食品監視指導計画の定めるところにより，その命じた食品衛生監視員に食品，添加物，器具及び容器包装の輸入に係る監視指導を行わせるものとする（同条4項）。

(2) 資　格
食品衛生監視員の資格その他食品衛生監視員に関し必要な事項は，政令で定めることになっている（法30条5項）。

政令では，食品衛生監視員は，次の各号のいずれかに該当する者でなければならないとされている（食品衛生法施行令9条1項）。

一 都道府県知事の登録を受けた食品衛生監視員の養成施設において，所定の課程を修了した者
二 医師，歯科医師，薬剤師又は**獣医師**

三　学校教育法に基づく大学若しくは高等専門学校，旧大学令に基づく大学又は旧専門学校令に基づく専門学校において医学，歯学，薬学，獣医学，畜産学，水産学又は農芸化学の課程を修めて卒業した者（当該課程を修めて同法に基づく専門職大学の前期課程を修了した者を含む。）
四　栄養士で2年以上食品衛生行政に関する事務に従事した経験を有するもの

◆ 章 末 問 題 ◆

問1 「食品衛生法」の規定に関する記述として誤っているのはどれか。（第74回獣医師国家試験改題）

1. 異物の混入によりヒトの健康を損なうものは食品として不適格である。
2. 食品のほか，食品に使う器具や容器包装も対象としている。
3. 全ての食品等事業者はHACCPに沿った衛生管理に取り組む必要がある。
4. 厚生労働大臣が食品中の残留農薬等の基準を定める。
5. 食品中の残留基準の対象には飼料添加物が含まれている。

問2 食品の国際規格を定めるのはどれか。（第67回獣医師国家試験）

1. 国際獣疫事務局（OIE）
2. 国連世界食糧計画（WFP）
3. 国連食糧農業機関（FAO）
4. 世界貿易機関（WTO）
5. コーデックス委員会（CAC）

◇ 章末問題の解説 ◇

問1　正答　4

1. 不潔，異物の混入又は添加その他の事由により人の健康を損なうおそれがある食品を販売することはできない。
2. 第3章において器具及び包装容器に対する規制が定められている。
3. 全ての食品等事業者は，HACCPに基づく衛生管理又はHACCPの考え方を取り入れた衛生管理（小規模営業者等）というHACCPに沿った衛生管理に取り組む必要がある。
4. 令和6年4月1日より内閣総理大臣が食品中の残留農薬等の基準を定める。
5. 内閣総理大臣は，農薬，飼料添加物及び動物用医薬品の農薬，飼料及び動物用医薬品の成分物質について残留基準を定める。

問2　正答　5

　コーデックス委員会とは，消費者の健康の保護や食品の公正な貿易の確保等を目的とする機関であり，食品衛生管理の国際標準となっているHACCPガイドライン等の食品の国際規格を定めている。

◆第11章◆
その他の食品の安全性確保に関する法規

《本章の内容》

1. と畜場法
2. 食鳥処理の事業の規制及び食鳥検査に関する法律（食鳥検査法）

《本章の目標》

1. と畜検査の概要について説明できる。
2. 食鳥検査の概要について説明できる。

◆ 1　と 畜 場 法

(1) 目 的

　この法律は，と畜場の経営及び食用に供するために行う獣畜の処理の適正の確保のために公衆衛生の見地から必要な規制その他の措置を講じ，もって国民の健康の保護を図ることを目的とする（と畜場法1条）。

(2) 責 務

　国，都道府県及び保健所設置市は，家畜の生産の実態及び獣畜の疾病の発生の状況を踏まえ，食品衛生上の危害の発生を防止するため，食用に供するために行う獣畜の処理の適正の確保のために必要な措置を講じなければならない（と畜場法2条）。

(3) 定 義

① 獣 畜

　獣畜とは，牛，馬，豚，めん羊及び山羊をいう（と畜場法3条1項）。

② と畜場

と畜場とは，食用に供する目的で獣畜をとさつし，又は解体するために設置された施設をいう（同条2項）。

③ 一般と畜場

一般と畜場とは，通例として生後1年以上の牛若しくは馬又は1日に10頭を超える獣畜をとさつし，又は解体する規模を有すると畜場をいう（同条3項）。

④ 簡易と畜場

簡易と畜場とは，一般と畜場以外のと畜場をいう（同条4項）。

⑤ と畜業者

と畜業者とは，獣畜のとさつ又は解体の業を営む者をいう（同条5項）。

(4) と畜場設置許可

一般と畜場又は簡易と畜場は，都道府県知事（保健所設置市にあっては，市長。以下同じ。）の許可を受けなければ，設置してはならない（と畜場法4条1項）。

(5) と畜場の衛生管理

① 公衆衛生上必要な措置の策定及び遵守

厚生労働大臣は，と畜場の衛生的な管理その他公衆衛生上必要な措置（公衆衛生上必要な措置）について，厚生労働省令で，次に掲げる事項に関する基準を定めるものとする（と畜場法6条1項）。

一　と畜場の内外の清潔保持，汚物の処理，ねずみ及び昆虫の駆除その他一般的な衛生管理に関すること。

二　食品衛生上の危害の発生を防止するために特に重要な工程を管理するための取組に関すること。

と畜場の設置者又は管理者は，前項の規定による基準に従い，厚生労働省令で定めるところにより公衆衛生上必要な措置を定め，これを遵守しなければならない（同条2項）。

と畜場法6条1項2号はHACCPに基づく衛生管理を意味しており，同条2項よりと畜場においてもHACCPに基づく衛生管理を行うことが義務付けられている。その具体的な基準については，と畜場法施行規則3条2項において定められている。

② 衛生管理責任者の設置

と畜場の管理者（と畜場の管理者がいないと畜場にあっては，と畜場の設置者。

以下この項，第6項，次条及び第18条第1項第5号において同じ。）は，自ら衛生管理責任者となって管理する場合を除き，と畜場を衛生的に管理させるため，と畜場ごとに，衛生管理責任者を置かなければならない（と畜場法7条1項）。

　衛生管理責任者は，と畜場の衛生管理に関してこの法律又はこの法律に基づく命令若しくは処分に係る違反が行われないように，当該と畜場の衛生管理に従事する者を監督し，当該と畜場の構造設備を管理し，その他当該と畜場の衛生管理につき，必要な注意をしなければならない（同条2項）。また，衛生管理責任者は，と畜場の衛生管理に関してこの法律又はこの法律に基づく命令若しくは処分に係る違反が行われないように，当該と畜場の衛生管理につき，当該と畜場の設置者又は管理者に対し必要な意見を述べなければならない（同条3項）。と畜場の設置者又は管理者は，前項の規定による衛生管理責任者の意見を尊重しなければならない（同条4項）。

　次の各号のいずれかに該当する者でなければ，衛生管理責任者となることができない（同条5項）。

一　獣医師
二　学校教育法に基づく大学，旧大学令に基づく大学又は旧専門学校令に基づく専門学校において獣医学又は畜産学の課程を修めて卒業した者（当該課程を修めて同法に基づく専門職大学の前期課程を修了した者を含む。）
三　学校教育法第57条に規定する者又は厚生労働省令で定めるところによりこれらの者と同等以上の学力があると認められる者で，と畜場の衛生管理の業務に3年以上従事し，かつ，都道府県又は保健所を設置する市が行う講習会の課程を修了した者

(6) と畜業者等による衛生措置

① 公衆衛生上必要な措置の策定及び遵守

　厚生労働大臣は，獣畜のとさつ又は解体の衛生的な管理その他公衆衛生上必要な措置（公衆衛生上必要な措置）について，厚生労働省令で，次に掲げる事項に関する基準を定めるものとする（と畜場法9条1項）。

一　と畜場内の清潔保持，汚物の処理，ねずみ及び昆虫の駆除その他一般的な衛生管理に関すること。
二　食品衛生上の危害の発生を防止するために特に重要な工程を管理ための取組に関すること。

　と畜業者その他獣畜のとさつ又は解体を行う者（以下「と畜業者等」という。）

は，前項の規定による基準に従い，厚生労働省令で定めるところにより公衆衛生上必要な措置を定め，これを遵守しなければならない（同条2項）。

と畜場法9条1項2号も，HACCPに基づく衛生管理を意味しており，同条2項より，**と畜業者等にもHACCPに基づく衛生管理を行うことが義務付けられている**。その具体的基準については，と畜場法施行規則7条2項において定められている。

と畜業者等は，自ら作業衛生責任者となって管理する場合を除き，獣畜のとさつ又は解体を衛生的に管理させるため，と畜場ごとに，作業衛生責任者を置かなければならない（同法10条1項）。第7条第2項から第7項までの規定及び第8条の規定は，作業衛生責任者について準用する（同条2項）。このため**獣医師は当然に作業衛生責任者になることができる**。

(7) と畜場の使用拒否等の制限

と畜場の設置者又は管理者は，正当な理由がなければ，獣畜のとさつ又は解体のためにと畜場を使用することを拒んではならない（と畜場法11条1項）。またと畜業者は，正当な理由がなければ，獣畜のとさつ又は解体を拒んではならない（同条2項）。と畜場及びと畜業は採算性等の問題によりその設置又は実施が困難であるため事実上の独占となる可能性が高いことから，正当な理由がない限りと畜場の使用又は獣畜のとさつ等を拒否できないことになっている。

(8) 獣畜のとさつ又は解体

何人も，以下の場合を除き，と畜場以外の場所において，食用に供する目的で獣畜をとさつしてはならない（と畜場法13条1項）。

一　食肉販売業その他食肉を取り扱う営業で厚生労働省令で定めるもの[113]を営む者以外の者が，あらかじめ，厚生労働省令で定めるところにより，都道府県知事に届け出て，主として自己及びその同居者の食用に供する目的で，獣畜（生後1年以上の牛及び馬を除く。）をとさつする場合

二　獣畜が不慮の災害により，負傷し，又は救うことができない状態に陥り，直ちにとさつすることが必要である場合

---

(113) 厚生労働省令では，以下のものが定められている（と畜場法施行規則9条）。
　　一　食肉処理業
　　二　食肉製品製造業
　　三　飲食店営業
　　四　そうざい製造業

三　獣畜が難産，産褥麻痺又は急性鼓張症その他厚生労働省令で定める疾病にかかり，直ちにとさつすることが必要である場合

四　その他政令で定める場合[114]

前項第1号又は第4号の規定によりと畜場以外の場所においてとさつした獣畜を解体する場合を除き，**何人も，と畜場以外の場所において，食用に供する目的で獣畜を解体してはならない**（と畜場法13条2項）。

(9) と畜検査

と畜場においては，**都道府県知事の行う検査を経た獣畜以外の獣畜をとさつしてはならない**（生体検査。と畜場法14条1項）。

と畜場においては，**とさつ後都道府県知事の行う検査を経た獣畜以外の獣畜を解体してはならない**（解体前検査。同条2項）。

次の各号のいずれかに該当するときを除き，と畜場内で解体された**獣畜の肉，内臓，血液，骨及び皮は，都道府県知事の行う検査を経た後でなければ，と畜場外に持ち出してはならない**（解体後検査。同条3項）。

一　この項本文に規定する検査のため必要があると認められる場合において都道府県（保健所を設置する市にあっては，市。以下同じ。）の職員が解体された獣畜の肉，内臓，血液，骨又は皮の一部を持ち出すとき。

二　厚生労働省令で定める疾病[115]の有無についてのこの項本文に規定する検査を行う場合において都道府県知事の許可を得て獣畜の皮を持ち出すときその他の衛生上支障がない場合として政令で定めるとき[116]。

---

[114]　政令では，以下の場合が定められている（と畜場法施行令4条）
　　一　災害その他の事故により，と畜場が滅失し，又はその設備がき損し，と畜場以外の場所においてとさつすることがやむを得ない場合
　　二　離島であるため，その他土地の状況により，と畜場以外の場所においてとさつすることがやむを得ない場合であって，かつ，都道府県知事が指定した地域において，又は都道府県知事の許可を受けて獣畜をとさつする場合

[115]　厚生労働省令では，伝達性海綿状脳症のうち牛に係るものが定められている（と畜場法施行規則11条）。

[116]　政令では，以下の場合が定められている（と畜場法施行令5条1項）。
　　一　法14条第3項第2号の厚生労働省令で定める疾病の有無についての同項本文に規定する検査（次号及び第3号において「解体後検査」という。）を行う場合において，都道府県知事の許可を得て皮革の原料として牛の皮を持ち出すとき。
　　二　解体後検査を行う場合において，都道府県知事の許可を得て牛の改良増殖（学術研究の用に供する場合を含む。）の目的のために牛の卵巣を持ち出すとき。
　　三　解体後検査を行う場合において，都道府県知事の許可を得て獣畜の肉，内臓，血

つまりと畜場における検査(いわゆると畜検査)は，生体検査，解体前検査，解体後検査の3回行われることになる。

　前3項の規定は，都道府県知事が特に検査を要しないものと認めた場合を除き，前条第1項第4号［政令で定める場合］又はこれに係る同条第2項ただし書の規定によりと畜場以外の場所で獣畜のとさつ又は解体が行われる場合に準用する。この場合において，前項中「と畜場外」とあるのは，「獣畜の解体を行つた場所外」と読み替えるものとする(同条4項)。

　前各項に規定する都道府県知事の権限に属する事務のうち，政令で定める疾病[117]の有無についての検査に係るものは，前各項の規定にかかわらず，政令で定めるところにより，都道府県知事及び厚生労働大臣が行う[118](同条5項)。

　前各項の規定による検査は，次に掲げるものの有無について行うものとする

　　　　液，骨又は皮(以下この号から第5号までにおいて「獣畜の肉等」という。)の所有者又は管理者が焼却するために獣畜の肉等の全部又は一部を持ち出すとき。
　　四　食品衛生監視員が食品衛生法第28条第1の規定により獣畜の肉等の一部を収去するとき。
　　五　家畜防疫官又は家畜防疫員が家畜伝染病予防法第51条第1項の規定により獣畜の肉等の一部を採取し，又は集取して持ち出すとき。
(117)　政令では，伝達性海綿状脳症のうち牛，めん羊及び山羊に係るものが定められている（と畜場法施行令6条1項)。
(118)　政令では，次のように定められている。
　①　都道府県知事が行う事務（と畜場法施行令6条2項)
　　一　前項に規定する疾病の有無についての法第14条第1項及び第2項（同条第四項において準用する場合を含む。)の規定による検査［生体検査及び解体前検査］
　　二　前項に規定する疾病のうち厚生労働省令で定めるもの［伝達性海綿状脳症のうち牛，めん羊及び山羊に係るもの。と畜場法施行規則11条］の有無についての法第14条第3項（同条第4項において準用する場合を含む。次項において同じ。)の規定による検査［解体後検査］のうち，確認検査（疾病にかかっていることを確認するために高度な方法により行う検査をいう。以下同じ。）を実施する必要があるものを発見するために簡易な方法により行う検査
　②　厚生労働大臣が行う事務（と畜場法施行令6条3項)
　　第1項に規定する疾病［伝達性海綿状脳症のうち牛，めん羊及び山羊に係るもの］の有無についての法第14条第3項の規定による検査［解体後検査］（前項第2号の厚生労働省令で定める疾病の有無についての検査にあっては，確認検査に限る。)
　③　例外（と畜場法施行令6条4項)
　　前2項の規定にかかわらず，確認検査（当該確認検査の結果の判断に係る部分を除く。以下この項において同じ。)を適確に実施するに足りる技術的能力を有すると厚生労働大臣が認める都道府県においては，前項の規定により厚生労働大臣が行うこととされている確認検査を都道府県知事が行うことができる。

(と畜場法14条6項)。
一　家畜伝染病予防法第2条第1項に規定する家畜伝染病及び同法第4条第1項に規定する届出伝染病
二　前号に掲げるもの以外の疾病であって厚生労働省令で定めるもの
三　潤滑油の付着その他の厚生労働省令で定める異常

　厚生労働省令で定める疾病及び異常は，と畜場法施行規則の別表第3において定められている（と畜場法施行規則14条)[119]。

(10) 譲受けの禁止

　何人も，第13条第2項の規定に違反してと畜場以外の場所で解体された獣畜の肉若しくは内臓，又は前条第3項（同条第4項において準用する場合及び同条第5項の規定の適用がある場合を含む。）の規定に違反して持ち出された獣畜の肉若しくは内臓を，食品として販売（不特定又は多数の者に対する販売以外の授与を含む。）の用に供する目的で譲り受けてはならない（と畜場法15条）。

(11) とさつ解体の禁止等

　都道府県知事は，第14条の規定による検査の結果，獣畜が疾病にかかり，若しくは異常があり食用に供することができないと認めたとき，又は当該獣畜により若しくは当該獣畜のとさつ若しくは解体により病毒を伝染させるおそれがあると認めたときは，公衆衛生上必要な限度において，次に掲げる措置をとることができる（と畜場法16条）。
一　当該獣畜のとさつ又は解体を禁止すること。
二　当該獣畜の所有者若しくは管理者，と畜場の設置者若しくは管理者，と畜業者その他の関係者に対し，**当該獣畜の隔離**，と畜場内の消毒その他の措置を講ずべきことを命じ，又は当該職員にこれらの措置を講じさせること。
三　当該獣畜の肉，内臓等の所有者若しくは管理者に対し，**食用に供することができないと認められる肉，内臓その他の獣畜の部分について廃棄その他の措置を講ずべきこと**を命じ，又は当該職員にこれらの措置を講じさせるこ

---

(119)　別表第3において定められている疾病及び異常は以下の通りである。
　　Q熱，悪性水腫，白血病，リステリア症，痘病，膿毒症，敗血症，尿毒症，黄疸，水腫，腫瘍，旋毛虫病その他の寄生虫病，中毒諸症，放線菌病，ブドウ菌腫，熱性諸症，外傷，炎症，変性，萎縮，奇形，臓器の異常な形，大きさ，硬さ，色又はにおい，注射反応（生物学的製剤により著しい反応を呈しているものに限る。）及び潤滑油又は炎性産物等による汚染

と。

(12) 報告の徴収等

都道府県知事は，この法律の施行に必要な限度において，と畜場の設置者若しくは管理者，と畜業者その他の関係者から**必要な報告を徴し**，又は当該職員に，と畜場若しくはと畜場の設置者若しくは管理者，と畜業者その他の関係者の**事務所，倉庫その他の施設に立ち入り，設備，帳簿，書類その他の物件を検査**させることができる（と畜場法17条1項）。

(13) と畜検査員

第14条に規定する検査の事務に従事させ，並びに第16条及び第17条第1項に規定する当該職員の職務並びに食用に供するために行う獣畜の処理の適正の確保に関する指導の職務を行わせるため，都道府県知事は，当該都道府県の職員のうちからと畜検査員を命ずるものとする（と畜場法19条1項）。

都道府県知事は，食品衛生法第24条第1項に規定する都道府県等食品衛生監視指導計画の定めるところにより，と畜検査員に前項に規定する事務又は職務を行わせなければならない（同条2項）。

と畜検査員の資格について必要な事項は，政令で定める（同条3項）。政令では，**と畜検査員は，獣医師でなければならない**と定められている（と畜場法施行令10条）。

◆ 2 食鳥処理の事業の規制及び食鳥検査に関する法律
（食鳥検査法）

(1) 目 的

食鳥検査法の目的は，食鳥処理の事業について公衆衛生の見地から必要な規制その他の措置を講ずるとともに，食鳥検査の制度を設けることにより，食鳥肉等に起因する衛生上の危害の発生を防止し，もって国民の健康の保護を図ることである（1条）。

(2) 国等の責務

国，都道府県，保健所設置市及び特別区は，家きんの生産の実態及び食鳥の疾病の発生の状況を踏まえ，食鳥肉等に起因する衛生上の危害の発生を防止するための必要な措置を講じなければならない（食鳥検査法1条の2）。

(3) 定　義
① 食　鳥
　食鳥とは，鶏，あひる，七面鳥その他一般に食用に供する家きんであって政令で定めるものをいう（食鳥検査法2条1号）。もっとも現在政令で定めるものはない。
② 食鳥とたい
　食鳥とたいとは，とさつし，及び羽毛を除去した食鳥であって，その内臓を摘出する前のものをいう（同条2号）。
③ 食鳥中抜とたい
　食鳥中抜とたいとは，食鳥とたいからその内臓を摘出したものをいう（同条3号）。
④ 食鳥肉等
　食鳥肉等とは，その内臓を摘出した後の食鳥の肉，内臓，骨及び皮をいう（同条4号）。
⑤ 食鳥処理
　食鳥処理とは，次に掲げる行為をいう（同条5号）。
　イ　食鳥をとさつし，及びその羽毛を除去すること。
　ロ　食鳥とたいの内臓を摘出すること。
⑥ 食鳥処理場
　食鳥処理場とは，食鳥処理を行うために設けられた施設をいう（同条6号）。

(4) 食鳥処理事業の許可
　食鳥処理の事業を営もうとする者は，食鳥処理場ごとに，当該食鳥処理場の所在地を管轄する都道府県知事（その所在地が保健所を設置する市又は特別区の区域にある場合にあっては，当該保健所を設置する市の市長又は特別区の区長。以下同じ。）の許可を受けなければならない（食鳥検査法3条）。

(5) 食鳥処理業者の遵守事項
① 衛生管理等の基準の遵守
　厚生労働大臣は，食鳥処理場の衛生的な管理，食鳥，食鳥とたい，食鳥中抜とたい及び食鳥肉等の衛生的な取扱いその他公衆衛生上必要な措置（公衆衛生上必要な措置）について，厚生労働省令で，次に掲げる事項に関する基準を定めるものとする（食鳥検査法11条1項）。
　一　食鳥処理場の内外の清潔保持，ねずみ及び昆虫の駆除その他一般的な衛生

管理に関すること。
二　食品衛生上の危害の発生を防止するために特に重要な工程を管理するための取組（16条1項の認定を受けた食鳥処理業者にあっては，その食鳥処理をする食鳥の羽数に応じた取組）に関すること。

　食鳥処理業者は，前項の規定による基準に従い，厚生労働省令で定めるところにより公衆衛生上必要な措置を定め，これを遵守しなければならない（同条2項）。

　食鳥検査法11条1項2号はHACCPに基づく衛生管理（認定食鳥処理業者についてはHACCPの考え方を取り入れた衛生管理）を意味しており，同条2項により**食鳥業者にもHACCPに基づく衛生管理（認定食鳥処理業者にはHACCPの考え方を取り入れた衛生管理）を行うことが義務付けられている**。その具体的な基準については，食鳥検査法施行規則別表第4において定められている（食鳥検査法施行規則4条2項）。

②　食鳥処理衛生管理者の設置

　食鳥処理業者は，食鳥処理を衛生的に管理させるため，食鳥処理場ごとに，厚生労働省令で定めるところにより，食鳥処理衛生管理者を置かなければならない（食鳥検査法12条1項）。

　食鳥処理衛生管理者は，食鳥処理に関してこの法律又はこの法律に基づく命令若しくは処分に係る違反が行われないように，食鳥処理に従事する者を監督し，食鳥処理場の構造設備を管理し，その他食鳥処理につき，必要な注意をしなければならない（同条2項）。また食鳥処理衛生管理者は，食鳥処理に関してこの法律又はこの法律に基づく命令若しくは処分に係る違反が行われないように，食鳥処理につき，食鳥処理業者に対し必要な意見を述べなければならない（同条3項）。食鳥処理業者は，前項の規定による食鳥処理衛生管理者の意見を尊重しなければならない（同条4項）。

　次の各号のいずれかに該当する者でなければ，食鳥処理衛生管理者となることができない（同条5項）。

一　獣医師
二　学校教育法に基づく大学，旧大学令に基づく大学又は旧専門学校令に基づく専門学校において獣医学又は畜産学の課程を修めて卒業した者（当該課程を修めて同法に基づく専門職大学の前期課程を修了した者を含む。）
三　都道府県知事の登録を受けた食鳥処理衛生管理者の養成施設において所定

第11章　その他の食品の安全性確保に関する法規

の課程を修了した者
四　学校教育法第57条に規定する者又は厚生労働省令で定めるところによりこれらの者と同等以上の学力があると認められる者で，食鳥処理の業務に3年以上従事し，かつ，都道府県知事の登録を受けた講習会の課程を修了した者

(6) 食鳥検査等
① 食 鳥 検 査

食鳥処理業者は，食鳥をとさつしようとするときは，その食鳥の生体の状況について都道府県知事が行う検査を受けなければならない（生体検査。食鳥検査法15条1項）。

食鳥処理業者は，**食鳥とたいの内臓を摘出しようとするときは，その食鳥とたいの体表の状況について都道府県知事が行う検査**（以下「脱羽後検査」という。）**を受けなければならない**（同条2項）。

食鳥処理業者は，食鳥とたいの内臓を摘出したときは，その内臓及び食鳥中抜とたいの体壁の内側面の状況について都道府県知事が行う検査（以下「内臓摘出後検査」という。）を受けなければならない（同条3項）。

つまり**食鳥検査は，生体検査，脱羽後検査，内臓摘出後検査の3回行われる。**

前3項の規定による検査は，次に掲げるものの有無について行うものとする（同条4項）。

一　家畜伝染病予防法第2条第1項に規定する家畜伝染病及び同法第4条第1項に規定する届出伝染病
二　前号に掲げるもの以外の疾病であって厚生労働省令で定めるもの
三　潤滑油の付着その他の厚生労働省令で定める異常

厚生労働省令で定める疾病又は異常は，食鳥検査法施行規則の別表第7に定められている[120]（食鳥検査法施行規則25条）。

---

[120] 別表第7において定められている疾病又は異常は，以下のとおりである。
　狂犬病，封入体肝炎，オウム病，大腸菌症，伝染性コリーザ，豚丹毒菌症，サルモネラ症，ブドウ球菌症，リステリア症，毒血症，膿毒症，敗血症，真菌病，原虫病（トキソプラズマ症を除く。），トキソプラズマ症，寄生虫病，変性，尿酸塩沈着症，水腫，腹水症，出血，炎症，萎縮，腫瘍（マレック病及び鶏白血病を除く。），臓器の異常な形，大きさ，硬さ，色又はにおい，異常体温（著しい高熱（摂氏四十三度以上）又は低熱（摂氏四十度未満）を呈しているものに限り，日射病又は熱射病によるものを含む。），黄疸，外傷，中毒諸症（人体に有害のおそれのあるものに限る。），削痩及び発育不良

② 持出し等の禁止

都道府県職員による食鳥検査のための持ち出し等を除き，何人も，食鳥検査に合格した後又は前条第5項の厚生労働省令で定める基準に適合する旨の同項の確認がされた後でなければ，食鳥とたい，食鳥中抜とたい又は食鳥肉等を食鳥処理場の外に持ち出してはならない（食鳥検査法17条1項）。

③ 譲受けの禁止

何人も，食鳥処理場以外の場所で食鳥処理をした食鳥とたい，食鳥中抜とたい若しくは食鳥肉等又は前条の規定に違反して食鳥処理場の外に持ち出された食鳥とたい，食鳥中抜とたい若しくは食鳥肉等を，食品として販売（不特定又は多数の者に対する販売以外の授与を含む。次項において同じ。）の用に供する目的で譲り受けてはならない（食鳥検査法18条1項）。

④ 廃　棄　等

食鳥処理業者は，食鳥検査に合格しなかった食鳥，食鳥とたい，食鳥中抜とたい若しくは食鳥肉等又は第16条第5項の厚生労働省令で定める基準に適合しない旨の同項の確認がされた食鳥，食鳥とたい，食鳥中抜とたい若しくは食鳥肉等について，厚生労働省令で定めるところにより，遅滞なく，消毒，廃棄又は食用に供することができないようにする措置を講じなければならない（食鳥検査法19条）。

厚生労働省令では，各検査結果に基づく措置及び消毒措置が定められている（同法施行規則33条1項）。

都道府県知事は，前条に規定する食鳥が疾病にかかっているため若しくは同条に規定する食鳥とたい，食鳥中抜とたい若しくは食鳥肉等が疾病にかかった食鳥に係るものであるため，若しくは同条に規定する食鳥，食鳥とたい，食鳥中抜とたい若しくは食鳥肉等に異常があるため**食用に供することができないと認めるとき**，又は同条に規定する食鳥，食鳥とたい，食鳥中抜とたい若しくは食鳥肉等により若しくは同条に規定する食鳥のとさつ，羽毛の除去若しくは内臓の摘出により**病原体が伝染するおそれがあると認めるとき**は，公衆衛生上必要な限度において，次に掲げる措置を採ることができる。ただし，同条に規定する消毒，廃棄又は食用に供することができないようにする措置により，次に

（著しいものに限る。），生物学的製剤の投与で著しい反応を呈した状態，潤滑油又は炎性産物等による汚染，放血不良，湯漬過度（湯漬が原因で，肉が煮えたような外観を呈した状態をいう。）

掲げる措置の目的が達成される場合にあっては，この限りでない（食鳥検査法20条）。

一　当該食鳥のとさつ，羽毛の除去又は内臓の摘出を禁止すること。
二　当該食鳥の所有者若しくは管理者，食鳥処理業者その他の関係者に対し，当該食鳥の隔離，食鳥処理場内の消毒その他の措置を講ずべきことを命じ，又はその職員にこれらの措置を講じさせること。
三　その職員に，当該食鳥，食鳥とたい，食鳥中抜とたい又は食鳥肉等について廃棄その他の措置を講じさせること。

⑤　**食鳥検査等を実施する職員**

食鳥検査の事務，第20条及び前条第１項に規定する都道府県の職員の職務並びに食鳥処理に関する指導の職務は，食品衛生監視員，と畜検査員その他厚生労働省令で定める職員であって政令で定める資格を有するもののうちからあらかじめ都道府県知事が指定する者が行う（食鳥検査法39条１項）。政令で定める資格は，獣医師法の規定により獣医師の免許を受けている者とされている（同法施行令25条）。つまり**食鳥検査を実施する者は，獣医師であることが前提となる。**

都道府県知事は，食品衛生法第24条第１項に規定する都道府県等食品衛生監視指導計画の定めるところにより，前項の都道府県知事が指定する者に同項に規定する事務又は職務を行わせなければならない（同法39条２項）。

◆ 章 末 問 題 ◆

問1 「と畜場法」において獣畜に定められているのはどれか。(第73回獣医師国家試験)

1．鶏
2．馬
3．だちょう
4．イノシシ
5．しか

問2 法律で獣医師のみに認められている行為はどれか。(第72回獣医師国家試験)

1．と畜検査
2．和牛の人工授精
3．マウスを用いた動物実験
4．だちょう農場の経営
5．飼い主へのペット保険の勧誘

◇ 章末問題の解説 ◇

問1　正答　2

　「と畜場法」の対象である獣畜とは，牛，馬，豚，めん羊及び山羊をいう。

問2　正答　1

　と畜検査員の資格については政令で定めるとされ，政令ではと畜検査員は，獣医師でなければならないと定められている。

第6編

感染症予防関連法規

◆第12章◆
感染症の予防及び感染症の患者に対する医療に関する法律（感染症法）

《本章の内容》

1. 前文，目的及び基本理念
2. 立場ごとの責務
3. 感染症の定義及び分類
4. 感染症対策
5. 動物の輸入に関する措置
6. 特定病原体等に関する規制

《本章の目標》

1. 前文，目的及び基本理念の概要について説明できる。
2. 立場ごとの責務の概要について説明できる。
3. 感染症の定義並びに感染症の各分類の特徴及び分類間の差異について説明できる。
4. 感染症対策に関して獣医師が負う義務について説明できる。
5. 動物の輸入に関する措置の概要について説明できる。
6. 特定病原体等に関する規制の概要について説明できる。

◆ 1　前文，目的及び基本理念
(1) 前　文
　感染症法（以下，本章における法）には，その制定の趣旨や理念について説

明する前文が存在する。前文の概要は以下の通りである。

第1段及び第2段では，感染症は過去から現在に至るまで人類の脅威であり，その根絶が人類の悲願である旨が書かれている。第3段及び第4段では，我が国において過去に感染症患者に対する差別や偏見が存在したという教訓から，感染症患者等の人権を尊重しつつ感染症に対応することが求められると書かれている。第5段では，このような視点に立ちこれまでの施策を抜本的に見直し，感染症の予防及び感染症患者に対する医療に関する施策を推進するためにこの法律を制定すると書かれている。このように前文では**感染症対策における人権尊重の重要性**が強調されている。

(2) 目 的

この法は，感染症の予防及び感染症の患者に対する医療に関し必要な措置を定めることにより，感染症の発生を予防し，及びそのまん延の防止を図り，もって公衆衛生の向上及び増進を図ることを目的とする（法1条）。

(3) 基本理念

法では国及び地方公共団体が講ずる施策の基本理念として，以下の項目が定められている（法2条）。

① 感染症予防及びまん延防止を目的とする施策に関する国際的動向を踏まえる。
② 保健医療を取り巻く環境の変化，国際交流の進展等に即応する。
③ 新感染症その他の感染症に迅速かつ適確に対応することができるよう，感染症の患者等が置かれている状況を深く認識しする。
④ 感染症の患者の人権を尊重する。
⑤ 総合的かつ計画的に推進する。

◆ 2 立場ごとの責務

(1) 国及び地方公共団体の責務

国及び地方公共団体は，以下の措置を講ずべき努力義務を負う（法3条1項）。
① 感染症に関する正しい知識の普及
② 感染症に関する情報の収集，整理，分析及び提供
③ 感染症に関する研究の推進
④ 検査能力の向上
⑤ 感染症の予防に係る人材の育成及び資質の向上

⑥ 他の社会福祉施策と連携した感染症の患者に対する良好且つ適切な医療の提供

ただしこれらの措置を講じる場合，感染症の患者等の人権を尊重しなければならない。

また国及び地方公共団体は，地域の特性に配慮しつつ，感染症の予防に関する施策が総合的かつ迅速に実施されるよう，相互に連携を図らなければならない（同条2項）。

さらに国は以下の事項に関する体制整備及び国際的連携の確保の努力義務を負う（同条3項前段）。

① 感染症及び病原体等に関する情報の収集及び研究
② 感染症に係る医療のための医薬品の研究開発の推進
③ 当該医薬品の安定供給の確保
④ 病原体等の検査の実施

また国は，地方公共団体に対してその責務が十分に果たされるように必要な技術的及び財政的援助を与える努力義務を負う（同条項後段）。

(2) 国民の責務

国民の責務として以下のことが定めてられている（法4条）。

① 感染症に関する正しい知識を持ち，その予防に必要な注意を払う努力義務
② 感染症の患者等の人権が損なわれることがないようにする義務

感染症の患者等の人権が損なわれることがないようにする義務は努力義務ではなく法的義務であることには注意を要する（罰則はない）。

(3) 医師等の責務

医師その他の医療関係者は以下の努力義務を負う（法5条1項）

① 感染症の予防に関し国及び地方公共団体が講ずる施策に協力し，その予防に寄与する。
② 感染症の患者等が置かれている状況を深く認識し，良質かつ適切な医療を行うとともに，当該医療について適切な説明を行い，当該患者等の理解を得る。

病院等及び老人福祉施設等の開設者及び管理者は，当該施設において感染症が発生し，又はまん延しないように必要な措置を講ずる努力義務を負う（同条2項）。

(4) 獣医師等の責務

獣医師その他の獣医療関係者は，感染症の予防に関し国及び地方公共団体が講ずる施策に協力するとともに，その予防に寄与する努力義務を負う（法5条の2第1項）。

動物の販売業者及び展示業者等の動物等取扱業者は，その輸入し，保管し，貸出しを行い，販売し，又は展示する動物又はその死体が感染症を人に感染させることがないように，感染症の予防に関する知識及び技術の習得，動物又はその死体の適切な管理その他の必要な措置を講ずる努力義務を負う（同条2項）。

◆ 3　感染症の定義及び分類

(1) 感染症の定義

この法における感染症とは，1類感染症，2類感染症，3類感染症，4類感染症，5類感染症，新型インフルエンザ等感染症，指定感染症及び新感染症をいう（6条1項）。

(2) 感 染 症

感染症は以下のように分類されている（6条2～9項）。

【表1】感染症の分類

分類	疾病
1類	エボラ出血熱，クリミア・コンゴ出血熱，痘そう，南米出血熱，ペスト，マールブルグ病，ラッサ熱（法6条2項）
2類	急性灰白髄炎，結核，ジフテリア，重症急性呼吸器症候群（病原体がベータコロナウイルス属SARSコロナウイルスであるものに限る。），中東呼吸器症候群（病原体がベータコロナウイルス属MERSコロナウイルスであるものに限る。），鳥インフルエンザ（病原体がインフルエンザウイルスA属インフルエンザAウイルスであってその血清亜型が新型インフルエンザ等感染症（新型コロナウイルス感染症及び再興型コロナウイルス感染症を除く。）の病原体に変異するおそれが高いものの血清亜型として政令で定めるものであるものに限る。以下，「特定鳥インフルエンザ」という。）（法6条3項）

3類	コレラ,細菌性赤痢,腸管出血性大腸菌感染症,腸チフス,パラチフス(法6条4項)
4類	E型肝炎,A型肝炎,黄熱,Q熱,狂犬病,炭疽,鳥インフルエンザ(特定鳥インフルエンザを除く。),ボツリヌス症,マラリア,野兎病,前各号に掲げるもののほか,既に知られている感染性の疾病であって,動物又はその死体,飲食物,衣類,寝具その他の物件を介して人に感染し,前各号に掲げるものと同程度に国民の健康に影響を与えるおそれがあるものとして政令で定めるもの(政令では,ウエストナイル熱,エキノコックス症,エムポックス,オウム病,オムスク出血熱,回帰熱,キャサヌル森林病,コクシジオイデス症,ジカウイルス感染症,重症熱性血小板減少症候群(病原体がフレボウイルス属SFTSウイルスであるものに限る。),腎症候性出血熱,西部ウマ脳炎,ダニ媒介脳炎,チクングニア熱,つつが虫病,デング熱,東部ウマ脳炎,ニパウイルス感染症,日本紅斑熱,日本脳炎,ハンタウイルス肺症候群,Bウイルス病,鼻疽,ブルセラ症,ベネズエラウマ脳炎,ヘンドラウイルス感染症,発しんチフス,ライム病,リッサウイルス感染症,リフトバレー熱,類鼻疽,レジオネラ症,レプトスピラ症,ロッキー山紅斑熱が定められている。感染症の予防及び感染症の患者に対する医療に関する法律施行令[以下,本章における施行令]1条の2)(法6条5項)
5類	インフルエンザ(鳥インフルエンザ及び新型インフルエンザ等感染症を除く。),ウイルス性肝炎(E型肝炎及びA型肝炎を除く。),クリプトスポリジウム症,後天性免疫不全症候群,性器クラミジア感染症,梅毒,麻しん,メチシリン耐性黄色ブドウ球菌感染症,前各号に掲げるもののほか,既に知られている感染性の疾病(4類感染症を除く。)であって,前各号に掲げるものと同程度に国民の健康に影響を与えるおそれがあるものとして厚生労働省令で定めるもの(省令では,アメーバ赤痢,RSウイルス感染症,咽頭結膜熱,A群溶血性レンサ球菌咽頭炎,カルバペネム耐性腸内細菌目細菌感染症,感染性胃腸炎,急性呼吸器感染症(インフルエンザ(鳥インフルエンザ及び新型インフルエンザ等感染症を除く。),オウム病及びレジオネラ症並びにRSウイルス感染症,咽頭結膜熱,A群溶血性レンサ球菌咽頭炎,クラミジア肺炎(オウム病を除く。),新型コロナウイルス感染症(病原体がベータコロナウイルス属のコロナウイルス(令和2年1月に,中華人民共和国から世界保健機関に対して人に感染する能力を有することが新たに報告されたものに限る。)であるものに限る。),百日咳,

	ヘルパンギーナ及びマイコプラズマ肺炎に該当するものを除く。)(121)急性弛緩性麻痺（急性灰白髄炎を除く。)，急性出血性結膜炎，急性脳炎（ウエストナイル脳炎，西部ウマ脳炎，ダニ媒介脳炎，東部ウマ脳炎，日本脳炎，ベネズエラウマ脳炎及びリフトバレー熱を除く。)，クラミジア肺炎（オウム病を除く。)，クロイツフェルト・ヤコブ病，劇症型溶血性レンサ球菌感染症，細菌性髄膜炎（侵襲性インフルエンザ菌感染症，侵襲性髄膜炎菌感染症，侵襲性肺炎球菌感染症を除く。以下同じ。)，ジアルジア症，新型コロナウイルス感染症（病原体がベータコロナウイルス属のコロナウイルス（令和2年1月に，中華人民共和国から世界保健機関に対して，人に伝染する能力を有することが新たに報告されたものに限る。)であるものに限る。以下同じ。)，侵襲性インフルエンザ菌感染症，侵襲性髄膜炎菌感染症，侵襲性肺炎球菌感染症，水痘，性器ヘルペスウイルス感染症，尖圭コンジローマ，先天性風しん症候群，手足口病，伝染性紅斑，突発性発しん，播種性クリプトコックス症，破傷風，バンコマイシン耐性黄色ブドウ球菌感染症，バンコマイシン耐性腸球菌感染症，百日咳，風しん，ペニシリン耐性肺炎球菌感染症，ヘルパンギーナ，マイコプラズマ肺炎，無菌性髄膜炎，薬剤耐性アシネトバクター感染症，薬剤耐性緑膿菌感染症，流行性角結膜炎，流行性耳下腺炎，淋菌感染症が定められている。感染症の予防及び感染症の患者に対する医療に関する法律施行規則［以下，この章における施行規則］1条)。(法6条6項)。
新型インフルエンザ等感染症	新型インフルエンザ（新たに人から人に伝染する能力を有することとなったウイルスを病原体とするインフルエンザであって，一般に国民が当該感染症に対する免疫を獲得していないことから，当該感染症の全国的かつ急速なまん延により国民の生命及び健康に重大な影響を与えるおそれがあると認められるものをいう。)，再興型インフルエンザ（かつて世界的規模で流行したインフルエンザであってその後流行することなく長期間が経過しているものとして厚生労働大臣が定めるものが再興したものであって，一般に現在の国民の大部分が当該感染症に対する免疫を獲得していないことから，当該感染症の全国的かつ急速なまん延により国民の生命及び健康に重大な影響を与えるおそれがあると認められるものをいう。)，新型コロナウイルス感染症（新たに人から人に伝染

(121) 施行規則の一部を改正する省令（令和6年厚生労働省令第156号）により追加された（令和7年4月7日施行）。

	する能力を有することとなったコロナウイルスを病原体とする感染症であって，一般に国民が当該感染症に対する免疫を獲得していないことから，当該感染症の全国的かつ急速なまん延により国民の生命及び健康に重大な影響を与えるおそれがあると認められるものをいう。），再興型コロナウイルス感染症（かつて世界的規模で流行したコロナウイルスを病原体とする感染症であってその後流行することなく長期間が経過しているものとして厚生労働大臣が定めるものが再興したものであって，一般に現在の国民の大部分が当該感染症に対する免疫を獲得していないことから，当該感染症の全国的かつ急速なまん延により国民の生命及び健康に重大な影響を与えるおそれがあると認められるものをいう。）（法6条7項）
指定感染症	既に知られている感染性の疾病（1類感染症，2類感染症，3類感染症及び新型インフルエンザ等感染症を除く。）であって，第3章から第7章までの規定の全部又は一部を準用しなければ，当該疾病のまん延により国民の生命及び健康に重大な影響を与えるおそれがあるものとして政令で定めるもの[122]（法6条8項）
新感染症	人から人に伝染すると認められる疾病であって，既に知られている感染性の疾病とその病状又は治療の結果が明らかに異なるもので，当該疾病にかかった場合の病状の程度が重篤であり，かつ，当該疾病のまん延により国民の生命及び健康に重大な影響を与えるおそれがあると認められるもの[123]（法6条9項）

　上位の感染症の方が下位の感染症よりも強力な措置をとることができる。具体的には1類感染症から5類感染症までの間の法的措置の差異をまとめると以下の表のようになる。

---

[122]　令和2年に「新型コロナウイルス感染症を指定感染症として定める等の政令」（令和2年政令第11号）により，新型コロナウイルス感染症（病原体がベータコロナウイルス属のコロナウイルス（令和2年1月に，中華人民共和国から世界保健機関に対して，人に伝染する能力を有することが新たに報告されたものに限る。）であるものに限る。）が指定されたことがある。

[123]　平成15年に重症急性呼吸器症候群（SARS）が新感染症に指定されたことがある（厚生労働省健康局結核感染症課長通知「ハノイ・香港等における原因不明の『重症急性呼吸器症候群』の集団発生に伴う対応について（第5報）」平成15年4月3日付け健感発第0403001号。現在は2類感染症）。現在新感染症に指定されているものはない。

【表2】分類間の法的措置の差異　○…可，×…不可

分類	医師の届出義務（法12条）	消毒（法27条）・ねずみ等の駆除（法28条）命令	健康診断受診勧告（法17条）・就業制限（法18条）	入院勧告・強制入院措置（法19条・20条・26条1項）	建物立入制限（法32条）・交通制限（法33条）
1類	○	○	○	○	○
2類	○	○	○	○	×
3類	○	○	○	×	×
4類	○	○	×	×	×
5類	○	×	×	×	×

◆ 4　感染症対策

(1) 獣医師の届出義務

　獣医師は，1類感染症，2類感染症，3類感染症，4類感染症又は新型インフルエンザ等感染症のうちエボラ出血熱，マールブルグ病その他の政令で定める感染症ごとに当該感染症を人に感染させるおそれが高いものとして政令で定めるサルその他の動物について，当該動物が当該感染症にかかり，又はかかっている疑いがあると診断したときは，直ちに，当該動物の所有者（所有者以外の者が管理する場合においては，その者。）の氏名その他厚生労働省令で定める事項を最寄りの保健所長を経由して都道府県知事に届け出なければならない（法13条1項本文）。また前項の政令で定める動物の所有者は，獣医師の診断を受けない場合において，当該動物が同項の政令で定める感染症にかかり，又はかかっている疑いがあると認めたときは，同項の規定による届出を行わなければならない（同条2項本文）。ただし，いずれの場合も，当該動物が実験のために当該感染症に感染させられている場合は，この限りでない（同条1項但書・2項但書）。

　政令で定める感染症及び動物は表3の通りである（施行令5条）。

(2) 発生状況の調査等

　都道府県知事は，感染症の発生を予防し，又は感染症の発生の状況，動向及び原因を明らかにするため必要があると認めるときは，当該職員に1類感染

第12章 感染症の予防及び感染症の患者に対する医療に関する法律（感染症法）

【表3】政令で定める感染症及び動物

感染症	動物
エボラ出血熱	サル
マールブルグ病	サル
ペスト	プレーリードッグ
重症急性呼吸器症候群（病原体がベータコロナウイルス属SARSコロナウイルスであるものに限る。）	イタチアナグマ，タヌキ及びハクビシン
細菌性赤痢	サル
ウエストナイル熱	鳥類に属する動物
エキノコックス症	犬
結核	サル
鳥インフルエンザ（H5N1・H7N9）	鳥類に属する動物
新型インフルエンザ等感染症（法第6条第7項第3号に掲げる新型コロナウイルス感染症及び同項第4号に掲げる再興型コロナウイルス感染症を除く。）	鳥類に属する動物
中東呼吸器症候群（病原体がベータコロナウイルス属MERSコロナウイルスであるものに限る。）	ヒトコブラクダ

症，2類感染症，3類感染症，4類感染症，5類感染症若しくは新型インフルエンザ等感染症の患者，疑似症患者若しくは無症状病原体保有者，新感染症の所見がある者又は感染症を人に感染させるおそれがある動物若しくはその死体の所有者若しくは管理者その他の**関係者に質問させ，又は必要な調査をさせることができる**（法15条1項）。

厚生労働大臣は，感染症の発生を予防し，又はそのまん延を防止するため緊急の必要があると認めるときは，当該職員に1類感染症，2類感染症，3類感染症，4類感染症，5類感染症若しくは新型インフルエンザ等感染症の患者，疑似症患者若しくは無症状病原体保有者，新感染症の所見がある者又は感染症を人に感染させるおそれがある動物若しくはその死体の所有者若しくは管理者その他の**関係者に質問させ，又は必要な調査をさせることができる**（同条2項）。

第1項又は第2項の規定により**質問を受け，又は必要な調査を求められた者**

（次項に規定する特定患者等を除く。）は，当該質問又は必要な調査に協力するよう努めなければならない（同条7項）。ただし，都道府県知事又は厚生労働大臣は，1類感染症，2類感染症若しくは新型インフルエンザ等感染症の患者又は新感染症の所見がある者（以下この項において「特定患者等」という。）が第1項又は第2項の規定による当該職員の質問又は必要な調査に対して正当な理由がなく協力しない場合において，感染症の発生を予防し，又はそのまん延を防止するため必要があると認めるときは，その特定患者等に対し，当該質問又は必要な調査（検体提出等を除く）に応ずべきことを命ずることができる（同条8項）。

(3) 消毒その他の措置

都道府県知事は感染症の発生予防・まん延防止のため，感染症の分類に応じて（表2参照）以下の措置をとることができる。

① 検体の収去及び採取等命令（法26条の3・26条の4）
② 病原体に汚染された場所の消毒命令（法27条）
③ ねずみ族・昆虫等の駆除命令（法28条）
④ 衣類・寝具等の消毒・廃棄等命令（法29条）
⑤ 死体の移動制限等命令（法30条）
⑥ 生活用水の使用制限等命令（法31条）
⑦ 建物立入制限命令（法32条）
⑧ 汚染場所等の交通制限（法33条）
⑨ 上記の措置を実施するための質問・調査権（法35条）

◆ 5　動物の輸入に関する措置

(1) 指定動物の輸入禁止

何人も，感染症を人に感染させるおそれが高いものとして政令で定める動物（以下「指定動物」という。）であって次に掲げるものを輸入してはならない（法54条）。

一　感染症の発生の状況その他の事情を考慮して指定動物ごとに厚生労働省令，農林水産省令で定める地域から発送されたもの
二　前号の厚生労働省令，農林水産省令で定める地域を経由したもの

指定動物について政令でイタチアナグマ，コウモリ，サル，タヌキ，ハクビシン，プレーリードッグ及びヤワゲネズミが指定されている（施行令13条）。

第12章 感染症の予防及び感染症の患者に対する医療に関する法律（感染症法）

【表4】各指定動物の輸入禁止地域

指定動物	輸入禁止地域
イタチアナグマ，コウモリ，タヌキ，ハクビシン，プレーリードッグ及びヤワゲネズミ	すべての地域
サル	すべての地域（試験研究機関又は動物園（感染症を人に感染させるおそれがない施設として厚生労働大臣及び農林水産大臣が指定したものに限る。）において業として行われる試験若しくは研究又は展示の用に供されるものにあっては，次に掲げる地域を除く。） 一　アメリカ合衆国 二　インドネシア共和国，ガイアナ協同共和国，カンボジア王国，スリナム共和国，中華人民共和国，フィリピン共和国及びベトナム社会主義共和国

指定動物の輸入が禁止される地域については表4のように指定されている（感染症の予防及び感染症の患者に対する医療に関する法律第54条第1号の輸入禁止地域等を定める省令1条1項）。

つまり現時点では，**指定動物のうち試験研究機関又は動物園において業として行われる試験若しくは研究又は展示の用に供されるサルに限り，アメリカ合衆国，インドネシア共和国，ガイアナ協同共和国，カンボジア王国，スリナム共和国，中華人民共和国，フィリピン共和国及びベトナム社会主義共和国からのみ輸入することができる。サル以外の指定動物を輸入することはできない。**

ただし，第1号の厚生労働省令，農林水産省令で定める地域から輸入しなければならない特別の理由がある場合において，厚生労働大臣及び農林水産大臣の許可を受けたときは，この限りでない（法54条但書）。

(2) 輸入検疫

指定動物を輸入しようとする者（以下「輸入者」という。）は，輸出国における検査の結果，指定動物ごとに政令で定める感染症にかかっていない旨又はかかっている疑いがない旨その他厚生労働省令，農林水産省令で定める事項を記載した輸出国の政府機関により発行された証明書又はその写しを添付しなければならない（法55条1項）。

政令で定める感染症については，サルについて，エボラ出血熱及びマールブルグ病が指定されている（施行令14条）。

指定動物は，農林水産省令で定める港又は飛行場以外の場所で輸入してはならない（法55条2項）。

輸入者は，農林水産省令で定めるところにより，当該指定動物の種類及び数量，輸入の時期及び場所その他農林水産省令で定める事項を動物検疫所に届け出なければならない。この場合において，動物検疫所長は，次項の検査を円滑に実施するため特に必要があると認めるときは，当該届出をした者に対し，当該届出に係る輸入の時期又は場所を変更すべきことを指示することができる（同条3項）。

輸入者は，動物検疫所又は第2項の規定により定められた港若しくは飛行場内の家畜防疫官が指定した場所において，指定動物について，第1項の政令で定める感染症にかかっているかどうか，又はその疑いがあるかどうかについての家畜防疫官による検査を受けなければならない（同条4項本文）。ただし，特別の理由があるときは，農林水産大臣の指定するその他の場所で検査を行うことができる（同条項但書）。

(3) 輸入届出

動物（指定動物を除く。）のうち感染症を人に感染させるおそれがあるものとして厚生労働省令で定めるもの又は動物の死体のうち感染症を人に感染させるおそれがあるものとして厚生労働省令で定めるもの（届出動物等）を輸入しようとする者は，厚生労働省令で定めるところにより，当該届出動物等の種類，数量その他厚生労働省令で定める事項を記載した届出書を厚生労働大臣に提出しなければならない。この場合において，当該届出書には，輸出国における検査の結果，届出動物等ごとに厚生労働省令で定める感染症にかかっていない旨又はかかっている疑いがない旨その他厚生労働省令で定める事項を記載した輸出国の政府機関により発行された証明書又はその写しを添付しなければならない（法56条の2第1項）。

厚生労働省で定める届出動物等及び届出動物等ごとに厚生労働省で定める感染症は表5の通りである（施行規則28条・別表第1）。

【表５】 届出動物等及び届出動物等ごとに定める感染症

届出動物等	感染症
一　齧歯目に属する動物（法第54条に規定する指定動物（以下「指定動物」という。）及び次項に掲げるものを除く。）	ペスト，狂犬病，エムポックス，腎症候性出血熱，ハンタウイルス肺症候群，野兎病及びレプトスピラ症
二　齧歯目に属する動物（指定動物を除く。）であって，感染性の疾病の病原体に汚染され，又は汚染された疑いのないことが確認され，動物を介して人に感染するおそれのある疾病が発生し，又はまん延しないよう衛生的な状態で管理されているもの（厚生労働大臣が定める材質及び形状に適合する容器に入れられているものに限る。）	ペスト，狂犬病，エムポックス，腎症候性出血熱，ハンタウイルス肺症候群，野兎病及びレプトスピラ症
三　うさぎ目に属する動物（家畜伝染病予防法第37条第１項に規定する指定検疫物（以下「指定検疫物」という。）を除く。第８項及び第９項において同じ。）	狂犬病，野兎病
四　哺乳類に属する動物（指定動物，前３項に掲げるもの，狂犬病予防法第２条第１項各号に掲げるもの及び指定検疫物を除き，陸生のものに限る。）	狂犬病
五　鳥類に属する動物（指定検疫物を除く。）	ウエストナイル熱並びに高病原性鳥インフルエンザ及び低病原性鳥インフルエンザ
六　齧歯目に属する動物の死体（次項に掲げるものを除く。）	ペスト，エムポックス，腎症候性出血熱，ハンタウイルス肺症候群，野兎病及びレプトスピラ症
七　齧歯目に属する動物の死体であって，ホルムアルデヒド溶液（濃度が3.5重量パーセント以上のものに限る。以下同じ。）又はエタノール溶液（濃度が70重量パーセント以上のものに限る。以下同じ。）のいずれかの溶液中に密封されたもの	ペスト，エムポックス，腎症候性出血熱，ハンタウイルス肺症候群，野兎病及びレプトスピラ症

八　うさぎ目に属する動物の死体（次項に掲げるものを除く。）	野兎病
九　うさぎ目に属する動物の死体であって，ホルムアルデヒド溶液又はエタノール溶液のいずれかの溶液中に密封されたもの	野兎病

◆ 6　特定病原体等に関する規制
(1) 定義及び分類
① 特定病原体等

特定病原体等とは，1種病原体等，2種病原体等，3種病原体等及び4種病原体等をいう（法6条21項）。

② 1種病原体等

1種病原体等とは，次に掲げる病原体等（医薬品，医療機器等の品質，有効性及び安全性の確保等に関する法律に基づく医薬品，医薬部外品及び化粧品の製造販売の承認，医療機器及び体外診断用医薬品の製造販売の承認若しくは再生医療等製品の製造販売の承認又は指定高度管理医療機器等の製造販売の認証を受けた医薬品又は再生医療等製品に含有されるものその他これに準ずる病原体等（以下「医薬品等」という。）であって，人を発病させるおそれがほとんどないものとして厚生労働大臣が指定するものを除く。）をいう（同条22項）。

一　アレナウイルス属ガナリトウイルス，サビアウイルス，フニンウイルス，マチュポウイルス及びラッサウイルス

二　エボラウイルス属アイボリーコーストエボラウイルス，ザイールウイルス，スーダンエボラウイルス及びレストンエボラウイルス

三　オルソポックスウイルス属バリオラウイルス（別名痘そうウイルス）

四　ナイロウイルス属クリミア・コンゴヘモラジックフィーバーウイルス（別名クリミア・コンゴ出血熱ウイルス）

五　マールブルグウイルス属レイクビクトリアマールブルグウイルス

六　前各号に掲げるもののほか，前各号に掲げるものと同程度に病原性を有し，国民の生命及び健康に極めて重大な影響を与えるおそれがある病原体等として政令で定めるもの

　政令で定める病原体等としては，以下のものが指定されている（施行令1条

の4）。
一　アレナウイルス属チャパレウイルス
二　エボラウイルス属ブンディブギョエボラウイルス

③　2種病原体等

2種病原体等とは、次に掲げる病原体等（医薬品等であって、人を発病させるおそれがほとんどないものとして厚生労働大臣が指定するものを除く。）をいう（法6条23項）。

一　エルシニア属ペスティス（別名ペスト菌）
二　クロストリジウム属ボツリヌム（別名ボツリヌス菌）
三　ベータコロナウイルス属SARSコロナウイルス
四　バシラス属アントラシス（別名炭疽菌）
五　フランシセラ属ツラレンシス種（別名野兎病菌）亜種ツラレンシス及びホルアークティカ
六　ボツリヌス毒素（人工合成毒素であって、その構造式がボツリヌス毒素の構造式と同一であるものを含む。）
七　前各号に掲げるもののほか、前各号に掲げるものと同程度に病原性を有し、国民の生命及び健康に重大な影響を与えるおそれがある病原体等として政令で定めるもの
　　ただし現時点では政令で定める病原体等はない。

④　3種病原体等

3種病原体等とは、次に掲げる病原体等（医薬品等であって、人を発病させるおそれがほとんどないものとして厚生労働大臣が指定するものを除く。）をいう（法6条24項）。

一　コクシエラ属バーネッティイ
二　マイコバクテリウム属ツベルクローシス（別名結核菌）（イソニコチン酸ヒドラジド、リファンピシンその他結核の治療に使用される薬剤として政令で定めるものに対し耐性を有するものに限る。）
三　リッサウイルス属レイビーズウイルス（別名狂犬病ウイルス）
四　前3号に掲げるもののほか、前3号に掲げるものと同程度に病原性を有し、国民の生命及び健康に影響を与えるおそれがある病原体等として政令で定めるもの
　　2号の結核の治療に使用される薬剤として政令で定めるものについては、以

下のものが指定されている（施行令1条の5）。
一　モキシフロキサシン又はレボフロキサシン
二　ベダキリン又はリネゾリド
　政令で定める病原体等としては，以下のものが定められている（施行令2条）。
一　アルファウイルス属イースタンエクインエンセファリティスウイルス（別名東部ウマ脳炎ウイルス），ウエスタンエクインエンセファリティスウイルス（別名西部ウマ脳炎ウイルス）及びベネズエラエクインエンセファリティスウイルス（別名ベネズエラウマ脳炎ウイルス）
二　オルソポックスウイルス属モンキーポックスウイルス（別名エムポックスウイルス）
三　コクシディオイデス属イミチス
四　シンプレックスウイルス属Bウイルス
五　バークホルデリア属シュードマレイ（別名類鼻疽菌）及びマレイ（別名鼻疽菌）
六　ハンタウイルス属アンデスウイルス，シンノンブレウイルス，ソウルウイルス，ドブラバーベルグレドウイルス，ニューヨークウイルス，バヨウウイルス，ハンタンウイルス，プーマラウイルス，ブラッククリークカナルウイルス及びラグナネグラウイルス
七　フラビウイルス属オムスクヘモラジックフィーバーウイルス（別名オムスク出血熱ウイルス），キャサヌルフォレストディジーズウイルス（別名キャサヌル森林病ウイルス）及びティックボーンエンセファリティスウイルス（別名ダニ媒介脳炎ウイルス）
八　ブルセラ属アボルタス（別名ウシ流産菌），カニス（別名イヌ流産菌），スイス（別名ブタ流産菌）及びメリテンシス（別名マルタ熱菌）
九　フレボウイルス属SFTSウイルス及びリフトバレーフィーバーウイルス（別名リフトバレー熱ウイルス）
十　ベータコロナウイルス属MERSコロナウイルス
十一　ヘニパウイルス属ニパウイルス及びヘンドラウイルス
十二　リケッチア属ジャポニカ（別名日本紅斑熱リケッチア），ロワゼキイ（別名発しんチフスリケッチア）及びリケッチイ（別名ロッキー山紅斑熱リケッチア）

⑤ 4種病原体等

4種病原体等とは，次に掲げる病原体等（医薬品等であって，人を発病させるおそれがほとんどないものとして厚生労働大臣が指定するものを除く。）をいう（法6条25項）。

一　インフルエンザウイルスＡ属インフルエンザＡウイルス（血清亜型が政令で定めるものであるもの（新型インフルエンザ等感染症の病原体を除く。）又は新型インフルエンザ等感染症の病原体に限る。）

二　エシェリヒア属コリー（別名大腸菌）（腸管出血性大腸菌に限る。）

三　エンテロウイルス属ポリオウイルス

四　クリプトスポリジウム属パルバム（遺伝子型が１型又は２型であるものに限る。）

五　サルモネラ属エンテリカ（血清亜型がタイフィ又はパラタイフィＡであるものに限る。）

六　志賀毒素（人工合成毒素であって，その構造式が志賀毒素の構造式と同一であるものを含む。）

七　シゲラ属（別名赤痢菌）ソンネイ，デイゼンテリエ，フレキシネリー及びボイデイ

八　ビブリオ属コレラ（別名コレラ菌）（血清型がO1又はO139であるものに限る。）

九　フラビウイルス属イエローフィーバーウイルス（別名黄熱ウイルス）

十　マイコバクテリウム属ツベルクローシス（前項第２号に掲げる病原体を除く。）

十一　前各号に掲げるもののほか，前各号に掲げるものと同程度に病原性を有し，国民の健康に影響を与えるおそれがある病原体等として政令で定めるもの

１号の政令で定める血清亜型としては，以下のものが指定されている（施行令２条の２）。

一　H2N2
二　H5N1
三　H7N7
四　H7N9

政令で定める病原体等としては，以下のものが指定されている（施行令３条）

一　クラミドフィラ属シッタシ（別名オウム病クラミジア）

二　フラビウイルス属ウエストナイルウイルス，ジャパニーズエンセファリティスウイルス（別名日本脳炎ウイルス）及びデングウイルス

三　ベータコロナウイルス属のコロナウイルス（令和2年1月に，中華人民共和国から世界保健機関に対して，人に伝染する能力を有することが新たに報告されたものに限る。）

⑥ **人を発病させるおそれがほとんどない病原体等**

各種病原体等において人を発病させるおそれがほとんどない病原体等として厚生労働大臣が指定するものは，平成19年厚生労働省告示「人を発病させるおそれがほとんどないものとして厚生労働大臣が指定する病原体等」（平成19年5月31日厚生労働省告示第200号）において指定されている。

(2) 所持等に関する規制

①　1種病原体等に関する規制

1種病原体等については，その所持，輸入，譲渡及び譲受が原則として禁止される（法56条の3第1項・56条の4・56条の5）。

例外として，特定1種病原体等所持者は，試験研究が必要な1種病原体等として政令で定めるもの（以下，特定1種病原体等という。）を，厚生労働大臣が指定する施設（特定1種病原体等所持施設）における試験研究のために所持することができる（法56条の3第1項）。

特定1種病原体等所持者とは，国又は独立行政法人，国立健康危機管理研究機構〔2025年4月1日より〕その他の政令で定める法人であって特定1種病原体等の種類ごとに当該特定1種病原体等を適切に所持できるものとして厚生労働大臣が指定した者をいう（同条2項）。これまでは，国立感染症研究所（2025年4月1日より国立国際医療研究センターと統合し国立健康危機管理研究機構）のみが南米出血熱ウイルス，ラッサウイルス，エボラ出血熱ウイルス，クリミア・コンゴ出血熱ウイルス，マールブルグウイルスについて特定1種病原体等所持者として，また国立感染症研究所村山庁舎内の高度安全試験検査施設（BSL-4施設）のみが特定1種病原体等所持施設として指定されていた（平成27年8月7日指定）。

しかし，令和7年1月24日に「感染症の予防及び感染症の患者に対する医療に関する法律施行令の一部を改正する政令」（令和7年政令第16号）が公布され（即日施行），これにより施行令15条に「法第56条の3第2項の政令で定める法人は，国立大学法人長崎大学とする。」という規定が加えられた（改正後施行令

15条2項)。また同日，国立大学法人長崎大学が特定第1種病原体等所持者に，国立大学法人長崎大学内の高度感染症研究センター実験棟（BSL4施設）が特定第1種病原体等所持施設に指定された。

② 2種病原体等に関する規制

2種病原体等の所持及び輸入には，原則として厚生労働大臣の許可を必要とする（法56条の6第1項・56条の12第1項）。譲渡及び譲受は，①2種病原体等許可所持者が他の2種病原体等許可所持者に譲り渡し，又は他の2種病原体等許可所持者若しくは2種滅菌譲渡義務者[124]から譲り受ける場合，及び②2種滅菌譲渡義務者が2種病原体等を，厚生労働省令で定めるところにより，2種病原体等許可所持者に譲り渡す場合に限り許される（法56条の15）。

③ 3種病原体等に関する規制

3種病原体等の所持及び輸入には，原則として厚生労働大臣への届出が必要となる（法56条の16第1項・56条の17）。

④ 4種病原体等に関する規制

4種病原体等の所持及び輸入に関する規制はない。

(3) 所持者等の義務

① 感染症発生予防規程の作成及び届出義務

特定1種病原体等所持者及び2種病原体等許可所持者は，当該病原体等による感染症の発生を予防し，及びそのまん延を防止するため，厚生労働省令で定めるところにより，当該病原体等の所持を開始する前に，感染症発生予防規程を作成し，厚生労働大臣に届け出なければならない（法56条の18第1項）。

② 病原体等取扱主任者の選任及び届出義務

特定1種病原体等所持者及び2種病原体等許可所持者は，当該病原体等による感染症の発生の予防及びまん延の防止について監督を行わせるため，当該病原体等の取扱いの知識経験に関する要件として厚生労働省令で定めるものを備える者のうちから，病原体等取扱主任者を選任しなければならず，選任したときは，厚生労働省令で定めるところにより，選任した日から30日以内に，その旨を厚生労働大臣に届け出なければならない（法56条の19）。

---

[124] 2種滅菌譲渡義務者とは，法56条の22第1項（滅菌等実施義務）の規定により2種病原体等の滅菌譲渡をしなければならない者をいう（法56条の6第1号括弧内）。

③ 教育訓練実施義務

特定1種病原体等所持者及び2種病原体等許可所持者は，1種病原体等取扱施設又は2種病原体等取扱施設に立ち入る者に対し，厚生労働省令で定めるところにより，感染症発生予防規程の周知を図るほか，当該病原体等による感染症の発生を予防し，及びそのまん延を防止するために必要な教育及び訓練を施さなければならない（法56条の21）。

④ 滅菌等実施義務

次の各号に掲げる者が当該各号に定める場合に該当するときは，その所持する1種病原体等又は2種病原体等の滅菌若しくは無害化をし，又は譲渡しをしなければならない（法56条の22第1項）。

一　特定1種病原体等所持者又は2種病原体等許可所持者　特定1種病原体等若しくは2種病原体等について所持することを要しなくなった場合又は第56条の3第2項の指定若しくは第56条の6第1項本文の許可を取り消され，若しくはその指定若しくは許可の効力を停止された場合

二　病院若しくは診療所又は病原体等の検査を行っている機関　業務に伴い1種病原体等又は2種病原体等を所持することとなった場合

前項の規定により1種病原体等又は2種病原体等の滅菌譲渡をしなければならない者が，当該病原体等の滅菌譲渡をしようとするときは，厚生労働省令で定めるところにより，当該病原体等の種類，滅菌譲渡の方法その他厚生労働省令で定める事項を厚生労働大臣に届け出なければならない（同条2項）。

⑤ 記帳義務

特定1種病原体等所持者，2種病原体等許可所持者及び3種病原体等を所持する者（3種病原体等を所持する者の従業者を除く。以下3種病原体等所持者という。）は，厚生労働省令で定めるところにより，帳簿を備え，当該病原体等の保管，使用及び滅菌等に関する事項その他当該病原体等による感染症の発生の予防及びまん延の防止に関し必要な事項を記載しなければならない（法56条の23第1項）。前項の帳簿は，厚生労働省令で定めるところにより，保存しなければならない（同条2項）。厚生労働省令では，帳簿の保存は帳簿閉鎖後5年間に行うと定められている（施行規則31条の26第4項）。

⑥ 施設基準適合義務

特定1種病原体等所持者，2種病原体等許可所持者，3種病原体等所持者及び4種病原体等を所持する者（4種病原体等を所持する者の従業者であって，そ

第12章　感染症の予防及び感染症の患者に対する医療に関する法律（感染症法）

の職務上当該4種病原体等を所持するものを除く。以下4種病原体等所持者という。）は，その特定病原体等の保管，使用又は滅菌等をする施設の位置，構造及び設備を厚生労働省令で定める技術上の基準に適合するように維持しなければならない（法56条の24）。

⑦ **感染症発生予防等措置義務**

特定1種病原体等所持者及び2種病原体等許可所持者並びにこれらの者から運搬を委託された者，3種病原体等所持者並びに4種病原体等所持者（以下特定病原体等所持者という。）は，特定病原体等の保管，使用，運搬（船舶又は航空機による運搬を除く。次条第4項を除き，以下同じ。）又は滅菌等をする場合においては，厚生労働省令で定める技術上の基準に従って特定病原体等による感染症の発生の予防及びまん延の防止のために必要な措置を講じなければならない（法56条の25）。

⑧ **適 用 除 外**

前3条（記帳義務，施設基準適合義務及び感染症発生予防等措置義務）及び第56条の32（施設及び滅菌等に関する厚生労働大臣の改善命令）の規定は，第56条の16第1項第1号に掲げる場合（病院若しくは診療所又は病原体等の検査を行っている機関が，業務に伴い3種病原体等を所持することとなった場合において，厚生労働省令で定めるところにより，滅菌譲渡をするまでの間3種病原体等を所持するとき）には，適用しない（法56条の26第1項）。

第56条の23（記帳義務），第56条の24（施設基準適合義務）及び第56条の32第1項（施設に関する厚生労働大臣の改善命令）の規定は，第56条の16第1項第2号に掲げる場合（3種病原体等を所持する者から運搬を委託された者が，その委託に係る3種病原体等を当該運搬のために所持する場合）には，適用しない（法56条の26第2項）。

前2条（施設基準適合義務及び感染症発生予防等措置義務）及び第56条の32（施設及び滅菌等に関する厚生労働大臣の改善命令）の規定は，病院若しくは診療所又は病原体等の検査を行っている機関が，業務に伴い4種病原体等を所持することとなった場合において，厚生労働省令で定めるところにより，滅菌譲渡をするまでの間4種病原体等を所持するときは，適用しない（法56条の26第3項）。

第56条の24（施設基準適合義務）及び第56条の32第1項（施設に関する厚生労働大臣の改善命令）の規定は，4種病原体等所持者から運搬を委託された者が，その委託に係る4種病原体等を当該運搬のために所持する場合には，適用

しない（法56条の26第4項）。

⑨ 運搬届出義務

特定1種病原体等所持者，1種滅菌譲渡義務者[125]，2種病原体等許可所持者及び2種滅菌譲渡義務者並びにこれらの者から運搬を委託された者並びに3種病原体等所持者は，その1種病原体等，2種病原体等又は3種病原体等を事業所の外において運搬する場合（船舶又は航空機により運搬する場合を除く。）においては，国家公安委員会規則で定めるところにより，その旨を都道府県公安委員会に届け出て，届出を証明する文書の交付を受けなければならない（法56条の27第1項）。

⑩ 事故届出義務

特定病原体等所持者，1種滅菌譲渡義務者及び2種滅菌譲渡義務者は，その所持する特定病原体等について盗取，所在不明その他の事故が生じたときは，遅滞なく，その旨を警察官又は海上保安官に届け出なければならない（法56条の28）。

⑪ 災害時応急措置義務

特定病原体等所持者，1種滅菌譲渡義務者及び2種滅菌譲渡義務者は，その所持する特定病原体等に関し，地震，火災その他の災害が起こったことにより，当該特定病原体等による感染症が発生し，若しくはまん延した場合又は当該特定病原体等による感染症が発生し，若しくはまん延するおそれがある場合においては，直ちに，厚生労働省令で定めるところにより，応急の措置を講じなければならない（法56条の29第1項）。

前項の事態を発見した者は，直ちに，その旨を警察官又は海上保安官に通報しなければならない（同条2項）。

特定病原体等所持者，1種滅菌譲渡義務者及び2種滅菌譲渡義務者は，第1項の事態が生じた場合においては，厚生労働省令で定めるところにより，遅滞なく，その旨を厚生労働大臣に届け出なければならない（同条3項）。

---

(125) 1種滅菌譲渡義務者とは，法56条の22第1項（滅菌等実施義務）の規定により1種病原体等の滅菌若しくは無害化をし，又は譲渡しをしなければならない者をいう（法56条の3第1項2号括弧内）。

第12章 感染症の予防及び感染症の患者に対する医療に関する法律（感染症法）

◆ 章 末 問 題 ◆

問1 「感染症の予防及び感染症の患者に対する医療に関する法律（感染症法）」に基づいて獣医師が届け出る義務があるサルの感染症はどれか。
（第75回獣医師国家試験）

1．細菌性赤痢
2．デング熱
3．エムポックス（サル痘）
4．類鼻疽
5．Bウイルス感染

問2 「感染症の予防及び感染症の患者に対する医療に関する法律」に基づく輸入禁止対象動物はどれか。（第72回獣医師国家試験）

1．ハクビシン
2．チンチラ
3．ハムスター
4．フェネック
5．スカンク

◇ 章末問題の正答 ◇

問1　正答　1

　サルについては，エボラ出血熱，マールブルグ病，細菌性赤痢及び結核について獣医師に届出義務が課されている。

問2　正答　1

　輸入禁止対象動物（指定動物）には，イタチアナグマ，コウモリ，サル，タヌキ，ハクビシン，プレーリードッグ及びヤワゲネズミが指定されている。

第13章
狂犬病予防法

《本章の内容》

1. 目的
2. 適用範囲
3. 通常措置
4. 狂犬病発生時の措置
5. 狂犬病予防員

《本章の目標》

1. 狂犬病予防法の目的について説明できる。
2. 狂犬病予防法の適用範囲について説明できる。
3. 狂犬病予防法における通常措置の概要について説明できる。
4. 狂犬病発生時の措置の概要について説明できる。
5. 狂犬病予防員の任命及び職務について説明できる。

◆ 1 目 的

狂犬病予防法（以下，本章における法）の**目的**は，狂犬病の発生を予防し，そのまん延を防止し，及びこれを撲滅することにより，公衆衛生の向上及び公共の福祉の増進を図ることである（法1条）。

◆ 2 適 用 範 囲

この法は①犬及び②猫その他の動物（牛，馬，めん羊，山羊，豚，鶏及びあひる［牛等］を除く）であって，狂犬病を人に感染させるおそれが高いものとして政令で定めるもの，に適用される（法2条1項）。政令で定める動物としては，猫，あらいぐま，きつね及びスカンクが定められている（狂犬病予防法施

行令〔以下，本章における施行令〕1条）。

　ただし，②の動物については，輸出入検疫（法7条），狂犬病に罹患した動物の届出義務（法8条）及び隔離義務（法9条），予防員の許可のない殺害禁止（法11条），予防員への死体引渡義務（法12条），予防員による病性鑑定のための解剖及び殺害措置（法14条）並びにこれらの規定に係る第4章（予防員への協力義務等）及び第5章（罰則）の規定に限り適用される。②の動物については，**登録義務（法4条），予防注射義務（法5条），都道府県知事による係留命令（法10条）等は適用されない**。牛，馬，めん羊，山羊及び豚の狂犬病については，家畜伝染病予防法が適用される（家畜伝染病予防法2条1項）。

　①及び②以外の動物について，狂犬病が発生して公衆衛生に重大な影響があると認められるときは，政令で，動物の種類，期間及び地域を指定してこの法律の一部（前項第2号に掲げる動物の狂犬病については，同項ただし書に規定する規定を除く。）を準用することができる。この場合において，その期間は，1年を超えることができない（法2条2項）。

◆ 3　通常措置

(1) 登　録

　犬の所有者は，犬を取得した日（生後90日以内の犬を取得した場合にあっては，生後90日を経過した日）から30日以内に，厚生労働省令の定めるところにより，その犬の所在地を管轄する市町村長（特別区にあっては，区長。以下同じ。）に犬の登録を申請しなければならない（法4条1項本文）。ただし，この条の規定により登録を受けた犬については，この限りでない（同条項但書）。つまり登録を受けた犬を取得した場合に新所有者は再度登録を申請する必要はない。登録を受けた犬の所有者の変更があったときは，新所有者は，30日以内に，厚生労働省の定めるところにより，その犬の所在地を管轄する市町村長に届け出なければならない（同条5項）。また犬の所有者は，犬が死亡したとき又は犬の所在地その他厚生労働省令で定める事項を変更したときは，30日以内に，厚生労働省令の定めるところにより，その犬の所在地（犬の所在地を変更したときにあっては，その犬の新所在地）を管轄する市町村長に届け出なければならない（同条4項）。

　市町村長は，前項の登録の申請があったときは，原簿に登録し，その犬の所有者に犬の鑑札を交付しなければならない（同条2項）。

犬の所有者は，前項の鑑札をその犬に着けておかなければならない（同条3項）。

これらの登録申請，鑑札の装着又は届出をしなかった者は，20万円以下の罰金に処される（法27条1号）。

なおこの登録制度については，動物の愛護及び管理に関する法律により犬猫等販売業者に取得した犬又は猫に対してマイクロチップを装着することが義務付けられたことから，特例制度が設けられている。環境大臣は，犬の所有者が当該犬を取得した日（生後90日以内の犬を取得した場合にあっては，生後90日を経過した日）から30日以内に登録又は変更登録を受けた場合において，当該犬の所在地を管轄する市町村長の求めがあるときは，環境省令で定めるところにより，当該市町村長に環境省令で定める事項を通知しなければならない（動物の愛護及び管理に関する法律39条の7第1項）。前項の規定により市町村長が通知を受けた場合における狂犬病予防法第4条の規定の適用については，当該通知に係る犬の所有者が当該犬に係る登録又は変更登録を受けた日において，当該通知に係る犬の所有者から同条第1項の規定による犬の登録の申請又は同条第5項の規定による届出があったものとみなし，当該犬に装着されているマイクロチップは，同条第2項の規定により市町村長から交付された鑑札とみなす（同条2項）。ただしこの特例制度は犬の所在地を管轄する市町村が特例制度に参加している場合に限り用いることができる。このため犬の所在地を管轄する市町村が特例制度に参加していない場合，マイクロチップは法における鑑札とはみなされないので，犬にマイクロチップが装着されている場合であっても，当該犬の所有者は環境大臣に対する登録の申請とは別に，法に基づく市町村長に対する登録を申請しなければならない。

(2) 予防注射

犬の所有者（所有者以外の者が管理する場合には，その者。以下同じ。）は，その犬について，厚生労働省令の定めるところにより，狂犬病の予防注射を毎年1回受けさせなければならない（法5条1項）。

市町村長は，政令の定めるところにより，前項の予防注射を受けた犬の所有者に注射済票を交付しなければならない（同条2項）。

犬の所有者は，前項の注射済票をその犬に着けておかなければならない（同条3項）。これはマイクロチップを装着した犬についても行わなければならない。

予防注射を受けさせず，又は注射済票を着けなかった者は，20万円以下の罰金に処される（法27条2号）。

(3) 抑　留

狂犬病予防員［以下，予防員］は，第4条に規定する登録を受けず，若しくは鑑札を着けず，又は第5条に規定する予防注射を受けず，若しくは注射済票を着けていない犬があると認めたときは，これを抑留しなければならない（法6条1項）。

予防員は，第1項の規定により犬を抑留したときは，所有者の知れているものについてはその所有者にこれを引き取るべき旨を通知し，所有者の知れていないものについてはその犬を捕獲した場所を管轄する市町村長にその旨を通知しなければならない（同条7項）。市町村長は，前項の規定による通知を受けたときは，その旨を2日間公示しなければならない（同条8項）。

第7項の通知を受け取った後又は前項の公示期間満了の後1日以内に所有者がその犬を引き取らないときは，予防員は，政令の定めるところにより，これを処分することができる。但し，やむを得ない事由によりこの期間内に引き取ることができない所有者が，その旨及び相当の期間内に引き取るべき旨を申し出たときは，その申し出た期間が経過するまでは，処分することができない（同条9項）。

都道府県知事は，抑留した犬を収容するため，当該都道府県内に犬の抑留所を設け，予防員にこれを管理させなければならない（法21条）。

(4) 輸出入検疫

何人も，検疫を受けた犬等（犬又は第2条第1項第2号に掲げる動物をいう。以下同じ。）でなければ輸出し，又は輸入してはならない（法7条1項）。

狂犬病予防法の所管は基本的には厚生労働省である。しかし前項の検疫に関する事務は，農林水産大臣の所管とし，その検疫に関する事項は，農林水産省令でこれを定める（同条2項）。この検疫に関する事項は，「犬等の輸出入検疫規則」（平成11年農林水産省令第68号）において定められている。具体的には以下のような定めがある。

① 犬等を輸入しようとする者の動物検疫所への届出義務（1条）
② 犬等を輸入しようとする者の犬等につき家畜防疫官の行う検疫を受ける義務（2条）
③ 犬等を輸出しようとする者の犬等につき家畜防疫官の行う検疫を受ける

義務（3条）

④ 家畜防疫官の検疫に係る犬等を一定期間（感染の危険度等に応じて期間が指定されている）動物検疫所に係留する義務（4条）

検疫を受けない犬等を輸出し，又は輸入した者は，**30万円以下の罰金に処される**（法26条1号）。

◆ 4　狂犬病発生時の措置
(1) 所有者及び獣医師の義務
① 届出義務

狂犬病にかかった犬等若しくは狂犬病にかかった疑いのある犬等又はこれらの犬等にかまれた犬等［以下，罹患犬等］については，これを診断し，又はその死体を検案した獣医師は，厚生労働省令の定めるところにより，直ちに，その犬等の所在地を管轄する保健所長にその旨を届け出なければならない（法8条1項本文）。ただし，獣医師の診断又は検案を受けない場合においては，その犬等の所有者がこれをしなければならない（同条項但書）。

この届出をしなかった者は，30万円以下の罰金に処される（法26条2号）。

保健所長は，前項の届出があったときは，政令の定めるところにより，直ちに，その旨を都道府県知事に報告しなければならない（法8条2項）。政令によれば，保健所長の報告は，保健所を設置する市又は特別区にあっては，市長又は区長を経由して行う（施行令6条）。

都道府県知事は，前項の報告を受けたときは，厚生労働大臣に報告し，且つ，隣接都道府県知事に通報しなければならない（法8条3項）。

② 隔離義務

罹患犬等を診断した獣医師又はその所有者は，直ちに，その犬等を隔離しなければならない（法9条1項本文）。隔離しなかった者は，30万円以下の罰金に処される（法26条3号）。ただし，**人命に危険があって緊急やむを得ないときは，殺すことを妨げない**（法9条1項但書）。

予防員は，前項の隔離について必要な指示をすることができる（同条2項）。この指示に従わなかった者は，20万円以下の罰金に処される（法27条3号）。

③ 死体引渡し義務

罹患犬等が死んだ場合には，その所有者は，その死体を検査又は解剖のため

予防員に引き渡さなければならない（法12条本文）。引き渡さなかった者は，20万円以下の罰金に処される（法27条6号）。ただし，予防員が許可した場合又はその引取りを必要としない場合は，この限りでない（法12条但書）。

(2) 都道府県知事による措置
① 公示及び係留命令等

都道府県知事［保健所設置市又は特別区はその長。法25条[126]。以下，都道府県知事等］は，狂犬病（狂犬病の疑似症を含む。以下同じ。）が発生したと認めたときは，直ちに，その旨を公示し，区域及び期間を定めて，その区域内の**すべての犬に口輪をかけ，又はこれを係留することを命じなければならない**（法10条）。この命令に従わなかった者は，20万円以下の罰金に処される（法27条4号）。隔離された犬等は，予防員の許可を受けなければこれを殺してはならない（法11条）。これに違反して犬等を殺したものは，20万円以下の罰金に処される（法27条5号）。

② 検診及び予防注射

都道府県知事等は，狂犬病が発生した場合において，その蔓延の防止及び撲滅のため必要と認めるときは，期間及び区域を定めて予防員をして**犬の一斉検診をさせ，又は臨時の予防注射を行わせることができる**（法13条）。この犬の検診又は予防注射を受けさせなかった者は，20万円以下の罰金に処される（法27条7号）。

③ 病性鑑定のための措置

予防員は，政令の定めるところにより，病性鑑定のため必要があるときは，都道府県知事等の許可を受けて，犬等の死体を解剖し，又は解剖のため狂犬病にかかった犬等を殺すことができる（法14条1項）。政令の定めるところによれば，この場合，あらかじめ，適当な評価人3人以上にその犬等を評価させておかなければならない（施行令5条）。

---

[126] 法25条は次のような条文である。「この法律中『都道府県』又は『都道府県知事』とあるのは，地域保健法（昭和22年法律第101号）第5条第1項の規定に基づく政令で定める市については，『市』若しくは『市長』又は『区』若しくは『区長』と読み替えるものとする。ただし，第8条第2項及び第3項並びに第25条の3第1項の規定については，この限りでない」。地域保健法5条1項の規定に基づく政令で定める市とは保健所を設置する市［保健所設置市］であり，具体的には政令指定都市（地方自治法252条の19第1項），中核市（同法252条の22第1項）並びに小樽市，町田市，藤沢市，茅ケ崎市及び四日市市をいう（地域保健法施行令1条）。

④ 移動の制限

都道府県知事等は，狂犬病の蔓延の防止及び撲滅のため必要と認めるときは，**期間及び区域を定めて，犬又はその死体の当該都道府県**［保健所設置市又は特別区は当該市又は区。法25条。以下，都道府県等］**の区域内における移動，当該都道府県等内への移入又は当該都道府県等外への移出を禁止し，又は制限することができる**（法15条）。この禁止又は制限に従わなかった者は，20万円以下の罰金に処される（法27条8号）。

⑤ 交通の遮断又は制限

都道府県知事等は，狂犬病が発生した場合において緊急の必要があると認めるときは，厚生労働省令の定めるところにより，**期間を定めて，狂犬病にかかった犬の所在の場所及びその附近の交通を遮断し，又は制限することができる**（法16条本文）。この遮断又は制限に従わなかった者は，20万円以下の罰金に処される（法27条9号）。但し，その期間は，72時間をこえることができない（法16条但書）。

⑥ 集合施設の禁止

都道府県知事等は，狂犬病の蔓延の防止及び撲滅のため必要と認めるときは，**犬の展覧会その他の集合施設の禁止を命ずることができる**（法17条）。この命令に従わなかった者は，20万円以下の罰金に処される（法27条10号）。

⑦ 係留されていない犬の抑留

都道府県知事等は，狂犬病の蔓延の防止及び撲滅のため必要と認めるときは，**予防員をして第10条の規定による係留の命令が発せられているにかかわらず係留されていない犬を抑留させることができる**（法18条1項）。都道府県知事等は，抑留した犬を収容するため，当該都道府県等内に犬の抑留所を設け，予防員にこれを管理させなければならない（法21条）。

⑧ 係留されていない犬の薬殺

都道府県知事等は，狂犬病の蔓延の防止及び撲滅のため緊急の必要がある場合において，**前条第1項の規定による抑留を行うについて著しく困難な事情があると認めるときは，区域及び期間を定めて，予防員をして第10条の規定による係留の命令が発せられているにかかわらず係留されていない犬を薬殺させることができる**。この場合において，都道府県知事等は，人又は他の家畜に被害を及ぼさないように，当該区域内及びその近傍の住民に対して，係留されていない犬を薬殺する旨を周知させなければならない（法18条の2第1項）。

⑨ 厚生労働大臣の指示

厚生労働大臣は，狂犬病の蔓延の防止及び撲滅のため緊急の必要があると認めるときは，地域及び期間を限り，都道府県知事等に第13条［検診及び予防注射］及び第15条から前条まで［移動の制限，交通の遮断又は制限，集合施設の禁止，係留されていない犬の抑留及び係留されていない犬の薬殺］の規定による措置の実施を指示することができる（法19条）。

◆ 5 狂犬病予防員
(1) 任 命

都道府県知事等は，当該都道府県等の職員で獣医師であるもののうちから狂犬病予防員を任命しなければならない（法3条1項）。つまり**獣医師しか狂犬病予防員になることができない。**

(2) 職 務

法における狂犬病予防員の職務は以下の通りである。
① 法4条に規定する登録を受けず，若しくは鑑札を着けず，又は法5条に規定する予防注射を受けず，若しくは注射済票を着けていない犬の抑留（法6条1項）。
② 罹患犬等の隔離についての指示（法9条2項）
③ 法9条1項の規定により隔離された犬等の殺害許可（法11条）
④ 罹患犬等の死体の引取り（法12条）
⑤ 都道府県知事等の指示による犬の一斉検診又は臨時の予防注射（法13条）
⑥ 病性鑑定のため必要があるときの都道府県知事の許可を受けた犬等の死体の解剖，又は解剖のため狂犬病にかかった犬等の殺害（法14条1項）
⑦ 都道府県知事等の指示による法10条の規定による係留の命令が発せられているにかかわらず係留されていない犬の抑留（法18条1項）
⑧ 都道府県知事等の指示による狂犬病の蔓延の防止及び撲滅のため緊急の必要がある場合において，法18条第1項の規定による抑留を行うについて著しく困難な事情があると認めるときの，区域及び期間を定めて，法10条の規定による係留の命令が発せられているにかかわらず係留されていない犬の薬殺（法18条の2第1項）

(3) 公務員等の協力義務

公衆衛生又は治安維持の職務にたずさわる公務員及び**獣医師は，狂犬病予防**

のため，予防員から協力を求められたときは，これを拒んではならない（法20条）。ただし，違反しても罰則はない。

◆ 章 末 問 題 ◆

問1 「狂犬病予防法」の検疫対象動物はどれか。（第73回獣医師国家試験）

1．牛
2．馬
3．だちょう
4．あらいぐま
5．サル

問2 「狂犬病予防法」に関する記述として正しいのはどれか。（第72回獣医師国家試験）

1．狂犬病予防員は都道府県の職員であれば獣医師でなくてもよい。
2．鑑札および注射済み票は飼い主が保管すれば犬へ装着しなくてもよい。
3．登録又は予防注射を受けていない犬でも理由があれば抑留しなくてもよい。
4．犬の所有者は原則として市町村長に犬の登録を申請しなければならない。
5．猫の所有者は猫に狂犬病の予防注射を毎年1回受けさせなければならない。

◇ 章末問題の解説 ◇

問1　正答　4

　「狂犬病予防法」の検疫対象動物とは「狂犬病予防法」が適用される動物のことであり，犬，猫，あらいぐま，きつね及びスカンクである。

問2　正答　4

1．狂犬病予防員には，当該都道府県等の職員で獣医師であるもののうちから任命しなければならない。
2．飼い主は鑑札及び注射済み票を犬に装着しなければならない。
3．狂犬病予防員は，鑑札を着けていない又は注射済票を着けていない犬を抑留しなければならないので，この抑留を理由を問わず無条件で行わなければならない。
4．飼い主は，犬を取得した日（生後90日以内の犬を取得した場合にあっては，生後90日を経過した日）から30日以内に，その犬の所在地を管轄する市町村長（特別区にあっては，区長。以下同じ。）に犬の登録を申請しなければならない。但しマイクロチップ特例制度に参加している市町村については，飼い主はマイクロチップを装着した犬について環境大臣の登録を受ければ市町村長に対する登録申請を行わなくてよい。
5．予防注射を受けさせなければならないのは犬のみである。

第7編

動物の愛護・管理・保護に関連する法規

◆第14章◆
動物の愛護及び管理に関する法律（動物愛護管理法）

《本章の内容》

1. 目的及び基本原則
2. 普及啓発
3. 基本指針等
4. 動物の所有者及び占有者の責務
5. 環境大臣による基準策定
6. 動物販売業者の責務
7. 地方公共団体の措置
8. 動物取扱業者に対する規制
9. 周辺の生活環境の保全等に係る措置
10. 動物による人の生命等に対する侵害を防止するための措置
11. 犬及び猫の引取り
12. 動物愛護管理センター等
13. 犬及び猫の登録
14. その他の動物愛護に関する規則

《本章の目標》

1. 動物の愛護及び管理に関する法律の目的について説明できる。
2. 動物の所有者及び占有者の責務について説明できる。
3. 第1種動物取扱業及び第2種動物取扱業に対する規制の内容について説明できる。
4. 特定動物に対する規制の内容について説明できる。
5. 犬及び猫の引取りに関する規則の内容について説明できる。

6．犬及び猫の登録に関する規則の内容について説明できる。
7．動物虐待罪の内容について説明できる。

◆ 1　目的及び基本原則
(1) 目　的
　動物愛護管理法（以下，本章における法）の目的は，動物の虐待及び遺棄の防止，動物の適正な取扱いその他動物の健康及び安全の保持等の動物の愛護に関する事項を定めて国民の間に動物を愛護する気風を招来し，生命尊重，友愛及び平和の情操の涵養に資するとともに，動物の管理に関する事項を定めて動物による人の生命，身体及び財産に対する侵害並びに生活環境の保全上の支障を防止し，もって人と動物の共生する社会の実現を図ることである（法1条）。つまり法の目的は人と動物の共生する社会の実現を図ることであり，この目的を達成するために，①国民の間に動物を愛護する気風を招来し，生命尊重，友愛及び平和の情操の涵養に資するための動物の愛護に関する事項及び②動物による人の生命，身体及び財産に対する侵害並びに生活環境の保全上の支障を防止するための動物の管理に関する事項を定めるとしている。

(2) 基 本 原 則
① 動物の適正取扱義務
　動物が命あるものであることにかんがみ，何人も，動物をみだりに殺し，傷つけ，又は苦しめることのないようにするのみでなく，人と動物の共生に配慮しつつ，その習性を考慮して適正に取り扱うようにしなければならない（法2条1項）。

② 動物の適切な飼養保管環境確保義務
　何人も，動物を取り扱う場合には，その飼養又は保管の目的の達成に支障を及ぼさない範囲で，適切な給餌及び給水，必要な健康の管理並びにその動物の種類，習性等を考慮した飼養又は保管を行うための環境の確保を行わなければならない（法2条2項）。

◆ 2　普 及 啓 発
　国及び地方公共団体は，動物の愛護と適正な飼養に関し，前条の趣旨にのっとり，相互に連携を図りつつ，学校，地域，家庭等における教育活動，広報活

動等を通じて普及啓発を図るように努めなければならない（法3条）。

ひろく国民の間に命あるものである動物の愛護と適正な飼養についての関心と理解を深めるようにするため、動物愛護週間を設ける（法4条1項）。この**動物愛護週間は、9月20日から同月26日までとする**（同条2項）。国及び地方公共団体は、動物愛護週間には、その趣旨にふさわしい行事が実施されるように努めなければならない（同条3項）。これを受け環境省は動物愛護週間に動物愛護週間中央行事として「どうぶつ愛護フェスティバル」を実施している。また各地方公共団体も動物愛護に関するイベントを実施している。

◆ 3 基本指針等

(1) 国

環境大臣は、動物の愛護及び管理に関する施策を総合的に推進するための基本的な指針（以下「基本指針」という。）を定めなければならない（法5条1項）。

基本指針には、次の事項を定めるものとする（同条2項）。
一　動物の愛護及び管理に関する施策の推進に関する基本的な方向
二　次条第1項に規定する動物愛護管理推進計画の策定に関する基本的な事項
三　その他動物の愛護及び管理に関する施策の推進に関する重要事項

(2) 都道府県

都道府県は、基本指針に即して、当該都道府県の区域における動物の愛護及び管理に関する施策を推進するための計画（以下「動物愛護管理推進計画」という。）を定めなければならない（法6条1項）。

動物愛護管理推進計画には、次の事項を定めるものとする（同条2項）。
一　動物の愛護及び管理に関し実施すべき施策に関する基本的な方針
二　動物の適正な飼養及び保管を図るための施策に関する事項
三　災害時における動物の適正な飼養及び保管を図るための施策に関する事項
四　動物の愛護及び管理に関する施策を実施するために必要な体制の整備（国、関係地方公共団体、民間団体等との連携の確保を含む。）に関する事項

動物愛護管理推進計画には、前項各号に掲げる事項のほか、動物の愛護及び管理に関する普及啓発に関する事項その他動物の愛護及び管理に関する施策を推進するために必要な事項を定めるように努めるものとする（同条3項）。

◆ 4　動物の所有者及び占有者の責務
(1) 動物の健康安全保持努力義務及び人の生命身体等侵害防止等努力義務

　動物の所有者又は占有者は，命あるものである動物の所有者又は占有者として動物の愛護及び管理に関する責任を十分に自覚して，その動物をその種類，習性等に応じて適正に飼養し，又は保管することにより，動物の健康及び安全を保持するように努めるとともに，動物が人の生命，身体若しくは財産に害を加え，生活環境の保全上の支障を生じさせ，又は人に迷惑を及ぼすことのないように努めなければならない（法7条1項前段）。

　つまり動物の所有者又は占有者は①動物の健康安全保持努力義務並びに②人の生命身体等侵害防止，生活環境保全及び迷惑防止努力義務を負う。

　この場合において，その飼養し，又は保管する動物について第7項の基準が定められたときは，動物の飼養及び保管については，当該基準によるものとする（同条項後段）。

(2) 動物起因感染性疾病予防努力義務

　動物の所有者又は占有者は，その所有し，又は占有する動物に起因する感染性の疾病について正しい知識を持ち，その予防のために必要な注意を払うように努めなければならない（法7条2項）。

(3) 動物逸走防止努力義務

　動物の所有者又は占有者は，その所有し，又は占有する動物の逸走を防止するために必要な措置を講ずるよう努めなければならない（法7条3項）。

(4) 終生飼養努力義務

　動物の所有者は，その所有する動物の飼養又は保管の目的等を達する上で支障を及ぼさない範囲で，できる限り，当該動物がその命を終えるまで適切に飼養すること（以下「終生飼養」という。）に努めなければならない（法7条4項）。

(5) 繁殖適切措置努力義務

　動物の所有者は，その所有する動物がみだりに繁殖して適正に飼養することが困難とならないよう，繁殖に関する適切な措置を講ずるよう努めなければならない（法7条5項）。

(6) 所有者明示努力義務

　動物の所有者は，その所有する動物が自己の所有に係るものであることを明らかにするための措置として環境大臣が定めるものを講ずるように努めなけれ

ばならない（法7条6項）。

　動物が自己の所有に係るものであることを明らかにするための措置については，「動物が自己の所有に係るものであることを明らかにするための措置について」（平成18年1月20日環境省告示第23号）において定められている。具体的には，飼養及び保管の開始後，速やかに識別器具等の装着又は施術を実施すること，動物によって外されにくく老朽化により容易に脱落しない識別器具等を選択すること，識別器具等の装着又は施術は動物に過度の負担がかからない方法で行うことなどが定められている。

◆ 5　環境大臣による基準策定

　環境大臣は，関係行政機関の長と協議して，動物の飼養及び保管に関しよるべき基準を定めることができる（法7条7項）。

　これに基づき以下の飼養及び保管に関する基準が定められている。

① 「家庭動物等の飼養及び保管に関する基準」（平成14年5月28日環境省告示第37号）

② 「展示動物の飼養及び保管に関する基準」（平成16年4月30日環境省告示第33号）

③ 「実験動物の飼養及び保管並びに苦痛の軽減に関する基準」（平成18年4月28日環境省告示第88号）

④ 「産業動物の飼養及び保管に関する基準」（昭和62年10月9日総理府告示第22号）

◆ 6　動物販売業者の責務

　動物の販売を業として行う者は，当該販売に係る動物の購入者に対し，当該動物の種類，習性，供用の目的等に応じて，その適正な飼養又は保管の方法について，必要な説明をしなければならない（法8条1項）。また動物の販売を業として行う者は，購入者の購入しようとする動物の飼養及び保管に係る知識及び経験に照らして，当該購入者に理解されるために必要な方法及び程度により，前項の説明を行うよう努めなければならない（同条2項）。

◆ 7　地方公共団体の措置

　地方公共団体は，動物の健康及び安全を保持するとともに，動物が人に迷惑

を及ぼすことのないようにするため，条例で定めるところにより，動物の飼養及び保管について動物の所有者又は占有者に対する指導をすること，多数の動物の飼養及び保管に係る届出をさせることその他の必要な措置を講ずることができる（法9条）。

◆ 8　動物取扱業者に対する規制
(1) 動物取扱業の分類

　動物取扱業は第1種と第2種とに分類される。

　第1種動物取扱業とは，動物（哺乳類，鳥類又は爬虫類に属するものに限り，畜産農業に係るもの及び試験研究用又は生物学的製剤の製造の用その他政令で定める用途に供するために飼養し，又は保管しているものを除く。）の販売（その取次ぎ又は代理を含む。），保管，貸出し，訓練，展示（動物との触れ合いの機会の提供を含む。）その他政令で定める取扱いを業として行うことをいう（法10条1項）。この**第1種動物取扱業を営むための登録を受けた者を第1種動物取扱業者**という（法12条1項4号括弧内）。

　第1種動物取扱業が取り扱う動物は哺乳類，鳥類又は爬虫類に属するものに限られている。このため観賞魚販売業のような**両生類又は魚類の取扱業は第1種動物取扱業に含まれない**。また第1種動物取扱業者が取り扱う動物から畜産農業に係るもの及び試験研究用等の用途に供するために飼養等をしているものが除外されている。このため**畜産農家は第1種動物取扱業者に含まれない**。また**実験動物の生産販売業も第1種動物取扱業に含まれない**。

　その他政令で定める取扱いについては，政令において以下のように定められている（動物の愛護及び管理に関する法律施行令［以下，本章における施行令］1条）。

一　動物の売買をしようとする者のあっせんを会場を設けて競りの方法により行うこと。

二　動物を譲り受けてその飼養を行うこと（当該動物を譲り渡した者が当該飼養に要する費用の全部又は一部を負担する場合に限る。）。

　第2種動物取扱業とは，動物の譲渡し，保管，貸出し，訓練，展示その他第10条第1項の政令で定める取扱いに類する取扱いとして環境省令で定めるもの（以下この条において「その他の取扱い」という。）を業として行うことをいう（法24条の2の2）。この**第2種動物取扱業を行うために届出をした者を第2

種動物取扱業者という（法24条の３第１項括弧内）。

　第１種動物取扱業者は第１種動物取扱業を「営む」者であるので，営利目的を持っていることが前提となる。つまり**第１種動物取扱業者は営利目的で動物取扱業を営む者であるのに対して，第２種動物取扱業者は非営利目的で動物取扱業を行う者である**という違いがある。

(2) 第１種動物取扱業者に対する規制
① 登録義務
　第１種動物取扱業営もうとする者は，当該業を営もうとする事業所の所在地を管轄する都道府県知事（政令指定都市にあっては，その長とする。[以下，本書第10項まで都道府県知事等]）の登録を受けなければならない（法10条１項）。

　この登録を受けようとする者は，次に掲げる事項を記載した申請書を都道府県知事等に提供しなけらばならない（同条２項）。

一　氏名又は名称及び住所地並びに法人にあっては代表者の氏名
二　事業所の名称及び所在地
三　事業所ごとに置かれる動物取扱責任者の氏名
四　その営もうとする第１種動物取扱業の種別（販売，保管，貸出し，訓練，展示又は前項の政令で定める取扱いの別をいう。）並びにその種別に応じた業務の内容及び実施の方法
五　主として取り扱う動物の種類及び数
六　動物の飼養又は保管のための施設（飼養施設）を設置しているときは，次に掲げる事項
　　イ　飼養施設の所在地
　　ロ　飼養施設の構造及び規模
　　ハ　飼養施設の管理の方法
七　その他環境省令で定める事項

　第１項の登録の申請をする者は，**犬猫等販売業**（犬猫等（犬又は猫その他環境省令で定める動物をいう。以下同じ。）の販売を業として行うことをいう。以下同じ。）を営もうとする場合には，前項各号に掲げる事項のほか，同項の申請書に次に掲げる事項を併せて記載しなければならない（同条３項）。

一　販売の用に供する犬猫等の繁殖を行うかどうかの別
二　販売の用に供する幼齢の犬猫等（繁殖を併せて行う場合にあっては，幼齢の犬猫等及び繁殖の用に供し，又は供する目的で飼養する犬猫等。第12条第１項に

おいて同じ。）の健康及び安全を保持するための体制の整備，販売の用に供することが困難となった犬猫等の取扱いその他環境省令で定める事項に関する計画（以下「犬猫等健康安全計画」という。）

都道府県知事等は，登録の申請があったときは，登録を拒否する場合を除き，申請者の氏名又は名称等を第1種動物取扱業者登録簿に登録しなければならない（法11条1項）。都道府県知事等は，この登録をしたときは，遅滞なく，その旨を申請者に通知しなければならない（同条2項）。

都道府県知事等は，登録を受けようとする者が，法令で定める拒否事由[127]に該当する場合には，その登録を拒否しなければならない（法12条1項）。

登録は，5年ごとにその更新を受けなければ，その期間の経過によって，その効力を失う（法13条1項）。

② 標識掲示義務

第1種動物取扱業者は，環境省令で定めるところにより，その事業所ごとに，公衆の見やすい場所に，氏名又は名称，登録番号その他の環境省令で定める事項を記載した標識を掲げなければならない（法18条）。

③ 動物管理方法等基準遵守義務

第1種動物取扱業者は，動物の健康及び安全を保持するとともに，生活環境の保全上の支障が生ずることを防止するため，その取り扱う動物の管理の方法等に関し環境省令で定める基準を遵守しなければならない（法21条1項）。前項の基準は，動物の愛護及び適正な飼養の観点を踏まえつつ，動物の種類，習性，出生後経過した期間等を考慮して，次に掲げる事項について定めるものと

---

[127] 法令で定める拒否事由には①法12条1項各号（心身の故障によりその業務を適正に行うことができない者として環境省令で定める者等）に該当する場合，②法10条2項4号に掲げる事項（営もうとする第1種動物取扱業の種別［販売，保管，貸出し，訓練，展示又は施行令1条で定める取扱いの別］並びにその種別に応じた業務の内容及び実施の方法）が動物の健康及び安全の保持その他動物の適正な取扱いを確保するため必要なものとして環境省令で定める基準に適合していないと認めるとき，③法10条2項6号ロ［飼養施設の構造及び規模］又及びハ［飼養施設の管理の方法］に掲げる事項が環境省令で定める飼養施設の構造，規模及び管理に関する基準に適合していないと認めるとき，④犬猫等販売業を営もうとする場合にあっては，犬猫等健康安全計画が幼齢の犬猫等の健康及び安全の確保並びに犬猫等の終生飼養の確保を図るため適切なものとして環境省令で定める基準に適合していないと認めるとき，⑤申請書又は添付書類のうちに重要な事項について虚偽の記載があり，又は重要な事実の記載が欠けているとき，がある。

する（同条２項）。
一　飼養施設の管理，飼養施設に備える設備の構造及び規模並びに当該設備の管理に関する事項
二　動物の飼養又は保管に従事する従業者の員数に関する事項
三　動物の飼養又は保管をする環境の管理に関する事項
四　動物の疾病等に係る措置に関する事項
五　動物の展示又は輸送の方法に関する事項
六　動物を繁殖の用に供することができる回数，繁殖の用に供することができる動物の選定その他の動物の繁殖の方法に関する事項
七　その他動物の愛護及び適正な飼養に関し必要な事項

　これらの規定を受け，「第１種動物取扱業者及び第２種動物取扱業者が取り扱う動物の管理の方法等の基準を定める省令」が定められている。この省令において，動物の管理の方法等の基準が具体的に定められている。
　都道府県又は指定都市は，動物の健康及び安全を保持するとともに，生活環境の保全上の支障が生ずることを防止するため，その自然的，社会的条件から判断して必要があると認めるときは，条例で，第１項の基準に代えて第１種動物取扱業者が遵守すべき基準を定めることができる（同条４項）。

④ 感染性疾病予防努力義務

　第１種動物取扱業者は，その取り扱う動物の健康状態を日常的に確認すること，必要に応じて獣医師による診療を受けさせることその他のその取り扱う動物の感染性の疾病の予防のために必要な措置を適切に実施するよう努めなければならない（法21条の２）。

⑤ 動物を取り扱うことが困難になった場合の譲渡し等努力義務

　第１種動物取扱業者は，第１種動物取扱業を廃止する場合その他の業として動物を取り扱うことが困難になった場合には，当該動物の譲渡しその他の適切な措置を講ずるよう努めなければならない（法21条の３）。

⑥ 販売時の情報提供義務

　第１種動物取扱業者のうち犬，猫その他の環境省令で定める動物の販売を業として営む者は，当該動物を販売する場合には，あらかじめ，当該動物を購入しようとする者（第１種動物取扱業者を除く。）に対し，その事業所において，当該販売に係る動物の現在の状態を直接見せるとともに，対面（対面によることが困難な場合として環境省令で定める場合には，対面に相当する方法として

環境省令で定めるものを含む。）により書面又は電磁的記録（電子的方式，磁気的方式その他人の知覚によっては認識することができない方式で作られる記録であって，電子計算機による情報処理の用に供されるものをいう。）を用いて当該動物の飼養又は保管の方法，生年月日，当該動物に係る繁殖を行った者の氏名その他の適正な飼養又は保管のために必要な情報として環境省令で定めるものを提供しなければならない（法21条の4）。

　環境省令で定める動物は，哺乳類，鳥類又は爬虫類に属する動物である（施行規則8条の2第1項）。

　適正な飼養又は保管のために必要な情報として環境省令で定めるものは，以下の通りである（同条2項）。

一　品種等の名称
二　性成熟時の標準体重，標準体長その他の体の大きさに係る情報
三　平均寿命その他の飼養期間に係る情報
四　飼養又は保管に適した飼養施設の構造及び規模
五　適切な給餌及び給水の方法
六　適切な運動及び休養の方法
七　主な人と動物の共通感染症その他の当該動物がかかるおそれの高い疾病の種類及びその予防方法
八　不妊又は去勢の措置の方法及びその費用（哺乳類に属する動物に限る。）
九　前号に掲げるもののほかみだりな繁殖を制限するための措置（不妊又は去勢の措置を不可逆的な方法により実施している場合を除く。）
十　遺棄の禁止その他当該動物に係る関係法令の規定による規制の内容
十一　性別の判定結果
十二　生年月日（輸入等をされた動物であって，生年月日が明らかでない場合にあっては，推定される生年月日及び輸入年月日等）
十三　不妊又は去勢の措置の実施状況（哺乳類に属する動物に限る。）
十四　繁殖を行った者の氏名又は名称及び登録番号又は所在地（輸入された動物であって，繁殖を行った者が明らかでない場合にあっては当該動物を輸出した者の氏名又は名称及び所在地，譲渡された動物であって，繁殖を行った者が明らかでない場合にあっては当該動物を譲渡した者の氏名又は名称及び所在地）
十五　所有者の氏名（自己の所有しない動物を販売しようとする場合に限る。）
十六　当該動物の病歴，ワクチンの接種状況等

十七　当該動物の親及び同腹子に係る遺伝性疾患の発生状況（哺乳類に属する動物に限り，かつ，関係者からの聴取り等によっても知ることが困難であるものを除く。）

十八　前各号に掲げるもののほか，当該動物の適正な飼養又は保管に必要な事項

事業所における販売義務により，犬猫等の移動販売が実質的に禁止されている。移動先は事業所ではないからである。また**現物確認及び対面説明義務**により，犬猫等の売買をインターネットのみで完結させることはできない。

⑦ 動物に関する帳簿具備等義務

第1種動物取扱業者のうち動物の販売，貸出し，展示その他政令で定める取扱いを業として営む者（「動物販売業者等」という。）は，環境省令で定めるところにより，帳簿を備え，その所有し，又は占有する動物について，その所有し，若しくは占有した日，その販売若しくは引渡しをした日又は死亡した日その他の環境省令で定める事項[128]を記載し，これを保存しなければならない

---

(128)　環境省令で定める事項は，以下の通りである（施行規則10条の2第1項）。
　一　当該動物の品種等の名称
　二　当該動物の繁殖者の氏名又は名称及び登録番号又は所在地（輸入された動物であって，繁殖を行った者が明らかでない場合にあっては当該動物を輸出した者の氏名又は名称及び所在地，譲渡された動物であって，繁殖を行った者が明らかでない場合にあっては当該動物を譲渡した者の氏名又は名称及び所在地，捕獲された動物にあっては当該動物を捕獲した者の氏名又は名称，登録番号又は所在地及び当該動物を捕獲した場所）
　三　当該動物の生年月日（輸入等をされた動物であって，生年月日が明らかでない場合にあっては，推定される生年月日及び輸入年月日等）
　四　当該動物を所有し，又は占有するに至った日
　五　当該動物を当該動物販売業者等に販売した者又は譲渡した者の氏名又は名称及び登録番号又は所在地
　六　当該動物の販売又は引渡しをした日
　七　当該動物の販売又は引渡しの相手方の氏名又は名称及び登録番号又は所在地
　八　当該動物の販売又は引渡しの相手方が動物の取引に関する関係法令に違反していないことの確認状況
　九　販売業者にあっては，当該動物の販売を行った者の氏名
　十　販売業者にあっては，当該動物の販売に際しての法第21条の4に規定する情報提供及び基準省令第2条第7号ヘに掲げる当該情報提供についての顧客による確認の実施状況
　十一　貸出業者にあっては，当該動物に関する基準省令第2条第7号トに規定する情報提供の実施状況並びに当該動物の貸出しの目的及び期間

（法21条の5第1項）。

　政令で定める取扱いとは，動物を譲り受けてその飼養を行うこと（当該動物を譲り渡した者が当該飼養に要する費用の全部又は一部を負担する場合に限る。）である（施行令2条）。

⑧ 都道府県知事等への届出義務

　動物販売業者等は，環境省令で定めるところにより，環境省令で定める期間ごとに，次に掲げる事項を都道府県知事等に届け出なければならない（法21条の5第2項）。

一　当該期間が開始した日に所有し，又は占有していた動物の種類ごとの数
二　当該期間中に新たに所有し，又は占有した動物の種類ごとの数
三　当該期間中に販売若しくは引渡し又は死亡の事実が生じた動物の当該事実の区分ごと及び種類ごとの数
四　当該期間が終了した日に所有し，又は占有していた動物の種類ごとの数
五　その他環境省令で定める事項

⑨ 動物取扱責任者選任及び研修受講義務

　第1種動物取扱業者は，事業所ごとに，環境省令で定めるところにより，当該事業所に係る業務を適正に実施するため，十分な技術的能力及び専門的な知識経験を有する者のうちから，動物取扱責任者を選任しなければならない（法22条1項）。

　動物取扱責任者は，次の要件を満たす職員のうちから選任するものとする（施行規則9条）。

一　次に掲げる要件のいずれかに該当すること。
　　イ　獣医師法第3条の免許を取得している者であること。
　　ロ　愛玩動物看護師法第3条の免許を取得している者であること。
　　ハ　営もうとする第1種動物取扱業の種別ごとに別表下欄に定める種別[129]に係る半年間以上の実務経験（常勤の職員として在職するものに限る。）又は取り扱おうとする動物の種類ごとに実務経験と同等と認められる1年間以

　　十二　当該動物が死亡（動物販売業者等が飼養又は保管している間に死亡の事実が発生した場合に限る。次号において同じ。）した日
　　十三　当該動物の死亡の原因
（129）　例えば飼養施設を有して営む販売に関してであれば，飼養施設を有して営む販売及び貸出しが種別となる。（施行規則別表）。

上の飼養に従事した経験があり，かつ，営もうとする第1種動物取扱業の種別に係る知識及び技術について1年間以上教育する学校その他の教育機関を卒業していること（学校教育法による専門職大学であって，当該知識及び技術について1年以上教育するものの前期課程を修了していることを含む。）。
ニ 営もうとする第1種動物取扱業の種別ごとに別表下欄に定める種別に係る半年間以上の実務経験（常勤の職員として在職するものに限る。）又は取り扱おうとする動物の種類ごとに実務経験と同等と認められる1年間以上の飼養に従事した経験があり，かつ，公平性及び専門性を持った団体が行う客観的な試験によって，営もうとする第1種動物取扱業の種別に係る知識及び技術を習得していることの証明を得ていること。
二 事業所の動物取扱責任者以外のすべての職員に対し，動物取扱責任者研修において得た知識及び技術に関する指導を行う能力を有すること。

動物取扱責任者の資格要件の1つに愛玩動物看護師免許取得者が含まれている。これにより愛玩動物看護師の役割の拡大及び動物取扱業における動物の取扱いの質の向上が期待されている。

　動物取扱責任者は，法第12条第1項第1号から第7号の2まで［心身の故障によりその業務を適正に行うことができない者として環境省令で定める者，禁錮以上の刑に処せられ，その執行を終わり，又は執行を受けることがなくなった日から5年を経過しない者等］に該当する者以外の者でなければならない（法22条2項）。
　第1種動物取扱業者は，環境省令で定めるところにより，動物取扱責任者に動物取扱責任者研修（都道府県知事等が行う動物取扱責任者の業務に必要な知識及び能力に関する研修をいう。）を受けさせなければならない（同条3項）。

⑩ 都道府県知事等による勧告及び命令

　都道府県知事等は，第1種動物取扱業者が第21条第1項［省令で定める動物管理方法基準］又は第4項［条例で定める動物管理方法基準］の基準を遵守していないと認めるときは，その者に対し，期限を定めて，その取り扱う動物の管理の方法等を改善すべきことを勧告することができる（法23条1項）。
　都道府県知事等は，第1種動物取扱業者が第21条の4［販売時の情報提供義務］若しくは第22条第3項［動物取扱責任者に動物取扱責任者研修を受けさせる義務］の規定を遵守していないと認めるとき，又は犬猫等販売業者が第22条の5［幼齢の犬又は猫に係る販売等の制限］の規定を遵守していないと認める

ときは，その者に対し，期限を定めて，必要な措置をとるべきことを勧告することができる（法23条2項）。

都道府県知事等は，前2項の規定による勧告を受けた者が前2項の期限内にこれに従わなかったときは，その旨を公表することができる（法23条3項）。

都道府県知事等は，第1項又は第2項の規定による勧告を受けた者が正当な理由がなくてその勧告に係る措置をとらなかったときは，その者に対し，期限を定めて，その勧告に係る措置をとるべきことを命ずることができる（法23条4項）。この命令に違反した者は，100万円以下の罰金に処される（法46条4号）。

(3) 犬猫等販売業者に対する上乗せ規制

法では犬猫等販売業者に対して以下のような上乗せ規制が定められている。

① 犬猫等健康安全計画の遵守義務

犬猫等販売業者は，犬猫等健康安全計画の定めるところに従い，その業務を行わなければならない（法22条の2）。

② 獣医師等との連携の確保義務

犬猫等販売業者は，その飼養又は保管をする犬猫等の健康及び安全を確保するため，獣医師等との適切な連携の確保を図らなければならない（法22条の3）。

③ 終生飼養の確保義務

犬猫等販売業者は，やむを得ない場合を除き，販売の用に供することが困難となった犬猫等についても，引き続き，当該犬猫等の終生飼養の確保を図らなければならない（法22条の4）。

④ 幼齢の犬又は猫に係る販売等の制限

犬猫等販売業者（販売の用に供する犬又は猫の繁殖を行う者に限る。）は，その繁殖を行った**犬又は猫であって出生後56日を経過しないものについて，販売のため又は販売の用に供するために引渡し又は展示をしてはならない**（法22条の5）。

ただし専ら文化財保護法第109条第1項の規定により天然記念物として指定された犬（以下この項において「指定犬」という。）[130]の繁殖を行う第22条の5に規定する犬猫等販売業者（以下この項において「指定犬繁殖販売業者」とい

---

(130) 現在指定されている犬は，秋田犬（昭和6年7月31日指定），甲斐犬（昭和9年1月22日指定），紀州犬（昭和9年5月1日指定），越の犬（昭和9年12月28日指定），柴犬（昭和11年12月16日指定），土佐犬［土佐闘犬とは異なる。四国犬とも呼ばれる。］（昭和12年6月15日指定），北海道犬（昭和12年12月21日）の7種である。

う。）が，犬猫等販売業者以外の者に指定犬を販売する場合における当該指定犬繁殖販売業者に対する同条の規定の適用については，同条中「**56日**」とあるのは，「**49日**」とする（法附則2項）。日数が短くなったのは天然記念物である「犬種の保護との調整を図るため」[131]とされる。

⑤ 都道府県知事等による犬猫等の検案

都道府県知事等は，犬猫等販売業者の所有する犬猫等に係る死亡の事実の発生の状況に照らして必要があると認めるときは，環境省令で定めるところにより，犬猫等販売業者に対して，期間を指定して，当該指定期間内にその所有する犬猫等に係る死亡の事実が発生した場合には獣医師による診療中に死亡したときを除き獣医師による検案を受け，当該指定期間が満了した日から30日以内に当該指定期間内に死亡の事実が発生した全ての犬猫等の検案書又は死亡診断書を提出すべきことを命ずることができる（法22条の6）。

(4) 第2種動物取扱業者に対する規制

① 届出義務

第2種動物取扱業を行おうとする者（第10条第1項の登録を受けるべき者及びその取り扱おうとする動物の数が環境省令で定める数[132]に満たない者を除く。）は，第35条の規定に基づき同条第1項に規定する都道府県等が犬又は猫の取扱いを行う場合［犬又は猫の引取り］その他環境省令で定める場合[133]を除き，

---

[131] 「衆議院議員緑川貴士君提出『生後8週齢規制』にかかる日本犬の特例規定に関する質問に対する答弁書」令和元年6月28日内閣衆質198号第264号。
[132] 環境省令では以下のように定められている（施行規則10条の5第2項）。
　　一　大型動物（牛，馬，豚，ダチョウ又はこれらと同等以上の大きさを有する哺乳類若しくは鳥類に属する動物）及び特定動物の合計数　3
　　二　中型動物（犬，猫又はこれらと同等以上の大きさを有する哺乳類，鳥類若しくは爬虫類に属する動物。ただし，大型動物は除く。）の合計数　10
　　三　前2号に掲げる動物以外の哺乳類，鳥類又は爬虫類に属する動物の合計数　50
　　四　第1号及び第2号に掲げる動物の合計数　10
　　五　第1号から第3号までに掲げる動物の合計数　50
[133] 環境省令で定める場合とは，以下の場合である（施行規則10条の5第3項）。
　　一　国又は地方公共団体の職員が非常災害のために必要な応急措置としての行為に伴って動物の取扱いをする場合
　　二　警察職員が警察法第2条第1項に規定する警察の責務として動物の取扱いをする場合
　　三　自衛隊員が自衛隊の施設等又は部隊若しくは機関の警備に伴って動物の取扱いをする場合
　　四　家畜防疫官が狂犬病予防法第7条，家畜伝染病予防法第40条，第43条，第45条若

飼養施設を設置する場所ごとに，環境省令で定めるところにより，環境省令で定める書類を添えて，次の事項を**都道府県知事等に届け出なければならない**（法24条の2の2）。
一　氏名又は名称及び住所並びに法人にあっては代表者の氏名
二　飼養施設の所在地
三　その行おうとする第2種動物取扱業の種別（譲渡し，保管，貸出し，訓練，展示又はその他の取扱いの別をいう。以下この号において同じ。）並びにその種別に応じた事業の内容及び実施の方法
四　主として取り扱う動物の種類及び数
五　飼養施設の構造及び規模
六　飼養施設の管理の方法
七　その他環境省令で定める事項

② 第1種動物取扱業者に対する規制の準用

以下の第1種動物取扱業者に対する規制が，第2種動物取扱業者にも適用される（法24条の4第1項。第2種動物取扱業者に合わせた読み替えがなされる）。

① 第16条第1項（第5号に係る部分を除く。）［廃業等の届出］
② 第20条［登録に関する事項の環境省令への委任］
③ 第21条（第3項を除く。）［動物管理方法等基準遵守義務］

　　しくは第46条の2又は感染症の予防及び感染症の患者に対する医療に関する法律第55条に基づく動物検疫所の業務に伴って動物の取扱いをする場合
五　検疫所職員が感染症の予防及び感染症の患者に対する医療に関する法律第56条の2に基づく検疫所の業務に伴って動物の取扱いをする場合
六　税関職員が関税法に基づく税関の業務に伴って動物の取扱いをする場合
七　地方公共団体の職員が法の規定に基づく業務に伴って動物の取扱いをする場合
八　地方公共団体の職員が狂犬病予防法第6条又は第18条の規定に基づいて犬を抑留する場合
九　国又は地方公共団体の職員が絶滅のおそれのある野生動植物の種の保存に関する法律の規定に基づく業務に伴って動物の取扱いをする場合
十　国又は地方公共団体の職員が鳥獣の保護及び管理並びに狩猟の適正化に関する法律の規定に基づく業務に伴って動物の取扱いをする場合
十一　国又は地方公共団体の職員が特定外来生物による生態系等に係る被害の防止に関する法律の規定に基づく業務に伴って動物の取扱いをする場合
十二　国の職員が少年院法第23条，婦人補導院法第2条又は刑事収容施設及び被収容者等の処遇に関する法律第84条の規定に基づく業務に伴って動物の取扱いをする場合

④ 第23条（第2項を除く。）［都道府県知事等による勧告及び命令］
⑤ 第24条［報告及び検査］

前項に規定するもののほか，**犬猫等の譲渡しを業として行う第2種動物取扱業者については**，第21条の5第1項［動物に関する帳簿具備等義務］の規定を準用する（法24条の4第2項。第2種動物取扱業者に合わせた読み替えがなされる）。

◆ 9　周辺の生活環境の保全等に係る措置

都道府県知事等は，動物の飼養，保管又は給餌若しくは給水に起因した騒音又は悪臭の発生，動物の毛の飛散，多数の昆虫の発生等によって周辺の生活環境が損なわれている事態として環境省令で定める事態[134]が生じていると認めるときは，当該事態を生じさせている者に対し，必要な指導又は助言をすることができる（法25条1項）。

都道府県知事等は，前項の環境省令で定める事態が生じていると認めるときは，当該事態を生じさせている者に対し，期限を定めて，その事態を除去するために必要な措置をとるべきことを勧告することができる（同条2項）。都道府県知事等は，前項の規定による勧告を受けた者がその勧告に係る措置をとらなかった場合において，特に必要があると認めるときは，その者に対し，期限を定めて，その勧告に係る措置をとるべきことを命ずることができる（同条3項）。

都道府県知事等は，動物の飼養又は保管が適正でないことに起因して動物が

---

[134]　環境省令で定める事態は，次の各号のいずれかに該当するものが，周辺地域の住民（以下「周辺住民」という。）の日常生活に著しい支障を及ぼしていると認められる事態であって，かつ，当該支障が，複数の周辺住民からの都道府県知事に対する苦情の申出等により，周辺住民の間で共通の認識となっていると認められる事態及び周辺住民の日常生活に特に著しい支障を及ぼしているものとして特別の事情があると認められる事態とする（施行規則12条）。
　一　動物の飼養，保管又は給餌若しくは給水に伴い頻繁に発生する動物の鳴き声その他の音
　二　動物の飼養，保管又は給餌若しくは給水に伴う飼料の残さ又は動物のふん尿その他の汚物の不適切な処理又は放置により発生する臭気
　三　動物の飼養施設の敷地外に飛散する動物の毛又は羽毛
　四　動物の飼養，保管又は給餌若しくは給水により発生する多数のねずみ，はえ，蚊，のみその他の衛生動物

衰弱する等の虐待を受けるおそれがある事態として環境省令で定める事態[135]が生じていると認めるときは，当該事態を生じさせている者に対し，期限を定めて，当該事態を改善するために必要な措置をとるべきことを命じ，又は勧告することができる（同条4項）。

都道府県知事等は，前3項の規定の施行に必要な限度において，動物の飼養又は保管をしている者に対し，飼養若しくは保管の状況その他必要な事項に関し報告を求め，又はその職員に，当該動物の飼養若しくは保管をしている者の動物の飼養若しくは保管に関係のある場所に立ち入り，飼養施設その他の物件を検査させることができる（同条5項）。

◆10 動物による人の生命等に対する侵害を防止するための措置

(1) 特定動物の飼養及び保管の禁止

人の生命，身体又は財産に害を加えるおそれがある動物として政令で定める動物（その動物が交雑することにより生じた動物を含む。以下「特定動物」という。）は，飼養又は保管をしてはならない（法25条の2本文）。

特定動物とは，施行令の別表に掲げる種（亜種を含む。）であって，特定外来生物による生態系等に係る被害の防止に関する法律［以下，特定外来生物法］施行令別表第1の種名の欄に掲げる種（亜種を含む。）以外のものをいう（施行

---

[135] 環境省令で定める事態は，次の各号のいずれかに該当する事態であって，当該事態を生じさせている者が，都道府県の職員の指導に従わず，又は都道府県の職員による現場の確認等の当該事態に係る状況把握を拒んでいることにより，当該事態の改善が見込まれない事態とする（施行規則12条の2）。
一 動物の鳴き声が過度に継続して発生し，又は頻繁に動物の異常な鳴き声が発生していること。
二 動物の飼養又は保管に伴う飼料の残さ又は動物のふん尿その他の汚物の不適切な処理又は放置により臭気が継続して発生していること。
三 動物の飼養又は保管により多数のねずみ，はえ，蚊，のみその他の衛生動物が発生していること。
四 栄養不良の個体が見られ，動物への給餌及び給水が一定頻度で行われていないことが認められること。
五 爪が異常に伸びている，体表が著しく汚れている等の適正な飼養又は保管が行われていない個体が見られること。
六 繁殖を制限するための措置が講じられず，かつ，譲渡し等による飼養頭数の削減が行われていない状況において，繁殖により飼養頭数が増加していること。

令3条)。別表には，ゴルリラ属（ゴリラ属）全種，くま科全種，パンテラ属（ヒョウ属）全種，ぞう科全種，さい科全種，かみつきがめ科全種など，人にとって危険な動物種が掲げられている。このうち**特定外来生物法に基づく特定外来生物（例えばカミツキガメ）は，同法によりその飼養が原則として禁止されているので（同法4条），特定動物から除外されるため，それ以外の動物が特定動物となる。**

ただし，次条第1項の許可を受けてその許可に係る飼養又は保管をする場合，飼育動物診療施設において獣医師が診療のために特定動物の飼養又は保管をする場合その他の環境省令で定める場合[136]は，この限りでない（法25条の

---

[136] 環境省令で定める場合は，以下の場合である（施行規則13条）。
　一　診療施設（獣医療法第2条第2項に規定する診療施設をいう。）において獣医師が診療のために特定動物の飼養又は保管をする場合
　二　非常災害に対する必要な応急措置としての行為に伴って特定動物の飼養又は保管をする場合
　三　警察法第2条第1項に規定する警察の責務として特定動物の飼養又は保管をする場合
　四　家畜防疫官が狂犬病予防法第7条，家畜伝染病予防法第40条若しくは第45条又は感染症の予防及び感染症の患者に対する医療に関する法律第55条に基づく動物検疫所の業務に伴って特定動物の飼養又は保管をする場合
　五　検疫所職員が感染症の予防及び感染症の患者に対する医療に関する法律第56条の2に基づく検疫所の業務に伴って特定動物の飼養又は保管をする場合
　六　税関職員が関税法第70条に基づく税関の業務に伴って特定動物の飼養又は保管をする場合
　七　地方公共団体の職員が法の規定に基づく業務に伴って特定動物の飼養又は保管をする場合
　八　国又は地方公共団体の職員が絶滅のおそれのある野生動植物の種の保存に関する法律の規定に基づく業務に伴って特定動物の飼養又は保管をする場合
　九　国又は地方公共団体の職員が鳥獣の保護及び管理並びに狩猟の適正化に関する法律の規定に基づく業務に伴って特定動物の飼養又は保管をする場合
　十　国の職員が遺失物法の規定に基づく業務に伴って特定動物の飼養又は保管をする場合
　十一　法第26条第1項の許可を受けた者が，当該許可に係る都道府県知事が管轄する区域の外において，3日を超えない期間，当該許可に係る特定飼養施設により特定動物の飼養又は保管をする場合（当該飼養又は保管を行う場所を管轄する都道府県知事に，飼養又は保管を開始する3日（行政機関の休日に関する法律第1条第1項各号に掲げる日の日数は，算入しない。）前までに様式第13によりその旨を通知したものに限る。）
　十二　法第26条第1項の許可を受けた者が死亡し，又は解散に至った場合で，相続人又は破産管財人若しくは清算人が，死亡し，又は解散に至った日から60日を超えな

2但書)。

(2) 特定動物の飼養又は保管の許可

動物園その他これに類する施設における展示その他の環境省令で定める目的[137]で特定動物の飼養又は保管を行おうとする者は,環境省令で定めるところにより,特定動物の種類ごとに,特定動物の飼養又は保管のための施設(以下「特定飼養施設」という。)の所在地を管轄する都道府県知事等の許可を受けなければならない(法26条1項)。

(3) 特定動物の飼養又は保管の方法

特定動物飼養者は,その許可に係る飼養又は保管をするには,当該特定動物に係る特定飼養施設の点検を定期的に行うこと,当該特定動物についてその許可を受けていることを明らかにすることその他の環境省令で定める方法[138]に

　　　　い範囲内で,当該許可に係る特定動物の飼養又は保管をする場合
(137) 環境省令で定める目的とは,以下のものである(施行規則13条の2)。
　　一　動物園その他これに類する施設における展示
　　二　試験研究又は生物学的製剤,食品若しくは飲料の製造の用
　　三　生業の維持
　　四　次に掲げる要件に該当する特定動物の個体の飼養若しくは保管に係る許可の有効期間の満了又は当該許可に係る法第26条第2項第2号から第7号までに掲げる事項の変更(イに該当する特定動物の飼養又は保管の許可に係る都道府県知事が管轄する同一の区域内における同項第四号に掲げる事項の変更を除く。)の際現に当該許可を受けた者が飼養又は保管をしている当該個体に係る愛玩又は鑑賞
　　　イ　動物の愛護及び管理に関する法律等の一部を改正する法律(以下「令和元年改正法」という。)附則第4条第1項の規定によりなおその効力を有することとされた令和元年改正法第1条の規定による改正前の法第26条第1項の規定による許可に係る特定動物
　　　ロ　動物の愛護及び管理に関する法律等の一部を改正する法律の施行に伴う関係政令の整備及び経過措置に関する政令(令和元年政令第152号)第3条第5項前段の規定による許可に係る特定動物
　　五　法第26条第1項の許可を受けて特定動物の飼養又は保管を行う者が死亡した場合であって,当該者が死亡した日から60を経過した後において相続人が行う当該個体の飼養又は保管
　　六　前各号に掲げるもののほか,動物による人の生命,身体及び財産に対する侵害並びに生活環境の保全上の支障を防止することその他公益上の必要があると認められる目的
(138) 環境省令で定める方法は,次に掲げるものである(施行規則20条)。
　　一　特定飼養施設の点検を定期的に行うこと。
　　二　特定動物の飼養又は保管の状況を定期的に確認すること。
　　三　特定動物の飼養又は保管を開始したときは,特定動物の種類ごとに,当該特定動

よらなければならない（法31条）。

(4) 特定動物飼養者に対する措置命令等

都道府県知事等は，特定動物飼養者が前条の規定に違反し，又は第27条第2項（第28条第2項において準用する場合を含む。）の規定により付された条件に違反した場合において，特定動物による人の生命，身体又は財産に対する侵害の防止のため必要があると認めるときは，当該特定動物に係る飼養又は保管の方法の改善その他の必要な措置をとるべきことを命ずることができる（法32条）。

(5) 報告及び検査

都道府県知事等は，第26条から第29条まで及び前2条の規定の施行に必要な限度において，特定動物飼養者に対し，特定飼養施設の状況，特定動物の飼養又は保管の方法その他必要な事項に関し報告を求め，又はその職員に，当該特定動物飼養者の特定飼養施設を設置する場所その他関係のある場所に立ち入り，特定飼養施設その他の物件を検査させることができる（法33条1項）。

◆ 11 犬及び猫の引取り

(1) 都道府県等の犬及び猫の引取り義務

都道府県等（都道府県，指定都市，中核市，政令で定める市[139]及び特別区をいう。以下同じ。）は，犬又は猫の引取りをその所有者から求められたときは，これを引き取らなければならない（法35条1項本文）。ただし，**犬猫等販売業者から引取りを求められた場合その他の第7条第4項の規定の趣旨に照らして引取りを求める相当の事由がないと認められる場合として環境省令で定める場合には，その引取りを拒否することができる**（同条項但書）。

引取りを求める相当の事由がない場合として環境省令で定める場合は，以下の通りである（施行規則21条の2）

一　犬猫等販売業者から引取りを求められた場合

二　引取りを繰り返し求められた場合

物について，法第26条第1項の許可を受けていることを明らかにするためのマイクロチップ又は脚環の装着その他の環境大臣が定める措置を講じ，様式第20により当該措置内容を都道府県知事に届け出ること（既に当該措置が講じられている場合を除く。）。

四　前各号に掲げるもののほか，環境大臣が定める飼養又は保管の方法によること。

[139] 現在政令で定める市はない。

三　子犬又は子猫の引取りを求められた場合であって，当該引取りを求める者が都道府県等からの繁殖を制限するための措置に関する指示に従っていない場合
四　犬又は猫の老齢又は疾病を理由として引取りを求められた場合
五　引取りを求める犬又は猫の飼養が困難であるとは認められない理由により引取りを求められた場合
六　あらかじめ引取りを求める犬又は猫の譲渡先を見つけるための取組を行っていない場合
七　前各号に掲げるもののほか，法第7条第4項の規定の趣旨に照らして引取りを求める相当の事由がないと認められる場合として都道府県等の条例，規則等に定める場合

　ただし，いずれかに該当する場合であっても，生活環境の保全上の支障を防止するために必要と認められる場合については，この限りでない（同条但書）。つまり引取り拒否事由に該当する場合であっても，生活環境の保全上の支障を防止するために必要と認められる場合には，引取りを拒否できない。

　前項本文の規定により都道府県等が犬又は猫を引き取る場合には，都道府県知事等（都道府県等の長をいう。以下同じ。）は，その犬又は猫を引き取るべき場所を指定することができる（法35条2項）。

　前2項の規定は，都道府県等が所有者の判明しない犬又は猫の引取りをその拾得者その他の者から求められた場合に準用する。この場合において，第1項ただし書中「犬猫等販売業者から引取りを求められた場合その他の第7条第4項の規定の趣旨に照らして」とあるのは，「周辺の生活環境が損なわれる事態が生ずるおそれがないと認められる場合その他の」と読み替えるものとする（法35条3項）。

　この結果，所有者の判明しない犬又は猫の引取りを求める相当の事由がない場合として環境省令で定める場合とは，次の各号のいずれかに該当する場合となる（施行規則21条の3）。
一　周辺の生活環境が損なわれる事態が生ずるおそれがないと認められる場合
二　引取りを求める相当の事由がないと認められる場合として都道府県等の条例，規則等に定める場合

　例えば地域猫は所有者の判明しない猫であるが，通常は周辺の生活環境が損なわれる事態が生ずるおそれがないので，都道府県等はその引取りを求められ

ても拒否することができる。

　都道府県知事等は，第1項本文（前項において準用する場合を含む。次項，第七項及び第八項において同じ。）の規定により**引取りを行った犬又は猫について**，殺処分がなくなることを目指して，所有者がいると推測されるものについてはその所有者を発見し，当該所有者に返還するよう努めるとともに，所有者がいないと推測されるもの，所有者から引取りを求められたもの又は所有者の発見ができないものについてはその飼養を希望する者を募集し，当該希望する**者に譲り渡すよう努める**ものとする（法35条4項）。また都道府県知事等は，動物の愛護を目的とする団体その他の者に犬及び猫の引取り又は譲渡しを委託することができる（同条6項）。このため動物愛護センターは，譲渡会を開催したり，動物愛護団体と連携したりすることにより，引き取った犬又は猫を希望者に譲り渡す努力を行っている。こうした努力により，平成18(2006)年度までは，引き取った犬及び猫の9割以上が殺処分されていたのに対して，令和3(2021)年度以降は，引き取った犬及び猫の殺処分率が2割台にまで低下した[140]。

(2) 負傷動物等の発見者の通報措置

　道路，公園，広場その他の公共の場所において，疾病にかかり，若しくは負傷した犬，猫等の動物又は犬，猫等の動物の死体を発見した者は，速やかに，その所有者が判明しているときは所有者に，その所有者が判明しないときは都道府県知事等に通報するように努めなければならない（法36条1項）。

　都道府県等は，前項の規定による通報があったときは，その動物又はその動物の死体を収容しなければならない（同条2項）。

(3) 犬及び猫の繁殖制限

　犬又は猫の所有者は，これらの動物がみだりに繁殖してこれに適正な飼養を受ける機会を与えることが困難となるようなおそれがあると認める場合には，その繁殖を防止するため，生殖を不能にする手術その他の措置を講じなければならない（法37条1項）。

　都道府県等は，第35条第1項本文の規定による犬又は猫の引取り等に際して，前項に規定する措置が適切になされるよう，必要な指導及び助言を行うように努めなければならない（同条2項）。

---

[140]　環境省「動物愛護管理行政事務提要（令和5年度版）」。

◆12　動物愛護管理センター等
(1) 動物愛護管理センター
　都道府県等は，動物の愛護及び管理に関する事務を所掌する部局又は当該都道府県等が設置する施設において，当該部局又は施設が動物愛護管理センターとしての機能を果たすようにするものとする（法37条の2第1項）。

　動物愛護管理センターは，次に掲げる業務（中核市及び特別区は，第4号から第6号までに掲げる業務に限る。）を行うものとする（同条2項）。

一　第1種動物取扱業の登録，第2種動物取扱業の届出並びに第1種動物取扱業及び第2種動物取扱業の監督に関すること。
二　動物の飼養又は保管をする者に対する指導，助言，勧告，命令，報告の徴収及び立入検査に関すること。
三　特定動物の飼養又は保管の許可及び監督に関すること。
四　犬及び猫の引取り，譲渡し等に関すること。
五　動物の愛護及び管理に関する広報その他の啓発活動を行うこと。
六　その他動物の愛護及び適正な飼養のために必要な業務を行うこと。

　令和元年の法改正により，動物愛護管理センターの位置付け及びその業務が法律上明記された。

(2) 動物愛護管理担当職員
　都道府県等は，条例で定めるところにより，動物の愛護及び管理に関する事務を行わせるため，動物愛護管理員等の職名を有する職員（次項及び第3項並びに第41条の4において「動物愛護管理担当職員」という。）を置く（法37条の3第1項）。

　指定都市，中核市及び第35条第1項の政令で定める市以外の市町村（特別区を含む。）は，条例で定めるところにより，動物の愛護及び管理に関する事務を行わせるため，**動物愛護管理担当職員を置くよう努めるものとする**（同条2項）。

　動物愛護管理担当職員は，その地方公共団体の職員であって獣医師等動物の適正な飼養及び保管に関し専門的な知識を有するものをもって充てる（同条3項）。

　令和元年改正前の法では，地方公共団体は動物愛護担当職員を置くことができると定められており（旧法34条1項），動物愛護担当職員を置くかどうかは地方公共団体に委ねられていた。しかし令和元年の法改正により，名称が動物愛

護管理担当職員に変更され，また都道府県，政令指定都市及び中核市においては，動物愛護管理担当職員を置くことが義務付けられることとなった。

(3) 動物愛護推進員

都道府県知事等は，地域における犬，猫等の動物の愛護の推進に熱意と識見を有する者のうちから，動物愛護推進員を委嘱するよう努めるものとする（法38条1項）。

動物愛護推進員は，次に掲げる活動を行う（同条2項）。

一　犬，猫等の動物の愛護と適正な飼養の重要性について住民の理解を深めること。

二　住民に対し，その求めに応じて，犬，猫等の動物がみだりに繁殖することを防止するための生殖を不能にする手術その他の措置に関する必要な助言をすること。

三　犬，猫等の動物の所有者等に対し，その求めに応じて，これらの動物に適正な飼養を受ける機会を与えるために譲渡のあっせんその他の必要な支援をすること。

四　犬，猫等の動物の愛護と適正な飼養の推進のために国又は都道府県等が行う施策に必要な協力をすること。

五　災害時において，国又は都道府県等が行う犬，猫等の動物の避難，保護等に関する施策に必要な協力をすること。

動物愛護に関する行政と民間との協力を促すために設けられた制度である。

(4) 協議会

都道府県等，動物の愛護を目的とする一般社団法人又は一般財団法人，獣医師の団体その他の動物の愛護と適正な飼養について普及啓発を行っている団体等は，当該都道府県等における動物愛護推進員の委嘱の推進，動物愛護推進員の活動に対する支援等に関し必要な協議を行うための協議会を組織することができる（法39条）。

動物愛護管理行政について様々な関係者が議論できる場を提供するために設けられた制度である。

◆ 13　犬及び猫の登録

(1) マイクロチップの装着

犬猫等販売業者は，犬又は猫を取得したときは，環境省令で定めるところに

より，当該犬又は猫を取得した日（生後90日以内の犬又は猫を取得した場合にあっては，生後90日を経過した日）から30日を経過する日（その日までに当該犬又は猫の譲渡しをする場合にあっては，その譲渡しの日）までに，当該犬又は猫にマイクロチップ（犬又は猫の所有者に関する情報及び犬又は猫の個体の識別のための情報の適正な管理及び伝達に必要な機器であって識別番号（個々の機器を識別するために割り当てられる番号をいう。以下同じ。）が電磁的方法（電子的方法，磁気的方法その他の人の知覚によって認識することができない方法をいう。）により記録されたもののうち，環境省令で定める基準に適合するものをいう。以下同じ。）を装着しなければならない（法39条の2第1項本文）。

つまり犬猫等販売業者は，その取得する犬又は猫に対して，マイクロチップを装着する義務を負う。マイクロチップの装着を義務付けたのは，所有者から離れてしまった犬及び猫を所有者のもとに戻しやすくするため並びに犬及び猫の遺棄を防ぐためである。

ただし，当該犬又は猫に既にマイクロチップが装着されているとき並びにマイクロチップを装着することにより当該犬又は猫の健康及び安全の保持上支障が生じるおそれがあるときその他の環境省令で定めるやむを得ない事由に該当するときは，この限りでない（同条項但書）。

犬猫等販売業者以外の犬又は猫の所有者は，その所有する犬又は猫にマイクロチップを装着するよう努めなければならない（同条2項）。

つまり保護犬の譲渡を行う団体のような犬猫等販売業者以外の犬又は猫の所有者によるマイクロチップの装着は努力義務にとどまっている。

(2) マイクロチップ装着証明書

獣医師は，前条の規定により犬又は猫にマイクロチップを装着しようとする者の依頼を受けて当該犬又は猫にマイクロチップを装着した場合には，当該マイクロチップの識別番号その他環境省令で定める事項を記載した証明書（「マイクロチップ装着証明書」という。）を当該犬又は猫の所有者に発行しなければならない（法39条の3第1項）。

(3) 取外しの禁止

何人も，犬又は猫の健康及び安全の保持上支障が生じるおそれがあるときその他の環境省令で定めるやむを得ない事由に該当するときを除き，当該犬又は猫に装着されているマイクロチップを取り外してはならない（法39条の4）。

環境省令で定めるやむを得ない事由とは，犬又は猫の健康及び安全の保持上

支障が生じるおそれがあることである（施行規則21条の6本文）。ただし，当該事由によりマイクロチップを取り外した場合，当該事由の消滅後速やかに装着するものとする（同条但書）。

(4) 登録等

次の各号に掲げる者は，その所有する犬又は猫について，当該各号に定める日から30日を経過する日（その日までに当該犬又は猫の譲渡しをする場合にあっては，その譲渡しの日）までに，**環境大臣の登録**[141]を受けなければならない（法39条の5第1項）。

一 第39条の2第1項又は第2項の規定によりその所有する犬又は猫にマイクロチップを装着した者　当該マイクロチップを装着した日
二 マイクロチップが装着された犬又は猫であって，登録を受けていないものを取得した犬猫等販売業者　当該犬又は猫を取得した日

登録を受けようとする者（第1項第1号に掲げる者に限る。）は，登録申請書に，マイクロチップ装着証明書を添付しなければならない（同条3項）。

環境大臣は，登録をしたときは，環境省令で定めるところにより，当該登録を受けた者に対し，その所有する犬又は猫に関する証明書（「登録証明書」）を交付しなければならない（同条4項）。登録証明書には，環境省令で定める様式に従い，登録を受けた犬又は猫に装着されているマイクロチップの識別番号その他の環境省令で定める事項を記載するものとする（同条5項）。

登録を受けた者は，**第2項第1号に掲げる事項その他の環境省令で定める事項に変更を生じたときは，環境省令で定めるところにより，変更を生じた日から30日を経過する日までに，その旨を環境大臣に届け出なければならない**（同条8項）。

登録を受けた犬又は猫の譲渡しは，当該犬又は猫に係る登録証明書とともにしなければならない（同条9項）。

---

(141) 環境大臣は，環境省令で定めるところにより，その指定する者（以下「指定登録機関」という。）に，第39条の5から第39条の8までに規定する環境大臣の事務（以下「登録関係事務」という。）を行わせることができる（法39条の10第1項）。この指定登録機関として日本獣医師会が指定されている（令和3年6月15日指定）。このため登録関係事務は実際には日本獣医師会が行っている。マイクロチップの登録申請等も実際には日本獣医師会に対して行うことになる。

(5) 変更登録

次に掲げる者は，環境省令で定めるところにより，犬又は猫を取得した日から30日を経過する日（その日までに当該犬又は猫の譲渡しをする場合にあっては，その譲渡しの日）までに変更登録を受けなければならない（法39条の6第1項）。

一　登録を受けた犬又は猫を取得した犬猫等販売業者

二　犬猫等販売業者以外の者であって，登録を受けた犬又は猫を当該犬又は猫に係る登録証明書とともに譲り受けたもの

(6) 狂犬病予防法の特例

環境大臣は，犬の所有者が当該犬を取得した日（生後90日以内の犬を取得した場合にあっては，生後90日を経過した日）から30日以内に登録又は変更登録を受けた場合において，当該犬の所在地を管轄する市町村長（特別区にあっては，区長。以下この条において同じ。）の求めがあるときは，環境省令で定めるところにより，当該市町村長に環境省令で定める事項を通知しなければならない（法39条の7第1項）。

前項の規定により市町村長が通知を受けた場合における狂犬病予防法第4条の規定の適用については，当該通知に係る犬の所有者が当該犬に係る登録又は変更登録を受けた日において，当該犬の所有者から同条第1項の規定による犬の登録の申請又は同条第5項の規定による届出があったものとみなし，当該犬に装着されているマイクロチップは，同条第2項の規定により市町村長から交付された鑑札とみなす（同条2項）。

環境大臣は，犬の所有者から第39条の5第8項（第39条の6第2項において準用する場合を含む。）の規定による届出（登録事項の変更の届出）があった場合において，当該犬の所在地を管轄する市町村長の求めがあるときは，環境省令で定めるところにより，当該市町村長に環境省令で定める事項を通知しなければならない（同条3項）。

前項の規定により市町村長が通知を受けたときは，当該通知に係る届出があった日において，当該届出をした犬の所有者から狂犬病予防法第4条第4項の規定による届出があったものとみなす（同条4項）。

マイクロチップを装着した犬については，環境大臣による登録及び環境大臣に対する変更の届出を狂犬病予防法における犬の登録申請及び届出とみなし，またこの場合マイクロチップを狂犬病予防法における市町村長から交付された鑑札とみなすという特例について定めた規定である。ただしこの特例が適用さ

第14章　動物の愛護及び管理に関する法律（動物愛護管理法）

れるためには市町村長（特別区長）の求めがある必要がある。つまりこの**特例は特例制度に参加する市町村（特別区）についてのみ適用され，参加しない市町村（特別区）には適用されない**。特例制度に参加しない市町村においては，マイクロチップを装着していても，狂犬病予防法に基づく登録義務や鑑札装着義務が課される。

　第2項の規定により狂犬病予防法第4条第2項の規定により市町村長から交付された鑑札とみなされたマイクロチップが装着されている犬の所有者は，その犬から当該マイクロチップを取り除いた場合その他の厚生労働省令で定める場合には，厚生労働省令で定めるところにより，市町村長に対し，その旨を届け出なければならない（法39条の7第5項）。市町村長は，前項の規定による届出があつたときは，当該届出をした犬の所有者に犬の鑑札を交付しなければならない（同6項）。

(7) 死亡等の届出
　登録を受けた犬又は猫の所有者は，当該犬又は猫が死亡したときその他の環境省令で定める場合に該当するときは，環境省令で定めるところにより，遅滞なく，その旨を環境大臣に届け出なければならない（法39条の8）。

◆ 14　その他の動物愛護に関する規則
(1) 動物を殺す場合の方法
　動物を殺さなければならない場合には，できる限りその動物に苦痛を与えない方法によってしなければならない（法40条1項）。環境大臣は，関係行政機関の長と協議して，前項の方法に関し必要な事項を定めることができる（同条2項）。前項の必要な事項を定めるに当たっては，第1項の方法についての国際的動向に十分配慮するよう努めなければならない（同条3項）。

　これを受け「動物の殺処分方法に関する指針」（平成7年7月4日総理府告示第40号）が定められている。この指針では動物の殺処分方法について，**化学的又は物理的方法により，できる限り殺処分動物に苦痛を与えない方法を用いて当該動物を意識の喪失状態にし，心機能又は肺機能を非可逆的に停止させる方法によるほか，社会的に容認されている通常の方法によることと定められている**。

(2) 動物を科学上の利用に供する場合の方法及び事後措置等
　動物を教育，試験研究又は生物学的製剤の製造の用その他の科学上の利用に

供する場合には，科学上の利用の目的を達することができる範囲において，できる限り動物を供する方法に代わり得るものを利用すること，できる限りその利用に供される動物の数を少なくすること等により動物を適切に利用することに配慮するものとする（法41条1項）。動物を科学上の利用に供する場合には，その利用に必要な限度において，できる限りその動物に苦痛を与えない方法によってしなければならない（同条2項）。動物が科学上の利用に供された後において回復の見込みのない状態に陥っている場合には，その科学上の利用に供した者は，直ちに，できる限り苦痛を与えない方法によってその動物を処分しなければならない（同条3項）。

いわゆる動物実験における3Rの原則が定められている。

環境大臣は，関係行政機関の長と協議して，第2項の方法及び前項の措置に関しよるべき基準を定めることができる（同条4項）。これを受け「実験動物の飼養及び保管並びに苦痛の軽減に関する基準」（平成18年4月28日環境省告示第88号）において，苦痛軽減に関する基準が定められている。具体的には，実験実施者は，実験等の目的の達成に支障を及ぼさない範囲で，麻酔薬，鎮痛薬等を投与すること，実験等に供する期間をできるだけ短くする等実験終了の時期に配慮すること等により，できる限り実験動物に苦痛を与えないようにするとともに，保温等適切な処置を採ること，と定められている。

(3) 獣医師による通報

獣医師は，その業務を行うに当たり，みだりに殺されたと思われる動物の死体又はみだりに傷つけられ，若しくは虐待を受けたと思われる動物を発見したときは，遅滞なく，都道府県知事その他の関係機関に通報しなければならない（法41条の2）。令和元年の法改正により獣医師による通報は努力義務から法的義務に変更された。

(4) 愛護動物の虐待の禁止

愛護動物をみだりに殺し，又は傷つけた者は，5年以下の拘禁刑又は500万円以下の罰金に処する（法44条1項）。

愛護動物に対し，みだりに，その身体に外傷が生ずるおそれのある暴行を加え，又はそのおそれのある行為をさせること，みだりに，給餌若しくは給水をやめ，酷使し，その健康及び安全を保持することが困難な場所に拘束し，又は飼養密度が著しく適正を欠いた状態で愛護動物を飼養し若しくは保管することにより衰弱させること，自己の飼養し，又は保管する愛護動物であって疾病に

かかり，又は負傷したものの適切な保護を行わないこと，排せつ物の堆積した施設又は他の愛護動物の死体が放置された施設であって自己の管理するものにおいて飼養し，又は保管することその他の虐待を行った者は，1年以下の拘禁刑又は100万円以下の罰金に処する（同条2項）。つまり愛護動物に対する暴行だけでなく，適切に飼養しないことにより愛護動物を衰弱させること（いわゆるネグレクト）も動物虐待として刑罰を科される。令和元年の法改正により，いわゆる多頭飼育崩壊（飼育密度が著しく適正を欠いた状態）も動物虐待に該当することが明示された。

愛護動物を遺棄した者は，1年以下の拘禁刑又は100万円以下の罰金に処する（同条3項）。遺棄とは，愛護動物を移転又は置き去りにして場所的に離隔することにより，当該愛護動物の生命・身体を危険にさらす行為をいう[142]。

前3項において「愛護動物」とは，次の各号に掲げる動物をいう（同条4項）。

一　牛，馬，豚，めん羊，山羊，犬，猫，いえうさぎ，鶏，いえばと及びあひる
二　前号に掲げるものを除くほか，人が占有している動物で哺乳類，鳥類又は爬虫類に属するもの

1号に列挙されている動物は，占有の有無に関わらず愛護動物となる。例えば人に飼育されている犬も人に飼育されていない犬も愛護動物である。これに対して2号に列挙されている動物は，人が占有していれば愛護動物であるが，人が占有していない場合には愛護動物ではない。例えば人が飼育している猿は愛護動物であるが，人が飼育していない猿は愛護動物ではない。

---

(142)　環境省自然環境局総務課長通知「動物の愛護及び管理に関する法律第44条第3項に基づく愛護動物の遺棄の考え方について」（平成26年12月12日付け環自総第1412121号）

◆ 章 末 問 題 ◆

問1　動物愛護を担当する主な行政機関はどれか。(第73回獣医師国家試験)

1．農林水産省
2．厚生労働省
3．文化庁
4．内閣府
5．環境省

問2　「動物の愛護及び管理に関する法律」に定められている内容として正しいのはどれか。(第67回獣医師国家試験)

1．動物の科学上の利用は禁じられている。
2．飼い主のいない犬は愛護動物には含まれない。
3．動物取扱責任者は獣医師に限られる。
4．充分な餌や水を与えずに衰弱させる行為は虐待に当たる。
5．産業動物に対する虐待や遺棄には罰則がない。

第14章 動物の愛護及び管理に関する法律（動物愛護管理法）

◇ 章末問題の解説 ◇

問1　正答　5

　「環境省設置法」において環境省の所掌事務として「人の飼養に係る動物の愛護並びに当該動物による人の生命，身体及び財産に対する侵害の防止に関すること。」が定められている（4条1項17号）。

問2　正答　4

1. いわゆる3Rの原則の下で動物を科学上の利用に供することが認められている。
2. 牛，馬，豚，めん羊，山羊，犬，猫，いえうさぎ，鶏，いえばと及びあひるは，人が占有していなくても愛護動物に含まれる。
3. 動物取扱責任者は獣医師だけでなく，愛玩動物看護師や動物系専門学校を修了し且つ実務経験を有する者等もなることができる
4. 愛護動物に対しみだりに給餌又は給水をやめることで衰弱させることは虐待にあたり，刑罰を科される。
5. 愛護動物には牛，馬，豚，めん羊及び山羊等の産業動物も含まれるので，愛護動物に含まれる産業動物に対する虐待や遺棄には，他の愛護動物と同様に刑罰が科される。

◆第15章◆
その他の動物の愛護・管理・保護に関連する法規

―《本章の内容》―

1. 鳥獣の保護及び管理並びに狩猟の適正化に関する法律（鳥獣保護法）
2. 絶滅のおそれのある野生動植物の種の保存に関する法律（種の保存法）
3. 絶滅のおそれのある野生動植物の種の国際取引に関する条約（ワシントン条約）
4. 特に水鳥の生息地として国際的に重要な湿地に関する条約（ラムサール条約）

―《本章の目標》―

1. 鳥獣保護法における鳥獣の捕獲等に対する規制や狩猟に関する規則の概要について説明できる。
2. 種の保存法における希少野生動植物種に関する規制の概要について説明できる。
3. ワシントン条約における絶滅のおそれのある野生動植物の種の国際取引に関する規制の概要について説明できる。
4. ラムサール条約における湿地の保全に関する規則の概要について説明できる。

◆ 1　鳥獣の保護及び管理並びに狩猟の適正化に関する法律
（鳥獣保護法）

(1) 目　的

鳥獣の保護及び管理並びに狩猟の適正化に関する法律（以下，鳥獣保護法）

の目的は，鳥獣の保護及び管理を図るための事業を実施するとともに，猟具の使用に係る危険を予防することにより，鳥獣の保護及び管理並びに狩猟の適正化を図り，もって生物の多様性の確保（生態系の保護を含む。以下同じ。），生活環境の保全及び農林水産業の健全な発展に寄与することを通じて，自然環境の恵沢を享受できる国民生活の確保及び地域社会の健全な発展に資することである（同法1条）

(2) 定　義
① 鳥　獣

鳥獣とは，鳥類又は哺乳類に属する野生動物をいう（鳥獣保護法2条1項）。つまり爬虫類，両生類又は魚類に属する野生動物は鳥獣に含まれない。

ただし，この法律の規定は，環境衛生の維持に重大な支障を及ぼすおそれのある鳥獣又は他の法令により捕獲等について適切な保護若しくは管理がなされている鳥獣であって環境省令で定めるものについては，適用しない（同法80条1項）。

環境衛生の維持に重大な支障を及ぼすおそれのある鳥獣としては，ドブネズミ，クマネズミ，ハツカネズミが定められている（鳥獣保護法施行規則78条1項）。他の法令により捕獲等について適切な保護又は管理がなされている鳥獣としては，ニホンアシカ，ゼニガタアザラシ，ゴマフアザラシ，ワモンアザラシ，クラカケアザラシ，アゴヒゲアザラシ，ジュゴン以外の海棲哺乳類が定められている（同条2項）。例えばラッコ及びオットセイについては臘虎臑肭獣猟獲取締法によって規制されている。イルカ及びクジラについては漁業の許可及び取締等に関する省令によって規制されている。

② 狩猟鳥獣

狩猟鳥獣とは，希少鳥獣以外の鳥獣であって，その肉又は毛皮を利用する目的，管理をする目的その他の目的で捕獲等（捕獲又は殺傷をいう。以下同じ。）の対象となる鳥獣（鳥類のひなを除く。）であって，その捕獲等がその生息の状況に著しく影響を及ぼすおそれのないものとして環境省令で定めるものをいう（鳥獣保護法2条7項）。具体的な狩猟鳥獣については，鳥獣保護法施行規則の別表2において定められている（鳥獣保護法施行規則3条）。例えばキジ，マガモ，ハシボソガラス，ハシブトガラス，スズメ，タヌキ，キツネ，ヒグマ，ツキノワグマ，イノシシ，ニホンジカ，ノウサギ等が定められている。

③ 法定猟法

法定猟法とは，銃器（装薬銃及び空気銃（圧縮ガスを使用するものを含む。以下同じ。）をいう。以下同じ。），網又はわなであって環境省令で定めるものを使用する猟法その他環境省令で定める猟法をいう（鳥獣保護法2条6項）。

環境省令で定める銃器，網又はわなとして，以下のものが定められている（鳥獣保護法施行規則2条）。

一　銃器　装薬銃及び空気銃（空気銃にあっては，圧縮ガスを使用するものを含み，コルクを発射するものを除く。以下同じ。）
二　網　むそう網，はり網，つき網及びなげ網
三　わな　くくりわな，はこわな，はこおとし及び囲いわな（囲いわなにあっては，農業者又は林業者が事業に対する被害を防止する目的で設置するものを除く。）

(3) 鳥獣の捕獲等又は鳥類の卵の採取等の規制

① 鳥獣の捕獲等及び鳥類の卵の採取等の禁止

鳥獣及び鳥類の卵は，捕獲等又は採取等（採取又は損傷をいう。以下同じ。）**をしてはならない**。ただし，次に掲げる場合は，この限りでない（鳥獣保護法8条）。

一　次条第1項の許可を受けてその**許可に係る捕獲等又は採取等**をするとき。
二　第11条第1項の規定により**狩猟鳥獣の捕獲等**をするとき。
三　第13条第1項の規定により同項に規定する鳥獣又は鳥類の卵（もぐら科全種及びねずみ科全種［ドブネズミ，クマネズミ，ハツカネズミを除く］）の捕獲等又は採取等をするとき。

② 鳥獣の捕獲等及び鳥類の卵の採取等の許可

学術研究の目的，鳥獣の保護又は管理の目的その他環境省令で定める目的で**鳥獣の捕獲等又は鳥類の卵の採取等をしようとする者は，次に掲げる場合にあっては環境大臣の，それ以外の場合にあっては都道府県知事の許可を受けなければならない**（鳥獣保護法9条1項）。

一　第28条第1項の規定により環境大臣が指定する鳥獣保護区の区域内において鳥獣の捕獲等又は鳥類の卵の採取等をするとき。
二　希少鳥獣の捕獲等又は希少鳥獣のうちの鳥類の卵の採取等をするとき。
三　その構造，材質及び使用の方法を勘案して鳥獣の保護に重大な支障があるものとして環境省令で定める網又はわな[143]を使用して鳥獣の捕獲等をする

とき。
③ 狩猟鳥獣の捕獲等

次に掲げる場合には，第9条第1項の規定にかかわらず，第28条第1項に規定する鳥獣保護区，第34条第1項に規定する休猟区（第14条第1項の規定により指定された区域がある場合は，その区域を除く。）その他生態系の保護又は住民の安全の確保若しくは静穏の保持が特に必要な区域として環境省令で定める区域以外の区域（以下「狩猟可能区域」という。）において，**狩猟期間**（次項の規定により限定されている場合はその期間とし，第14条第2項の規定により延長されている場合はその期間とする。）内に限り，環境大臣又は都道府県知事の許可を受けないで，狩猟鳥獣（第14条第1項の規定により指定された区域においてはその区域に係る第2種特定鳥獣[144]に限り，同条第2項の規定により延長された期間においてはその延長の期間に係る第2種特定鳥獣に限る。）の捕獲等をすることができる（鳥獣保護法11条1項）。

一　次条［対象狩猟鳥獣の捕獲等の禁止又は制限］，第14条［第2種特定鳥獣に係る特例］，第15条から第17条まで［指定猟法禁止区域，使用禁止猟具の所持規制，土地の占有者の承諾］及び次章［狩猟の適正化］第1節から第3節まで［危険の予防，狩猟免許，狩猟者登録］の規定に従って狩猟をするとき。

二　次条，第14条，第15条から第17条まで，第36条［危険猟法の禁止］及び第37条［危険猟法の許可］の規定に従って，次に掲げる狩猟鳥獣の捕獲等をするとき。

　　イ　法定猟法以外の猟法による狩猟鳥獣の捕獲等
　　ロ　垣，柵その他これに類するもので囲まれた住宅の敷地内において銃器を使用しないでする狩猟鳥獣の捕獲等

④ 環境省令で定める鳥獣の捕獲等

農業又は林業の事業活動に伴い捕獲等又は採取等をすることがやむを得ない鳥獣若しくは鳥類の卵であって環境省令で定めるものは，第9条第1項の規定にかかわらず，環境大臣又は都道府県知事の許可を受けないで，環境省令で

---

[143]　環境省令ではかすみ網が定められている（鳥獣保護法施行規則6条）。
[144]　第2種特定鳥獣とは，都道府県の区域内において，その生息数が著しく増加し，又はその生息地の範囲が拡大している鳥獣（希少鳥獣を除く。）をいう（鳥獣保護法7条の2第1項）。

定めるところにより，捕獲等又は採取等をすることができる（鳥獣保護法13条1項）。

環境省令で定める動物としては，もぐら科全種及びねずみ科全種（ドブネズミ，クマネズミ，ハツカネズミを除く）が定められている（鳥獣保護法施行規則12条）。

⑤ 指定猟法禁止区域

環境大臣又は都道府県知事は，特に必要があると認めるときは，次に掲げる区域について，それぞれ鳥獣の保護に重大な支障を及ぼすおそれがあると認める猟法（以下「指定猟法」という。）を定め，指定猟法により鳥獣の捕獲等をすることを禁止する区域を指定猟法禁止区域として指定することができる（鳥獣保護法15条1項）。

一 環境大臣にあっては，国際的又は全国的な鳥獣の保護のため必要な区域
二 都道府県知事にあっては，当該都道府県の区域内の鳥獣の保護のため必要な区域であって，前号に掲げる区域以外の区域

現時点で環境大臣が指定する区域はないが，道府県知事により鉛製銃弾等を使用した捕獲を禁止する区域が多数指定されている。

(4) 鳥獣の飼養，販売等の規制

① 飼養の登録

第9条第1項の規定による許可を受けて捕獲をした鳥獣のうち，対象狩猟鳥獣以外の鳥獣（同項の規定により許可を受けて採取をした鳥類の卵からふ化させたものを含む。）を飼養しようとする者は，その者の住所地を管轄する都道府県知事の登録を受けなければならない。ただし，第9条第4項に規定する有効期間の末日から起算して30日を経過する日までの間に飼養するときは，この限りでない（鳥獣保護法19条1項）。

② 販売禁止鳥獣等

販売されることによりその保護に重大な支障を及ぼすおそれのある鳥獣（その加工品であって環境省令で定めるもの及び繁殖したものを含む。）又は鳥類の卵であって環境省令で定めるもの（次条において「販売禁止鳥獣等」という。）は，販売してはならない。ただし，次条第1項の許可を受けて販売する場合は，この限りでない（鳥獣保護法23条）。

環境省令で定める鳥獣又は鳥類の卵については，ヤマドリ及びオオタカ並びにそれらの卵と定められている（鳥獣保護法施行規則22条1項）。環境省令で定

める鳥獣の加工品については，ヤマドリを加工した食料品と定められている（同条2項）。

学術研究の目的，養殖の目的その他環境省令で定める目的[145]で販売禁止鳥獣等の販売をしようとする者は，都道府県知事の許可を受けなければならない（鳥獣保護法24条1項）。

③ 鳥獣等の輸出の規制

鳥獣（その加工品であって環境省令で定めるものを含む。）又は鳥類の卵であって環境省令で定めるものは，この法律に違反して捕獲又は採取をしたものではないことを証する証明書（「適法捕獲等証明書」）を添付してあるものでなければ，輸出してはならない（鳥獣保護法25条1項）。

環境省令で定める鳥獣，鳥獣の加工品及び鳥類の卵は，以下のように定められている。

鳥獣については，ヤマドリ，オシドリ，ヒバリ，ウグイス，メジロ，タヌキ，キツネ等が定められている（鳥獣保護法施行規則25条1号）。

鳥獣の加工品については，鳥獣の区分ごとに加工品が定められている。例えばヤマドリについてははく製，標本及び羽毛製品，キツネについてははく製及び標本，タヌキについてははく製，標本，毛皮及び毛皮製品が定められている（同条2号）。

鳥類の卵については，種の保存法4条3項に規定する国内希少野生動植物種（同条5項に規定する特定第1種国内希少野生動植物種を除く。）の卵を除く各種鳥

---

[145] 環境省令で定める目的は，次に掲げるものと定められている（鳥獣保護法施行規則23条）。ただし，オオタカにあっては，第1号イ及びハ並びに第2号イ及びトに掲げるものに限られている。
　一　販売しようとする鳥獣が人工増殖した鳥獣でない場合
　　イ　博物館，動物園その他これに類する施設における展示
　　ロ　鑑賞
　　ハ　販売しようとする鳥獣の保護に支障を及ぼすことがないと認められる目的
　二　販売しようとする鳥獣が人工増殖した鳥獣である場合
　　イ　博物館，動物園その他これに類する施設における展示
　　ロ　鑑賞
　　ハ　放鳥
　　ニ　はく製
　　ホ　食用
　　ヘ　羽毛の加工
　　ト　販売しようとする鳥獣の保護に支障を及ぼすことがないと認められる目的

類の卵と定められている（同条3号）。

④ 鳥獣等の輸入等の規制

鳥獣（その加工品であって環境省令で定めるものを含む。）又は鳥類の卵であって環境省令で定めるものは，当該鳥獣又は鳥類の卵が適法に捕獲若しくは採取をされたこと又は輸出が許可されたことを証する外国の政府機関その他環境大臣が定める者により発行された証明書を添付してあるものでなければ，輸入してはならない（鳥獣保護法26条1項本文）。

環境省令で定める鳥獣，鳥獣の加工品及び鳥類の卵については，以下のように定められている。

鳥獣については，ヤマドリ，オシドリ，ヒバリ，ウグイス，メジロ，タヌキ，キツネ等が定められている（鳥獣保護法施行規則27条1号）。

鳥獣の加工品については，鳥獣の区分ごとに加工品が定められている。例えばヤマドリについてははく製，標本及び羽毛製品，キツネについてははく製及び標本，タヌキについてははく製，標本，毛皮及び毛皮製品が定められている（同条2号）。

鳥類の卵については，各種鳥類の卵と定められている（同条3号）。

ただし，**当該鳥獣又は鳥類の卵の捕獲若しくは採取又は輸出に関し証明する制度を有しない国又は地域として環境大臣が定める国又は地域から輸入する場合は，この限りでない**（鳥獣保護法26条1項但書）。

環境大臣が定める国又は地域としてアルゼンチン，インドネシア，ウクライナ等16の国又は地域が定められている（鳥獣保護法施行規則29条）。ただしオオタカについては除外されている（同条但書）。

⑤ 違法に捕獲又は輸入した鳥獣の飼養，譲渡し等の禁止

この法律に違反して，捕獲し，若しくは輸入した鳥獣（この法律に違反して，採取し，又は輸入した鳥類の卵からふ化されたもの及びこれらの加工品であって環境省令で定めるものを含む。）又は採取し，若しくは輸入した鳥類の卵は，飼養，譲渡し若しくは譲受け又は販売，加工若しくは保管のため引渡し若しくは引受けをしてはならない（鳥獣保護法27条）。

環境省令で定める加工品として，はく製，標本，羽毛製品，毛皮，毛皮製品及び加工した食料品が定められている（鳥獣保護法施行規則30条）。

(5) 鳥獣保護区
① 鳥獣保護区
環境大臣又は都道府県知事は，鳥獣の種類その他鳥獣の生息の状況を勘案して当該鳥獣の保護を図るため特に必要があると認めるときは，それぞれ次に掲げる区域を鳥獣保護区として指定することができる（鳥獣保護法28条1項）。

一　環境大臣にあっては，国際的又は全国的な鳥獣の保護のため重要と認める区域（国指定鳥獣保護区）

二　都道府県知事にあっては，都道府県の区域内の鳥獣の保護のため重要と認める区域であって，上記の区域以外の区域（都道府県指定鳥獣保護区）

② 特別保護地区
環境大臣又は都道府県知事は，それぞれ鳥獣保護区の区域内で鳥獣の保護又は鳥獣の生息地の保護を図るため特に必要があると認める区域を特別保護地区として指定することができる（鳥獣保護法29条1項）。

(6) 狩猟の適正化
① 特定猟具使用禁止区域等
都道府県知事は，銃器又は環境省令で定めるわな（以下「特定猟具」という。）を使用した鳥獣の捕獲等に伴う危険の予防又は指定区域の静穏の保持のため，特定猟具を使用した鳥獣の捕獲等を禁止し，又は制限する必要があると認める区域を，特定猟具の種類ごとに，特定猟具使用禁止区域又は特定猟具使用制限区域として指定することができる（鳥獣保護法35条1項）。

省令で定めるわなについては，くくりわな，はこわな，はこおとし及び囲いわなと定められている（鳥獣保護法施行規則41条の2）。

特定猟具使用禁止区域内においては，当該区域に係る特定猟具を使用した鳥獣の捕獲等をしてはならない。ただし，第9条第1項の許可を受けた者若しくは従事者がその許可に係る捕獲等をする場合又は許可不要者が国内希少野生動植物種等に係る捕獲等をする場合は，この限りでない（鳥獣保護法35条2項）。

② 危険猟法の禁止
爆発物，劇薬，毒薬を使用する猟法その他環境省令で定める猟法（以下「危険猟法」という。）により鳥獣の捕獲等をしてはならない。ただし，第13条第1項の規定により鳥獣の捕獲等をする場合又は次条第1項の許可を受けてその許可に係る鳥獣の捕獲等をする場合は，この限りでない（鳥獣保護法36条）。

省令で定める危険猟法については，据銃，陥穽その他人の生命又は身体に重

大な危害を及ぼすおそれがあるわなを使用する猟法と定められている（鳥獣保護法施行規則45条）。

第9条第1項に規定する目的で危険猟法により鳥獣の捕獲等をしようとする者は，環境大臣の許可を受けなければならない（鳥獣保護法37条1項）。

③ 狩猟免許

狩猟をしようとする者は，都道府県知事の免許（狩猟免許）を受けなければならない（鳥獣保護法39条1項）。

狩猟免許には，網猟免許，わな猟免許，第一種銃猟免許（装薬銃），第二種銃猟免許（空気銃）がある（同条2項）。

④ 狩猟者登録

狩猟をしようとする者は，狩猟をしようとする区域を管轄する都道府県知事の登録を受けなければならない。ただし，第9条第1項の許可を受けてする場合及び第11条第1項第2号（同号イに係る部分を除く。）に掲げる場合は，この限りでない。（鳥獣保護法55条1項）。つまり実際に狩猟をするためには，狩猟免許の取得と狩猟者登録を受けることが必要となる。

◆ 2　絶滅のおそれのある野生動植物の種の保存に関する法律
（種の保存法）

(1) 目　的

絶滅のおそれのある野生動植物の種の保存に関する法律（以下，種の保存法）の目的は，野生動植物が，生態系の重要な構成要素であるだけでなく，自然環境の重要な一部として人類の豊かな生活に欠かすことのできないものであることに鑑み，絶滅のおそれのある野生動植物の種の保存を図ることにより，生物の多様性を確保するとともに，良好な自然環境を保全し，もって現在及び将来の国民の健康で文化的な生活の確保に寄与することである（同法1条）。

(2) 絶滅のおそれ

絶滅のおそれとは，野生動植物の種について以下のようなその種の存続に支障を来す事情がある場合をいう（種の保存法4条1項）。

① 種の存続に支障を来す程度にその種の個体の数が著しく少ないこと
② その種の個体の数が著しく減少しつつあること
③ その種の個体の主要な生息地又は生育地が消滅しつつあること
④ その種の個体の生息又は生育の環境が著しく悪化しつつあること

(3) 希少野生動植物種の分類

① 国内希少野生動植物種

国内希少野生動植物種とは，その個体が本邦に生息し又は生育する絶滅のおそれのある野生動植物の種であって，政令で定めるものをいう（種の保存法4条4項）。

政令では，コウノトリ，トキ，イリオモテヤマネコ等が定められている（種の保存法施行令1条1項，別表第1）。

② 国際希少野生動植物種

国際希少野生動植物種とは，国内希少野生動植物種を除く，国際的に協力して種の保存を図ることとされている絶滅のおそれのある野生動植物の種であって，政令で定めるものをいう（種の保存法4条4項）。

政令では，レッサーパンダ，ライオン，シロナガスクジラ等が定められている（種の保存法施行令1条2項，別表第2）。

③ 特定第1種国内希少野生動植物種

特定第1種国内希少野生動植物種とは，次の各号のいずれにも該当する国内希少野生動植物種であって，政令で定めるものをいう（種の保存法4条5項）
一 商業的に個体の繁殖をさせることができるものであること。
二 国際的に協力して種の保存を図ることとされているものでないこと。

政令では，アツモリソウ，ハナカズラ等が定められている（種の保存法施行令1条3項，別表第3）。現時点では植物界においてのみ指定されており，動物界において指定されているものはない。

この種については商業的に個体の繁殖をさせることができるので，販売等の目的での譲り渡しが認められている。ただし捕獲等は目的を問わずできない。

④ 特定第2種国内希少野生動植物種

特定第2種国内希少野生動植物種とは，次の各号のいずれにも該当する国内希少野生動植物種であって，政令で定めるものをいう（種の保存法4条6項）。
一 種の個体の主要な生息地若しくは生育地が消滅しつつあるものであること又はその種の個体の生息若しくは生育の環境が著しく悪化しつつあるものであること。
二 種の存続に支障を来す程度にその種の個体の数が著しく少ないものでないこと。
三 繁殖による個体の数の増加の割合が低いものでないこと。

四 国際的に協力して種の保存を図ることとされているものでないこと。

政令では，ゲンゴロウ，タガメ等が定められている（種の保存法施行令1条4項，別表第4）。

特定第2種国内希少野生動植物種については，販売等の目的での捕獲や譲渡しは禁止されるが，それ以外の目的での捕獲や譲渡しは禁止されていない。この種については，生息地の環境改善や商業目的での流通を規制することにより個体数の回復が見込まれる一方，環境教育等の自然との触れ合いを維持するために捕獲の禁止等の規制が緩和されている。

⑤ **緊急指定種**

環境大臣は，国内希少野生動植物種及び国際希少野生動植物種以外の野生動植物の種の保存を特に緊急に図る必要があると認めるときは，その種を緊急指定種として指定することができる（種の保存法5条1項）。新種が発見された場合にその保存を緊急に図る必要があるときがあるため，この制度が設けられている。ただし指定の期間は，3年を超えてはならない（同条3項）。

これまでチョウセングンバイトンボ（令和4年5月19日環境省告示第51号。令和7年5月20日まで），ミナズキギボウシ（令和5年12月26日環境省告示第87号。令和8年12月27日まで），セトガワギボウシ（令和5年12月26日環境省告示第87号。令和8年12月27日まで）が緊急指定種に指定された。

(4) 希少野生動植物種に関する規制

① **捕獲等の禁止**

国内希少野生動植物種及び緊急指定種（以下「国内希少野生動植物種等」という。）の生きている個体は，捕獲，採取，殺傷又は損傷（以下「捕獲等」という。）をしてはならない。ただし，次に掲げる場合は，この限りでない（種の保存法9条）。

一 次条第1項の許可を受けてその許可に係る捕獲等をする場合

二 **販売又は頒布をする目的以外の目的で特定第2種国内希少野生動植物種の生きている個体の捕獲等**をする場合

三 生計の維持のため特に必要があり，かつ，種の保存に支障を及ぼすおそれのない場合として環境省令で定める場合

四 人の生命又は身体の保護その他の環境省令で定めるやむを得ない事由がある場合

② 捕獲等の許可

学術研究又は繁殖の目的その他環境省令で定める目的で国内希少野生動植物種等（特定第2種国内希少野生動植物種を除く。）の生きている個体の捕獲等をしようとする者は，環境大臣の許可を受けなければならない（種の保存法10条1項）。

③ 譲渡し等の禁止

希少野生動植物種の個体等は，譲渡し若しくは譲受け又は引渡し若しくは引取り（以下「譲渡し等」という。）をしてはならない（種の保存法12条1項本文）。ただし①次条第1項の許可を受けてその許可に係る譲渡し等，②特定第1種国内希少野生動植物種の個体等の譲渡し等，③販売若しくは購入又は頒布をする目的以外の目的で特定第2種国内希少野生動植物種の個体等の譲渡し等，などはできる（同条項但書）。

④ 譲渡し等の許可

学術研究又は繁殖の目的その他環境省令で定める目的で希少野生動植物種の個体等の譲渡し等をしようとする者（前条第1項第2号から第9号までに掲げる場合のいずれかに該当して譲渡し等をしようとする者を除く。）は，環境大臣の許可を受けなければならない（種の保存法13条1項）。

環境省令で定める目的は，教育の目的，希少野生動植物種の個体の生息状況又は生育状況の調査の目的その他希少野生動植物種の保存に資すると認められる目的と定められている（種の保存法施行規則6条）。

⑤ 輸出入の禁止

特定第1種国内希少野生動植物種以外の国内希少野生動植物種の個体等は，輸出し，又は輸入してはならない。ただし，その輸出又は輸入が，国際的に協力して学術研究をする目的でするものその他の特に必要なものであること，国内希少野生動植物種の本邦における保存に支障を及ぼさないものであることその他の政令で定める要件[146]に該当するときは，この限りでない（種の

---

[146] 輸出については，次の各号にいずれにも該当することと定められている（種の保存法施行令7条1項）。
　一　輸出しようとする国内希少野生動植物種の個体等（法第7条の個体等をいう。以下同じ。）が，法第9条の規定に違反して同条の捕獲等をされ，又は法第12条第1項の規定に違反して同項の譲渡し等をされたものでないこと。
　二　次のイ及びロのいずれにも該当する旨の環境大臣の認定書の交付を受けていること。

第15章　その他の動物の愛護・管理・保護に関連する法規

保存法15条1項)。

⑥ 陳列又は広告の禁止

希少野生動植物種の個体等は，販売又は頒布をする目的でその陳列又は広告をしてはならない。ただし，次に掲げる場合は，この限りでない（種の保存法17条)。

一　特定第1種国内希少野生動植物種の個体等，特定器官等[147]（特別特定器官等[148]を除く。)，第9条第3号に該当して捕獲等をした国内希少野生動植物種等の個体若しくはその個体の器官若しくはこれらの加工品，第20条第1項の登録を受けた国際希少野生動植物種の個体等又は第20条の4第1項本文の規定により記載をされた同項の事前登録済証に係る原材料器官等の陳列又は広告をする場合その他希少野生動植物種の保存に支障を及ぼすおそれがない場合として環境省令で定める場合[149]

　　イ　輸出が，国際的に協力して学術研究又は繁殖をする目的でするものその他の特に必要なものであること。
　　ロ　輸出によって国内希少野生動植物種の本邦における保存に支障を及ぼさないこと。
　輸入については，輸入しようとする国内希少野生動植物種の個体等が，別表第1の表1に掲げる種の個体等であり，かつ，学術研究若しくは繁殖の目的でその個体等を輸出することを許可した旨のその輸出国の政府機関の発行する証明書（輸出国がその個体等の輸出を許可に係らしめていない場合にあっては，輸出国内において適法に捕獲し，採取し，若しくは繁殖させた個体又はその個体から生じた器官等（その個体の一部であった器官又はその個体若しくはその個体の一部であった器官を材料として製造された加工品をいう。以下同じ。）である旨のその輸出国の政府機関の発行する証明書）が添付されていること又は別表第1の表2に掲げる種の個体等であることとする（種の保存法施行令7条2項)。

(147)　特定器官等とは，国際希少野生動植物種の器官及びその加工品であって本邦内において製品の原材料として使用されているものとして政令で定めるもの（以下「原材料器官等」という。）の加工品のうち，その形態，大きさその他の事項に関し原材料器官等及びその加工品の種別に応じて政令で定める要件に該当するものをいう（種の保存法12条1項4号）。原材料器官等について政令では，象牙やおおとかげの皮等が定められている（種の保存法施行令5条，別表第6)。政令で定める要件については，器官の全形が保持されていないことと定められている（同施行令6条)。

(148)　特別特定器官等とは，譲渡し等の管理が特に必要なものとして政令で定める特定器官等であってその形態，大きさその他の事項に関し特定器官等の種別に応じて政令で定める要件に該当するものをいう（種の保存法33条の6第1項)。政令では象牙及びその加工品に係る特定器官等が定められている（種の保存法施行令13条，別表第6)。

(149)　省令では，適法捕獲等個体若しくはその器官又はこれらの加工品の陳列又は広告をする場合と定められている（種の保存法施行規則9条)。

二　特別特定器官等の陳列又は広告をする場合（特別国際種事業者[150]以外の者が特別国際種事業として陳列又は広告をする場合を除く。）

(5) 認定保護増殖事業等

国は，国内希少野生動植物種の保存のため必要があると認めるときは，保護増殖事業を行うものとする（種の保存法46条1項）。

地方公共団体は，その行う保護増殖事業であってその事業計画が前条1項の保護増殖事業計画に適合するものについて，環境大臣のその旨の確認を受けることができる（同条2項）。

国及び地方公共団体以外の者は，その行う保護増殖事業について，その者がその保護増殖事業を適正かつ確実に実施することができ，及びその保護増殖事業の事業計画が保護増殖事業計画に適合している旨の環境大臣の認定を受けることができる（同条3項）。

実際アホウドリ，トキ，タンチョウ等について，国が保護増殖事業を実施している。またツシマヤマネコ（東京都，福岡市，佐世保市，横浜市，富山市，沖縄市，名古屋市，京都市），ライチョウ（東京都，富山市，大町市，石川県，横浜市，名古屋市）等の地方公共団体が実施する保護増殖事業が確認を受けている。さらにツシマヤマネコ，トキ，ライチョウ等について民間団体の保護増殖事業が認定を受けている。

◆ 3　絶滅のおそれのある野生動植物の種の国際取引に関する条約（ワシントン条約）

(1) 目　的

絶滅のおそれのある野生動植物の種の国際取引に関する条約（以下，ワシントン条約）の目的は，野生動植物の一定の種が過度に国際取引に利用されることのないようこれらの種を保護するための適当な措置をとることである（ワシントン条約前文）。

(2) 取引の規制

① 附属書Ⅰ

附属書Ⅰには，絶滅のおそれのある種であって取引による影響を受けており

---

(150) 特別国際種事業者とは，特別特定器官等の譲渡し又は引渡しの業務を伴う事業（特別国際種事業）を行う者をいう（種の保存法33条の6第1項）。

又は受けることのあるものが掲げられている。具体的には，オオカミ，トラ，ミンククジラ等が掲げられている。これらの種の標本の取引は，これらの種の存続を更に脅かすことのないよう特に厳重に規制するものとし，取引が認められるのは，例外的な場合に限られている（ワシントン条約2条1項）。このため**附属書Ⅰに掲げられている種の商業目的を主とする取引は禁止されている**（同条約3条3項（c））。

ただし**日本はミンククジラ等について留保**[151]**を付しているので，留保を付した動物については，ワシントン条約の規制を受けない。**

② 附 属 書 Ⅱ

附属書Ⅱには，現在必ずしも絶滅のおそれのある種ではないが，その存続を脅かすこととなる利用がなされないようにするためにその標本の取引を厳重に規制しなければ絶滅のおそれのある種となるおそれのある種，又はこれらの種以外の種であってこれらの種の標本の問引きを効果的に規制しなければならない種が掲げられている（ワシントン条約2条2項）。具体的にはキリン，カバ等が掲げられている。**附属書Ⅱに掲げられている種については商業目的の取引は禁止されていない。しかし輸出に対して科学当局による監視が義務付けられており，また輸出国当局による輸出許可証が必要となる**（同条約4条）。

③ 附 属 書 Ⅲ

附属書Ⅲには，いずれかの締約国が，捕獲又は採取を防止し又は制限するための規制を自国の管轄内において行う必要があると認め，かつ，取引の取締りのために他の締約国の協力が必要であると認める種が掲げられている（ワシントン条約2条3項）。具体的には，日本原産のトカゲモドキ，イボイモリ等が掲げられている。**附属書Ⅲに掲げられている種の輸出に対して科学当局による監視は義務付けられていないが，輸出国当局による輸出許可証は必要となる**（同条約5条）。

---

[151] 留保とは，国が，条約の特定の規定の自国への適用上その法的効果を排除し又は変更することを意図して，条約への署名，条約の批准，受諾若しくは承認又は条約への加入の際に単独に行う声明をいう（条約法に関するウィーン条約2条1項（d））。つまり留保がなされた規定は，留保した国に対しては適用されなかったり，その内容が変更されて適用されたりすることになる。

◆ 4　特に水鳥の生息地として国際的に重要な湿地に関する条約
（ラムサール条約）

(1) 目　的
特に水鳥の生息地として国際的に重要な湿地に関する条約（以下，ラムサール条約）の目的は，湿地及びその動植物の保全である（ラムサール条約前文）。

(2) 湿　地
湿地とは，天然のものであるか人工のものであるか，永続的なものであるか一時的なものであるかを問わず，更には水が滞っているか流れているか，淡水であるか汽水[152]であるか鹹水[153]であるかを問わず，沼沢地，湿原，泥炭地又は水域をいい，低潮時における水深が6メートルを超えない海域を含む（ラムサール条約1条1項）。

(3) 水　鳥
水鳥とは，生態学上湿地に依存している鳥類をいう（ラムサール条約1条2項）。

(4) 湿地の登録
各締約国は，その領域内の適当な湿地を指定し，その指定された湿地は国際的に重要な湿地に係る登録簿に掲載される（ラムサール条約2条1項）。湿地は，その生態学上，植物学上，動物学上，湖沼学上又は水文学上の国際的重要性に従って，登録簿に掲げるため選定されるべきであるとされる（同条2項前段）。特に，水鳥にとっていずれの季節においても国際的に重要な湿地は掲載されるべきであるとされる（同条項後段）。

(5) 湿地の保全
締約国は，登録簿に掲載された湿地の保全を促進し及びその領域内の湿地をできる限り適正に利用することを促進するため，計画を作成し，実施しなければならない。（ラムサール条約3条1項）。

締約国はその領域内の登録簿に掲載された湿地の変化に関する情報を入手しなければならない（同条2項前段）。またこれらの情報は，遅滞なくラムサール条約事務局に通報されなければならない（同条項後段）。

締約国は，登録と無関係に湿地に対する自然保護区の設置により湿地及び水

---

[152]　淡水と海水とが混在した液体のこと。
[153]　塩分を含む水のこと。

鳥の保全の促進し，かつその自然保護区の監視を十分に行わなければならない（同条約4条1項）。

締約国は，湿地及びその動植物に関する研究並びにデータ及び出版物の交換を促進しなければならない（同条3項）。

締約国は管理を通して適切な湿地において水鳥の数の増加に努めなければならない（同条4項）。

締約国は，湿地の研究，管理及び監視の分野での有能な人材の訓練を促進しなければならない（同条5項）。

◆ 章 末 問 題 ◆

問1 「鳥獣の保護及び管理並びに狩猟の適正化に関する法律」に関する記述として正しいのはどれか。

1. 鳥獣には両生類も含まれる。
2. 狩猟鳥獣については狩猟可能区域においていつでも捕獲できる。
3. ドブネズミを捕獲するためには都道府県知事の許可を必要とする。
4. 国指定鳥獣保護区を指定するのは環境大臣である。
5. 狩猟免許は環境大臣が与える。

問2 「特に水鳥の生息地として国際的に重要な湿地に関する条約」の通称はどれか。

1. ニューヨーク条約
2. パリ条約
3. ロンドン条約
4. ラムサール条約
5. ワシントン条約

第15章 その他の動物の愛護・管理・保護に関連する法規

◇ 章末問題の解説 ◇

問1　正答　4

1．鳥獣とは鳥類又は哺乳類に属する野生動物をいう。
2．狩猟鳥獣を捕獲することができるのは狩猟期間内に限られる。
3．ドブネズミ，クマネズミ及びハツカネズについては，環境衛生の維持に重大な支障を及ぼすおそれのある鳥獣として「鳥獣の保護及び管理並びに狩猟の適正化に関する法律」が適用されないので，無許可で捕獲することができる。
4．環境大臣は国際的又は全国的な鳥獣の保護のため重要と認める区域を鳥獣保護区として指定することができる。
5．狩猟免許は都道府県知事が与える。

問2　正答　4

　「特に水鳥の生息地として国際的に重要な湿地に関する条約」は，その条約の採択地の名前をとって「ラムサール条約」と呼ばれる。

第8編

その他の獣医事関連法規

◆第16章◆
その他の獣医事関連法規

《本章の内容》

1. 身体障害者補助犬法
2. 水産資源保護法
3. 廃棄物の処理及び清掃に関する法律（廃棄物処理法）
4. 特定外来生物による生態系等に係る被害の防止に関する法律（特定外来生物法）
5. 生物の多様性に関する条約のバイオセーフティに関するカルタヘナ議定書（カルタヘナ議定書）及び遺伝子組換え生物等の使用等の規制による生物の多様性の確保に関する法律（カルタヘナ法）

《本章の目標》

1. 身体障害者補助犬法における身体障害者補助犬の育成，同伴及び管理に関する規則の概要について説明できる。
2. 水産資源保護法における水産資源の保護培養及び水産動物の輸入防疫に関する規則の概要について説明できる。
3. 廃棄物処理法における廃棄物の分類や廃棄物処理に関する規則の概要について説明できる。
4. 特定外来生物法における特定外来生物の防除や輸入品等の検査に関する規則の概要について説明できる。
5. カルタヘナ議定書の目的について説明できる。

◆ 1　身体障害者補助犬法
(1) 身体障害者補助犬の歴史

【表1】補助犬の歴史

年号	できごと
1819年	ウィーンにおいて神父が盲導犬育成
1923年	ポツダムに国立盲導犬学校設立
1938年	アメリカ人が盲導犬を伴って来日
1939年	日本陸軍がドイツから盲導犬4頭輸入
1957年	日本国内で初の盲導犬「チャンピィ」の育成
1978年	運輸省自動車局長通知「盲導犬を連れた盲人の乗合バス乗車について」（昭和53年3月27日付け自旅第105号の2）により，視覚障害者が盲導犬を同伴して乗合バスに乗車することが認められる。
1978年	改正道路交通法において盲導犬について規定 改正前14条1項 　目が見えない者（目が見えない者に準ずる者を含む。以下同じ。）は，道路を通行するときは，白色に塗つたつえを<u>携えて</u>いなければならない。 改正後14条1項 　目が見えない者（目が見えない者に準ずる者を含む。以下同じ。）は，道路を通行するときは，白色に塗つたつえを<u>携え，又は政令で定める盲導犬を連れて</u>いなければならない。
1981年	国際障害者年を契機として国内で聴導犬の育成開始
1983年	国内初の聴導犬「ロッキー」誕生
1992年	介助犬が初来日
1993年	国内で介助犬の育成開始
1995年	国内初の介助犬「グレーデル」誕生
2002年	身体障害者補助犬法成立及び施行

(2) 目　的

　身体障害者補助犬法の**目的**は，身体障害者補助犬を訓練する事業を行う者及び身体障害者補助犬を使用する身体障害者の義務等を定めるとともに，身体障

害者が国等が管理する施設，公共交通機関等を利用する場合において身体障害者補助犬を同伴することができるようにするための措置を講ずること等により，身体障害者補助犬の育成及びこれを使用する身体障害者の施設等の利用の円滑化を図り，もって身体障害者の自立及び社会参加の促進に寄与することである（1条）。このため身体障害者補助犬法は，大きく分けて①訓練事業者による良質な身体障害者補助犬の育成，②各種施設等における身体障害者補助犬の同伴受け入れ及び③身体障害者による身体障害者補助犬の管理の3つの内容からなる。

(3) 定　義
① 身体障害者補助犬

身体障害者補助犬とは，盲導犬，介助犬及び聴導犬をいう（身体障害者補助犬法2条1項）。

② 盲　導　犬

盲導犬とは，道路交通法第14条第1項に規定する政令で定める盲導犬であって，第16条第1項の認定を受けているものをいう（身体障害者補助犬法2条2項）。

政令で定める盲導犬とは，盲導犬の訓練を目的とする一般社団法人若しくは一般財団法人又は社会福祉法第31条第1項[154]の規定により設立された社会福祉法人で国家公安委員会が指定したものが盲導犬として必要な訓練をした犬又は盲導犬として必要な訓練を受けていると認めた犬で，内閣府令で定める白色又は黄色の用具を付けたものをいう（道路交通法施行令8条2項）。

③ 介　助　犬

介助犬とは，肢体不自由により日常生活に著しい支障がある身体障害者のために，物の拾い上げ及び運搬，着脱衣の補助，体位の変更，起立及び歩行の際の支持，扉の開閉，スイッチの操作，緊急の場合における救助の要請その他の肢体不自由を補う補助を行う犬であって，第16条第1項の認定を受けているものをいう（身体障害者補助犬法2条3項）。

---

[154]　社会福祉法31条1項
　　社会福祉法人を設立しようとする者は，定款をもつて少なくとも次に掲げる事項を定め，厚生労働省令で定める手続に従い，当該定款について所轄庁の認可を受けなければならない。
　　一　（以下略）

④ 聴導犬

聴導犬とは，聴覚障害により日常生活に著しい支障がある身体障害者のために，ブザー音，電話の呼出音，その者を呼ぶ声，危険を意味する音等を聞き分け，その者に必要な情報を伝え，及び必要に応じ音源への誘導を行う犬であって，第16条第1項の認定を受けているものをいう（身体障害者補助犬法2条4項）。

(4) 身体障害者補助犬の訓練

① 訓練事業者の義務

盲導犬訓練施設を経営する事業を行う者，介助犬訓練事業を行う者及び聴導犬訓練事業を行う者（以下「訓練事業者」という。）は，**身体障害者補助犬としての適性を有する犬を選択するとともに，必要に応じ医療を提供する者，獣医師等との連携を確保しつつ，これを使用しようとする各身体障害者に必要とされる補助を適確に把握し，その身体障害者の状況に応じた訓練を行うことにより，良質な身体障害者補助犬を育成しなければならない**（身体障害者補助犬法3条1項）。訓練事業者に，身体障害者補助犬の訓練において獣医師との連携の確保が求められていることは重要である。

訓練事業者は，障害の程度の増進により必要とされる補助が変化することが予想される身体障害者のために前項の訓練を行うに当たっては，医療を提供する者との連携を確保することによりその身体障害者について将来必要となる補助を適確に把握しなければならない（同条2項）。

訓練事業者は，前条第2項に規定する身体障害者のために身体障害者補助犬を育成した場合には，その身体障害者補助犬の使用状況の調査を行い，必要に応じ再訓練を行わなければならない（同法4条）。

但し同法3条1項の身体障害者の状況に応じた訓練の基準として再訓練を継続的に行うことが定められているため（身体障害者補助犬法施行規則1条4項[盲導犬]，2条4項[介助犬]，3条4項[聴導犬]），障害の程度の増進により必要とされる補助が変化することが予想される場合に限らず，**訓練事業者はすべての身体障害者補助犬について再訓練を行わなければならない。**

② 訓練事業者に対する監督

介助犬訓練事業，聴導犬訓練事業及び盲導犬訓練施設経営事業は，社会福祉法における第2種社会福祉事業に該当する（社会福祉法2条3項5号）。こうした住居用施設を必要としない第2種社会福祉事業に対しては，社会福祉法によ

り以下のような規制がある。
① 都道府県知事[155]に対する事業開始の届出義務（同法69条1項）
② 都道府県知事による報告請求・調査（同法70条）
③ 都道府県知事による違反者に対する事業経営制限・停止命令（同法72条）

ただし盲導犬訓練施設経営事業に対してはこれらの規制は適用されない（社会福祉法74条）。盲導犬訓練施設経営事業に対しては，道路交通法施行令及び国家公安委員会規則による規制がなされるからである（道路交通法14条1項，同施行令8条3項，盲導犬の訓練を目的とする法人の指定に関する規則）。盲導犬訓練施設経営事業については，身体障害者補助犬法が制定される前に，道路交通法施行令及び国家公安委員会規則による規制が存在するので，それがそのまま残されている。

盲導犬訓練施設経営事業者に対しては，以下のような規制がなされている。
① 国家公安委員会による指定（道路交通法施行令8条2項）
② 事業に関する国家公安委員会への報告義務（盲導犬の訓練を目的とする法人の指定に関する規則5条）
③ 国家公安委員会による不正行為を行った役員・訓練士等の解任勧告（同規則6条）
④ 国家公安委員会による改善勧告（同規則7条）
⑤ 国家公安委員会による指定取消し（同規則8条）

【補足】 第1種社会福祉事業と第2種社会福祉事業との差異

社会福祉法では，社会福祉事業は，第1種社会福祉事業と第2種社会福祉事業とに分類される（同法2条1項）。第1種社会福祉事業には，生活保護法に規定する救護施設（同法2条2項1号），児童福祉法に規定する児童養護施設（同条項2号），老人福祉法に規定する特別養護老人ホーム（同条項3号）等が該当する。第2種社会福祉事業には，前述の身体障害者補助犬訓練事業のほか，生計困難者に対して，その住居で衣食その他日常の生活必需品又はこれに要する金銭を与える事業（同条3項1号），児童福祉法に規定する障害児通所支援事業（同条項2号），老人福祉法に規定する老人居宅介護等事業（同条項4号）等が該当する。

これらの社会福祉事業のうち，第1種社会福祉事業は，国，地方公共団体又は社会福祉法人が経営することを原則とする（同法60条）。なぜなら第1種社会福祉事業

---

[155] 大都市等の特例により，政令指定都市及び中核市についてはその長（社会福祉法150条，社会福祉法施行令36条1・2項，地方自治法施行令174条の30の2第1・2項，174条の49の7第1・2項）。

は，施設に入所して長期間サービスを受ける入所施設サービスが多いため，経営の安定性が強く要請されるからである。これに対して第2種社会福祉事業は，主体に制限がない。なぜなら第2種社会福祉事業は在宅サービスが多いため，第1種社会福祉事業ほど経営の安定性が強く要請されるわけではないからである。

(5) 身体障害者補助犬の使用に係る適格性

身体障害者補助犬を使用する身体障害者は，自ら身体障害者補助犬の行動を適切に管理することができる者でなければならない（身体障害者補助犬法6条）。

(6) 施設等における身体障害者補助犬の同伴等

① 国等が管理する施設における補助犬の同伴等

国等（国及び地方公共団体並びに独立行政法人，特殊法人（法律により直接に設立された法人又は特別の法律により特別の設立行為をもって設立された法人であって，総務省設置法第4条第1項第8号の規定の適用を受けるものをいう。）その他の政令で定める公共法人をいう。以下同じ。）は，**その管理する施設を身体障害者が利用する場合において身体障害者補助犬**（第12条第1項に規定する表示をしたものに限る。以下この項及び次項並びに次条から第10条までにおいて同じ。）**を同伴することを拒んではならない。ただし，身体障害者補助犬の同伴により当該施設に著しい損害が発生し，又は当該施設を利用する者が著しい損害を受けるおそれがある場合その他のやむを得ない理由がある場合は，この限りでない**（身体障害者補助犬法第7条1項）。

つまり国等は，やむを得ない理由がある場合を除き，その管理する施設において身体障害者が身体障害者補助犬を同伴することを拒んではならない。ただしこの義務は身体障害者補助犬であることが表示されたものについてのみ課される（後述する他の場合も同様）。また国等が拒否することができないのは，**身体障害者が身体障害者補助犬を同伴することである。このため身体障害者が身体障害者補助犬ではない犬を同伴することを拒むことはできる。また身体障害者でない者が身体障害者補助犬を同伴することを拒むこともできる。**

② 公共交通機関における身体障害者補助犬の同伴

公共交通事業者等[156]（高齢者，障害者等の移動等の円滑化の促進に関する法律

---

(156) 公共交通事業者等には，以下のものが含まれる（高齢者，障害者等の移動等の円滑化の促進に関する法律第2条第5号）。①鉄道事業者，②軌道経営者，③一般乗合旅客自動車運送事業者，一般貸切旅客自動車運送事業者及び一般乗用旅客自動車運送事業者，④バスターミナル事業を営む者，⑤一般旅客定期航路事業を営む者及び旅客不定期航路事業者，⑥本邦航空運送事業者，⑦①〜⑥以外の者で，公共交通機関を利用する旅

第2条第5号に規定する公共交通事業者等をいう。以下同じ。）は，その管理する**旅客施設**（同条第6号に規定する旅客施設をいう(157)。以下同じ。）**及び旅客の運送を行うためその事業の用に供する車両等**（車両，自動車，船舶及び航空機をいう。以下同じ。）**を身体障害者が利用する場合において身体障害者補助犬を同伴することを拒んではならない。ただし，身体障害者補助犬の同伴により当該旅客施設若しくは当該車両等に著しい損害が発生し，又はこれらを利用する者が著しい損害を受けるおそれがある場合その他のやむを得ない理由がある場合は，この限りでない**（身体障害者補助犬法8条）。

つまり公共交通事業者等は，やむを得ない理由がある場合を除き，その管理する旅客施設及び旅客の運送を行うためその事業の用に供する車両等において身体障害者が身体障害者補助犬を同伴することを拒んではならない。

③ 不特定かつ多数の者が利用する施設における身体障害者補助犬の同伴

①及び②のほか，**不特定かつ多数の者が利用する施設を管理する者は，当該施設を身体障害者が利用する場合において身体障害者補助犬を同伴することを拒んではならない。ただし，身体障害者補助犬の同伴により当該施設に著しい損害が発生し，又は当該施設を利用する者が著しい損害を受けるおそれがある場合その他のやむを得ない理由がある場合は，この限りでない**（身体障害者補助犬法9条）。

つまり不特定かつ多数の者が利用する施設を管理する者は，やむを得ない理由がある場合を除き，当該施設を身体障害者が利用する場合において身体障害者補助犬を同伴することを拒んではならない。たとえば飲食店は通常不特定かつ多数の者が利用する施設であるので，身体障害者が身体障害者補助犬を同伴することを原則として拒むことはできない。例えば飲食店内に犬嫌いの客がいることは，場所を分離したり時間帯をずらしたりなどの対応が可能であるので，やむを得ない理由には該当しない。また犬が不衛生であるということも，後述するように身体障害者補助犬は衛生が確保されているので，現実に身体障

客の乗降等に供する鉄道施設，海上運送法による輸送施設又は航空旅客ターミナル施設を設置し，又は管理する者。

(157) 具体的には，公共交通機関を利用する旅客の乗降等に供する以下の施設をいう。①鉄道施設，②軌道施設，③バスターミナル，④海上運送法による輸送施設，⑤航空旅客ターミナル施設。

害者補助犬が不衛生である場合を除き，やむを得ない理由には該当しない。

④ 事業所又は事務所における身体障害者補助犬の使用

障害者を雇用している事業主は，その事業所又は事務所に勤務する身体障害者が当該事業所又は事務所において身体障害者補助犬を使用することを拒んではならない。ただし，身体障害者補助犬の使用により当該障害者雇用事業主の事業の遂行に著しい支障が生ずるおそれがある場合その他のやむを得ない理由がある場合は，この限りでない（身体障害者補助犬法10条1項）。

障害者雇用事業主以外の事業主（国等を除く。）は，その事業所又は事務所に勤務する身体障害者が当該事業所又は事務所において身体障害者補助犬を使用することを拒まないよう努めなければならない（同条2項）。

⑤ 住宅における身体障害者補助犬の使用

住宅を管理する者（国等を除く。）は，その管理する住宅に居住する身体障害者が当該住宅において身体障害者補助犬を使用することを拒まないよう努めなければならない（身体障害者補助犬法11条）。つまり民間住宅における身体障害者補助犬の使用を拒まないことは努力義務にとどまっている。国等が管理する住宅は①の場合と同様やむを得ない理由がある場合を除き，身体障害者補助犬の使用を拒んではならない（同法7条3項）。

(7) 身体障害者補助犬を同伴する身体障害者の義務

① 身体障害者補助犬の表示

(6)の施設等（住宅を除く。）の利用等を行う場合において**身体障害者補助犬を同伴し，又は使用する身体障害者は**，厚生労働省令で定めるところにより，その**身体障害者補助犬に**，その者のために訓練された**身体障害者補助犬である旨を明らかにするための表示をしなければならない**（身体障害者補助犬法12条1項）。

厚生労働省令では，表示は様式1号（図1参照）により身体障害者補助犬の胴体に見やすいように行わなければならないと定められている（身体障害者補助犬法施行規則4条）。

② 身体障害者補助犬に関する書類の所持及び提示

(6)の施設等の利用等を行う場合において**身体障害者補助犬を同伴し，又は使用する身体障害者は，その身体障害者補助犬が公衆衛生上の危害を生じさせるおそれがない旨を明らかにするため必要な厚生労働省令で定める書類を所持し，関係者の請求があるときは，これを提示しなければならない**（身体障害者

【図1】様式第1号(身体障害者補助犬の表示)

様式第一号(第四条関係)

認 定 番 号	
認 定 年 月 日	
犬 　 　 種	
認定を行った指定法人の名称	
指定法人の住所及び連絡先	

〇〇犬

備考　この表示の大きさは、縦五十五ミリメートル以上、横九十ミリメートル以上とする。
　　　この用紙は厚紙を用い、表面はビニールカバー等をすることにより容易に破損しないものとする。
　　　「〇〇犬」には、盲導犬、介助犬又は聴導犬の別を記載する。
　　　盲導犬における「指定法人」とは、道路交通法施行令第八条第二項に規定する国家公安委員会が指定した法人をいう。

補助犬法12条2項)。

　厚生労働省令で定める書類は、**身体障害者補助犬の衛生の確保のための健康管理に関する次に掲げる事項を記載した書類**(以下「身体障害者補助犬健康管理記録」という。)及び第9条第5項の規定により交付された**身体障害者補助犬認定証その他身体障害者補助犬であることを証明する書類**とする(身体障害者補助犬法施行規則5条)。

一　身体障害者補助犬の予防接種及び検診の実施に関する記録(予防接種及び検診を実施した診療機関等の名称及び獣医師の署名又は記名押印がなければならない。)
二　前号に掲げるもののほか、身体障害者補助犬の衛生の確保のための健康管理に関する記録
　身体障害者補助犬健康管理記録のため、「身体障害者補助犬健康管理手帳」

【図２】様式第３号（身体障害者補助犬認定証）

様式第三号(第九条関係)

（表面）	（裏面）
身体障害者補助犬認定証 （○○犬） ［写真（使用者）］　［写真（認定犬）］ 使用者名　　（性別）生年月日 使用者の住所及び連絡先 犬の名前　　（性別）生年月日 犬種、毛色、毛質 狂犬病予防法に基づく登録番号 …………………… …………………… ……………………	認定番号 認定年月日 指定法人名 指定法人の代表者名　　　　印 指定法人の住所及び連絡先 訓練事業者名 訓練事業者の代表者名 訓練事業者の住所及び連絡先

備考　この身体障害者補助犬認定証の大きさは、縦百二十ミリメートル、横百六十ミリメートルとする。写真の大きさは、縦三十ミリメートル、横二十五ミリメートルとする。
　　　この用紙は厚紙を用い、中央の点線の所から二つ折すること。
　　　「○○犬」には、介助犬又は聴導犬の別を記載する。

が作成されている。

　身体障害者補助犬認定証は，身体障害者補助犬法施行規則様式第３号（図２参照）により作成される。

③　**身体障害者補助犬の行動の管理**

(6)の施設等の利用等を行う場合において**身体障害者補助犬を同伴し，又は使用する身体障害者は，その身体障害者補助犬が他人に迷惑を及ぼすことがないようその行動を十分管理しなければならない**（身体障害者補助犬法13条）。

(8) **身体障害者補助犬に関する認定等**

　厚生労働大臣は，厚生労働省令で定めるところにより，身体障害者補助犬の種類ごとに，身体障害者補助犬の訓練又は研究を目的とする一般社団法人若し

くは一般財団法人又は社会福祉法第31条第1項の規定により設立された社会福祉法人であって，**次条に規定する認定の業務を適切かつ確実に行うことができると認められるものを，その申請により，当該業務を行う者［指定法人］として指定することができる**（身体障害者補助犬法15条1項）。

指定法人は，身体障害者補助犬とするために育成された犬（当該指定法人が訓練事業者として自ら育成した犬を含む。）であって当該指定法人に申請があったものについて，**身体障害者がこれを同伴して不特定かつ多数の者が利用する施設等を利用する場合において他人に迷惑を及ぼさないことその他適切な行動をとる能力を有すると認める場合には，その旨の認定を行わなければならない**（同法16条1項）。

指定法人は，認定を行うに当たっては，当該申請に係る育成犬について訓練が適正に実施されていることを確認するため，書面による審査並びに当該申請に係る育成犬の基本動作についての実地の検証及び介助動作又は聴導動作についての実地の確認を行わなければならない（身体障害者補助犬法施行規則9条1項）。この実地の検証及び実地の確認は，**獣医師を含む必要な知識経験及び技能を有する者により構成された審査委員会で行わなければならない**（同条2・3項）。指定法人は，認定を行ったときは，様式第1号により作成した表示，身体障害者補助犬健康管理記録及び様式第3号により作成した身体障害者補助犬認定証を当該申請に係る身体障害者に交付しなければならない（同条5項）。

ただし**盲導犬に関しては，当分の間，この能力認定制度は適用しない**（同法附則2条）。前述したように盲導犬に対しては道路交通法施行令及び盲導犬の訓練を目的とする法人の指定に関する規則が適用されるからである。

(9) 身体障害者補助犬の衛生の確保等
① 身体障害者補助犬の適正取扱い義務

訓練事業者及び身体障害者補助犬を使用する身体障害者は，犬の保健衛生に関し獣医師の行う指導を受けるとともに，犬を苦しめることなく愛情をもって接すること等により，**これを適正に取り扱わなければならない**（身体障害者補助犬法21条）。訓練事業者及び身体障害者補助犬を使用する身体障害者は，犬の保健衛生に関し獣医師の行う指導を受けなければならないことは重要である。また適正取扱いは法的義務である。

② 身体障害者補助犬の衛生確保努力義務

身体障害者補助犬を使用する身体障害者は，その身体障害者補助犬について，体を清潔に保つとともに，予防接種及び検診を受けさせることにより，公衆衛生上の危害を生じさせないよう努めなければならない（身体障害者補助犬法22条）。この衛生確保義務は努力義務である。この衛生確保義務を果たすための具体的内容について「身体障害者補助犬の衛生確保のための健康管理ガイドライン」（平成15年）が定められている。また身体障害者補助犬の健康を確保するために「補助犬使用者及び訓練事業者のための補助犬衛生管理の手引き」（令和3年）も定められている。

③ 国民の理解を深めるための措置

国及び地方公共団体は，教育活動，広報活動等を通じて，身体障害者の自立及び社会参加の促進のために身体障害者補助犬が果たす役割の重要性について国民の理解を深めるよう努めなければならない（身体障害者補助犬法23条）。

④ 国民の協力

国民は，身体障害者補助犬を使用する身体障害者に対し，必要な協力をするよう努めなければならない（身体障害者補助犬法24条）。

(10) 獣医師と身体障害者補助犬との関係

獣医師と身体障害者補助犬との関係を整理すると以下のようになる。

① 身体障害者補助犬の衛生確保等
- 身体障害者に対する犬の保健衛生に関する指導（身体障害者補助犬法21条）
- 予防接種及び検診（同法22条）

② 身体障害者補助犬の認定における連携
- 補助犬認定審査委員会への参加（同法施行規則9条2項［介助犬］・3項［聴導犬］）＊盲導犬は含まれない。

③ 身体障害者補助犬の訓練における連携
- 訓練事業者との連携（同法施行規則1条3項［盲導犬］，2条3項［介助犬］，3条3項［聴導犬］）

◆ **2 水産資源保護法**

(1) 目 的

水産資源保護法の目的は，水産資源の保護培養を図り，且つ，その効果を将

来にわたって維持することにより，漁業の発展に寄与することである（水産資源保護法1条）。

(2) 水産資源の保護培養
① 水産動植物に有害な物の遺棄の制限
農林水産大臣又は都道府県知事は，水産資源の保護培養のために必要があると認めるときは，次に掲げる事項に関して，農林水産省令又は規則を定めることができる（水産資源保護法4条1項）。

一 **水産動植物に有害な物の遺棄又は漏せつその他水産動植物に有害な水質の汚濁に関する制限又は禁止**
二 水産動植物の保護培養に必要な物の採取又は除去に関する制限又は禁止
三 水産動植物の移植に関する制限又は禁止

② 漁法の制限
爆発物を使用して水産動植物を採捕してはならない。ただし，海獣捕獲のためにする場合又は調査研究のため農林水産大臣の許可を受けてする場合は，この限りでない（水産資源保護法5条）。

水産動植物を麻痺させ，又は死なせる**有毒物を使用して，水産動植物を採捕してはならない**。ただし，調査研究のため農林水産大臣の許可を受けてする場合は，この限りでない（水産資源保護法6条）。

③ 許可漁船の定数
農林水産大臣は，水産資源の保護のために必要があると認めるときは，漁業法第119条第1項又は第2項及びこの法律の第4条第1項の規定に基づく農林水産省令の規定により**農林水産大臣の許可を要する漁業につき，漁業の種類及び水域別に，農林水産省令で，当該漁業に従事することができる漁船の隻数の最高限度（以下「定数」という。）を定めることができる**（水産資源保護法9条1項）。

但し農林水産大臣は，前項の定数を定める場合には，水産資源の現状及び現に当該漁業を営む者の数その他自然的及び社会的条件を総合的に勘案しなければならない（同条2項）。また農林水産大臣は，定数を定めようとするときは，水産政策審議会の意見を聴かなければならない（同条3項）。

(3) 水産動物の輸入防疫
輸入防疫対象疾病（持続的養殖生産確保法第2条第2項に規定する特定疾病に該当する水産動物の伝染性疾病その他の水産動物の伝染性疾病であって農林水産省令

で定めるものをいう。以下同じ。）**にかかるおそれのある水産動物であって農林水産省令で定めるもの及びその容器包装**（当該容器包装に入れられ，又は当該容器包装で包まれた物であって当該水産動物でないものを含む。以下同じ。）**を輸入しようとする者は，農林水産大臣の許可を受けなければならない**（水産資源保護法13条1項）。

前項の許可を受けようとする者は，農林水産省令で定めるところにより，当該水産動物の種類及び数量，原産地，輸入の時期及び場所その他農林水産省令で定める事項を記載した申請書に，**輸出国の政府機関により発行され，かつ，その検査の結果当該水産動物が輸入防疫対象疾病にかかっているおそれがないことを確かめ，又は信ずる旨を記載した検査証明書又はその写しを添えて，これを農林水産大臣に提出しなければならない**（同条2項）。

輸入防疫対象疾病として具体的には以下の表のように伝染性疾病が定められている（持続的養殖生産確保法施行規則1条）。

【表】輸入防疫対象疾病

水産動植物	伝染性疾病
さけ科魚類	ウイルス性出血性敗血症（Ⅳa型を除く。） サケ科魚類のアルファウイルス感染症 流行性造血器壊死症 ピシリケッチア症 レッドマウス病 旋回病
こい	コイ春ウイルス血症 コイヘルペスウイルス病 レッドマウス病
きんぎょその他のふな属魚類 こくれん はくれん	コイ春ウイルス血症 レッドマウス病
あおうお そうぎょ	コイ春ウイルス血症
ないるてぃらぴあ	レッドマウス病
まだい	マダイのグルゲア症

くるまえび	イエローヘッド病 壊死性肝膵炎 タウラ症候群 伝染性皮下造血器壊死症 急性肝膵臓壊死症 バキュロウイルス・ペナエイ感染症 エビの潜伏死病 鰓随伴ウイルス病
しろあしえび	イエローヘッド病 壊死性肝膵炎 タウラ症候群 伝染性皮下造血器壊死症 急性肝膵臓壊死症 伝染性筋壊死症 バキュロウイルス・ペナエイ感染症 エビの潜伏死病
うしえび	イエローヘッド病 壊死性肝膵炎 タウラ症候群 伝染性皮下造血器壊死症 急性肝膵臓壊死症 伝染性筋壊死症 バキュロウイルス・ペナエイ感染症 鰓随伴ウイルス病 モノドン型バキュロウイルス感染症
こうらいえび	イエローヘッド病 壊死性肝膵炎 タウラ症候群 伝染性皮下造血器壊死症 急性肝膵臓壊死症 バキュロウイルス・ペナエイ感染症 エビの潜伏死病 鰓随伴ウイルス病 モノドン型バキュロウイルス感染症
リトペネウス属（Litopenaeus）えび類（しろあしえびを除く。）	イエローヘッド病 壊死性肝膵炎 タウラ症候群

	伝染性皮下造血器壊死症 伝染性筋壊死症 バキュロウイルス・ペナエイ感染症
ペネウス属（Penaeus） えび類（うしえびを除く。）	イエローヘッド病 壊死性肝膵炎 タウラ症候群 伝染性皮下造血器壊死症 伝染性筋壊死症 バキュロウイルス・ペナエイ感染症 鰓随伴ウイルス病 モノドン型バキュロウイルス感染症
フェネロペネウス属（Fenneropenaeus） えび類（こうらいえびを除く。）	イエローヘッド病 壊死性肝膵炎 タウラ症候群 伝染性皮下造血器壊死症 バキュロウイルス・ペナエイ感染症 鰓随伴ウイルス病 モノドン型バキュロウイルス感染症
メリセルトゥス属（Melicertus）えび類 よしえび属えび類	イエローヘッド病 壊死性肝膵炎 タウラ症候群 伝染性皮下造血器壊死症 バキュロウイルス・ペナエイ感染症 モノドン型バキュロウイルス感染症
くるまえび科（くるまえび，リトペネウス属，ペネウス属，フェネロペネウス属，メリセルトゥス属及びよしえび属を除く。）えび類	イエローヘッド病 壊死性肝膵炎 タウラ症候群 伝染性皮下造血器壊死症 バキュロウイルス・ペナエイ感染症
さくらえび科あきあみ属えび類 てながえび科えび類	イエローヘッド病
とこぶし ふくとこぶし	アワビヘルペスウイルス感染症
えぞあわび くろあわび まだかあわび	アワビの細菌性膿疱症

めがいあわび	
まがき属かき類	カキヘルペスウイルス1型変異株感染症（μvarに限る。）
ほたてがい	パーキンサス・クグワディ感染症
まぼや	マボヤの被囊軟化症

◆ 3 廃棄物の処理及び清掃に関する法律（廃棄物処理法）

(1) 目　的

　廃棄物の処理及び清掃に関する法律（以下，廃棄物処理法）の目的は，廃棄物の排出を抑制し，及び廃棄物の適正な分別，保管，収集，運搬，再生，処分等の処理をし，並びに生活環境を清潔にすることにより，生活環境の保全及び公衆衛生の向上を図ることである（同法1条）。

(2) 定　義

① 廃 棄 物

　廃棄物とは，ごみ，粗大ごみ，燃え殻，汚泥，ふん尿，廃油，廃酸，廃アルカリ，動物の死体その他の汚物又は不要物であって，固形状又は液状のもの（放射性物質及びこれによって汚染された物を除く。）をいう（廃棄物処理法2条1項）。

② 一般廃棄物

　一般廃棄物とは，産業廃棄物以外の廃棄物をいう（廃棄物処理法2条2項）。

③ 特別管理一般廃棄物

　特別管理一般廃棄物とは，一般廃棄物のうち，爆発性，毒性，感染性その他の人の健康又は生活環境に係る被害を生ずるおそれがある性状を有するものとして政令で定めるものをいう（廃棄物処理法2条3項）。

　特別管理一般廃棄物には，病院，飼育動物診療施設並びに大学及びその附属試験研究機関（医学，歯学，薬学及び獣医学に係るものに限る。）等において生じる感染性産業廃棄物を除く感染性廃棄物（国内において生じたものに限る。以下「感染性一般廃棄物」という。）が含まれる（廃棄物処理法施行令1条8号・別表第1の4項，廃棄物処理法施行規則1条7項）。

④ 産業廃棄物

　産業廃棄物とは，次に掲げる廃棄物をいう（廃棄物処理法2条4項）。

一　事業活動に伴って生じた廃棄物のうち，燃え殻，汚泥，廃油，廃酸，廃アルカリ，廃プラスチック類その他政令で定める廃棄物
二　輸入された廃棄物（前号に掲げる廃棄物，船舶及び航空機の航行に伴い生ずる廃棄物（政令で定めるものに限る。）並びに本邦に入国する者が携帯する廃棄物（政令で定めるものに限る。）を除く。）

　1号の政令で定める廃棄物には，①食料品製造業，医薬品製造業又は香料製造業において原料として使用した動物又は植物に係る固形状の不要物（産業廃棄物処理法施行規則2条4号），②と畜場においてとさつし，又は解体した獣畜及び食鳥処理場において食鳥処理をした食鳥に係る固形状の不要物（同条4号の2），③ゴムくず（同条5号），④金属くず（同条6号），⑤ガラスくず（同条7号），⑥動物のふん尿（畜産農業に係るものに限る。同条10号），⑦動物の死体（畜産農業に係るものに限る。同条11号），⑧燃え殻，汚泥，廃油，廃酸，廃アルカリ，廃プラスチック類（同条13号）等が含まれる。

　⑤　特別管理産業廃棄物

　特別管理産業廃棄物とは，産業廃棄物のうち，爆発性，毒性，感染性その他の人の健康又は生活環境に係る被害を生ずるおそれがある性状を有するものとして政令で定めるものをいう（廃棄物処理法2条5項）。

　特別管理産業廃棄物には，国内において生じた病院，飼育動物診療施設及び大学及びその附属試験研究機関（医学，歯学，薬学及び獣医学に係るものに限る。）において生じる感染性廃棄物であって，事業活動に伴って生じた汚泥，廃油，廃酸，廃アルカリ，廃プラスチック類，ゴムくず又は金属くず，ガラス等が含まれる（感染性産業廃棄物。廃棄物処理法施行令2条の4第4号・別表第1・別表第2）。

(3) 廃棄物の処理

①　一般廃棄物の処理

　市町村は，その定めた当該市町村の区域内の一般廃棄物の処理に関する計画（「一般廃棄物処理計画」）に従って，その区域内における一般廃棄物を生活環境の保全上支障が生じないうちに収集し，これを運搬し，及び処分（再生することを含む）しなければならない（廃棄物処理法6条1項・6条の2第1項）。つまり**一般廃棄物を処理する責任は，市町村にある。**ただし市町村はその行うべき一般廃棄物及び特別管理一般廃棄物の処理を政令で定める基準に従い市町村以外の者に委託することができる（同法6条の2第2項・3項）

② 産業廃棄物の処理

事業者は，その事業活動に伴って生じた廃棄物を自らの責任において適正に処理しなければならない（廃棄物処理法3条1項）。また事業者は，その産業廃棄物を自ら処理しなければならない（同法11条1項）。つまり**産業廃棄物を処理する責任は，排出事業者にある**。ただし事業者は特別管理産業廃棄物以外の産業廃棄物の運搬については14条12項に規定する産業廃棄物運搬業者その他環境省令で定める者[158]，処分については同項に規定する産業廃棄物処分業者その他環境省令で定める者[159]に委託することができる（同法12条5項）。また事業者は特別管理産業廃棄物の運搬については14条の4第12項に規定する特別管理産業廃棄物収集運搬業者その他環境省令で定める者[160]，処分については同項

---

[158] 省令で定める者は，以下の通りである（廃棄物処理法施行規則8条の2の8）。
　一　市町村又は都道府県（法第11条第2項又は第3項の規定により産業廃棄物の収集又は運搬をその事務として行う場合に限る。）
　二　専ら再生利用の目的となる産業廃棄物のみの収集又は運搬を業として行う者
　三　第9条各号に掲げる者［国，動物の死体のみの収集又は運搬を業として行う者等］
　四　法第15条の4の2第1項の認定［環境大臣による産業廃棄物の再生利用の適合認定］を受けた者（当該認定に係る産業廃棄物の当該認定に係る運搬を行う場合に限る。）
　五　法第15条の4の3第1項の認定［環境大臣による産業廃棄物の広域的処理の適合認定］を受けた者（当該認定に係る産業廃棄物の当該認定に係る運搬を行う場合に限るものとし，その委託を受けて当該認定に係る運搬を業として行う者（同条第2項第2号に規定する者である者に限る。）を含む。）
　六　法第15条の4の4第1項の認定［環境大臣による産業廃棄物の無害化処理の適合認定］を受けた者（当該認定に係る産業廃棄物の当該認定に係る運搬を行う場合に限る。）

[159] 省令で定める者は，以下の通りである（廃棄物処理法施行規則8条の3）。
　一　市町村又は都道府県（法第11条第2項又は第3項の規定により産業廃棄物の処分をその事務として行う場合に限る。）
　二　専ら再生利用の目的となる産業廃棄物のみの処分を業として行う者
　三　第10条の3各号に掲げる者［国，動物の死体のみの処分を業として行う者等］
　四　法第15条の4の2第1項の認定を受けた者（当該認定に係る産業廃棄物の当該認定に係る処分を行う場合に限る。）
　五　法第15条の4の3第1項の認定を受けた者（当該認定に係る産業廃棄物の当該認定に係る処分を行う場合に限るものとし，その委託を受けて当該認定に係る処分を業として行う者（同条第2項第2号に規定する者である者に限る。）を含む。）
　六　法第15条の4の4第1項の認定を受けた者（当該認定に係る産業廃棄物の当該認定に係る処分を行う場合に限る。）

[160] 省令で定める者は，以下の通りである（廃棄物処理法施行規則8条の14）

に規定する特別管理産業廃棄物処分業者その他環境省令で定める者[161]に委託することができる（同法12条の2第5項）。

③ 感染性廃棄物該当性の判断基準

感染性廃棄物に該当するかどうかの具体的な判断は，以下の観点から行われる（環境省環境再生・資源循環局「廃棄物処理法に基づく感染性廃棄物処理マニュアル」［令和4年改定］）。

1　形状の観点
　(1) 血液，血清，血漿及び体液（精液を含む。）（以下「血液等」という。）
　(2) 手術等に伴って発生する病理廃棄物（摘出又は切除された臓器，組織，郭清に伴う皮膚等）
　(3) 血液等が付着した鋭利なもの
　(4) 病原体に関連した試験，検査等に用いられたもの
2　排出場所の観点

　　一　市町村又は都道府県（法第11条第2項又は第3項の規定により特別管理産業廃棄物の収集又は運搬をその事務として行う場合に限る。）
　　二　第10条の11各号に掲げる者［国，法第19条の8第1項の規定により，環境大臣又は都道府県知事が自ら生活環境の保全上の支障の除去等の措置を講ずる場合において，環境大臣又は都道府県知事の委託を受けて当該委託に係る特別管理産業廃棄物のみの収集又は運搬を行う者等］
　　三　法第15条の4の3第1項の認定を受けた者（当該認定に係る特別管理産業廃棄物の当該認定に係る運搬を行う場合に限るものとし，その委託を受けて当該認定に係る運搬を業として行う者（同条第2項第2号に規定する者である者に限る。）を含む。）
　　四　法第15条の4の4第1項の認定を受けた者（当該認定に係る特別管理産業廃棄物の当該認定に係る運搬を行う場合に限る。）
(161)　省令で定める者は，以下の通りである（廃棄物処理法施行規則8条の15）。
　　一　市町村又は都道府県（法第11条第2項又は第3項の規定により特別管理産業廃棄物の処分をその事務として行う場合に限る。）
　　二　第10条の15各号に掲げる者［国，法第19条の8第1項の規定により，環境大臣又は都道府県知事が自ら生活環境の保全上の支障の除去等の措置を講ずる場合において，環境大臣又は都道府県知事の委託を受けて当該委託に係る特別管理産業廃棄物のみの処分を行う者等］
　　三　法第15条の4の3第1項の認定を受けた者（当該認定に係る特別管理産業廃棄物の当該認定に係る処分を行う場合に限るものとし，その委託を受けて当該認定に係る処分を業として行う者（同条第2項第2号に規定する者である者に限る。）を含む。）
　　四　法第15条の4の4第1項の認定を受けた者（当該認定に係る特別管理産業廃棄物の当該認定に係る処分を行う場合に限る。）

感染症病床，結核病床，手術室，緊急外来室，集中治療室及び検査室（以下「感染症病床等」という。）において治療，検査等に使用された後，排出されたもの

3　感染症の種類の観点
(1) 感染症法の1類，2類，3類感染症，新型インフルエンザ等感染症，指定感染症及び新感染症の治療，検査等に使用された後，排出されたもの
(2) 感染症法の4類及び5類感染症の治療，検査等に使用された後，排出された医療器材，ディスポーザブル製品，衛生材料等（ただし，紙おむつについては，特定の感染症に係るもの等に限る。）

通常，医療関係機関等から排出される廃棄物は「形状」，「排出場所」及び「感染症の種類」の観点から感染性廃棄物の該否について判断ができるが，これらいずれの観点からも判断できない場合であっても，血液等その他の付着の程度やこれらが付着した廃棄物の形状，性状の違いにより，専門知識を有する者（医師，歯科医師及び獣医師）によって感染のおそれがあると判断される場合は感染性廃棄物とする。

なお，**非感染性の廃棄物であっても，鋭利なものについては感染性廃棄物と同等の取扱い**とする。

これらの1から3のいずれかに該当する場合には感染性廃棄物となる。また未使用の注射針やメス等も感染性廃棄物と同等の取扱いをしなければならない。

なお，動物の血液等については，人の血液等と比較して，人に感染症を生じさせる危険性が低いことから，血液等を介して人に感染する人獣共通感染症にり患又は感染している場合を除き，感染性廃棄物として取り扱う必要はない。

◆ 4　特定外来生物による生態系等に係る被害の防止に関する法律（特定外来生物法）

(1) 目　的

特定外来生物による生態系等に係る被害の防止に関する法律（以下，特定外来生物法）の目的は，特定外来生物の飼養，栽培，保管又は運搬（以下「飼養等」という。），輸入その他の取扱いを規制するとともに，国等による特定外来生物の防除等の措置を講ずることにより，特定外来生物による生態系等に係る被害を防止し，もって生物の多様性の確保，人の生命及び身体の保護並びに農

林水産業の健全な発展に寄与することを通じて，国民生活の安定向上に資することである（同法1条）。

(2) 定　義

① 在来生物，外来生物，特定外来生物

在来生物とは，我が国にその本来の生息地又は生育地を有する生物をいう（特定外来生物法2条1項）。

外来生物とは，交雑により生じたものも含めた，海外から我が国に導入されることによりその本来の生息地又は生育地の外に存することとなる生物をいう（同条項）。

特定外来生物とは，外来生物であって，在来生物とその性質が異なることにより生態系等に係る被害を及ぼし，又は及ぼすおそれがあるものとして政令で定めるもの(162)の個体（卵，種子その他政令で定めるもの(163)を含み，生きているものに限る。）及びその器官（飼養等に係る規制等のこの法律に基づく生態系等に係る被害を防止するための措置を講ずる必要があるものであって，政令で定めるもの(164)（生きているものに限る。）に限る。）をいう（同条項）。

② 要緊急対処特定外来生物

要緊急対処特定外来生物とは，特定外来生物のうち，まん延した場合には著しく重大な生態系等に係る被害が生じ，国民生活の安定に著しい支障を及ぼすおそれがあるため，当該特定外来生物又はその疑いのある生物を発見した場合において検査，防除その他当該特定外来生物の拡散を防止するための措置を緊急に行う必要があるものとして政令で定めるものをいう（特定外来生物法2条3項）。

---

(162)　政令では，①別表第1の種名の欄に掲げる種（亜種又は変種を含む。以下同じ。）に属する生物及び②別表第2の種名の欄の左欄に掲げる種に属する生物がそれぞれ同表の種名の欄の右欄に掲げる種に属する生物と交雑することにより生じた生物（その生物の子孫を含む。）と定められている（特定外来生物法施行令1条）。別表第1ではカニクイザル，アライグマ，キョン，カミツキガメ，ウシガエル，ブルーギル，アメリカざりがに等が定められている。別表第2ではタイワンザルとニホンザル，ハナガメとニホンイシガメ等の交雑生物が定められている。

(163)　政令では，個体に含まれるものとして胞子が定められている（特定外来生物法施行令2条）。

(164)　政令では，別表第3において，種の区分ごとに器官が定められている（特定外来生物法施行令3条）。例えば，ボタンウキクサについては茎及び根，オオキンケイギクについては根が定められている。

政令では要緊急対処特定外来生物としてヒアリ類及びヒアリ類と他の類に属する種との交雑生物が定められている（特定外来生物法施行令4条，別表4・5）。

(3) 各関係者の責務
① 国の責務
国は，外来生物による生態系等に係る被害の防止に関する施策を総合的に策定し，及び実施する責務を有する（外来生物法2条の2第1項）。**国は，我が国における定着が確認されていない又は分布が局地的である特定外来生物のまん延の防止及び生物の多様性の確保上重要と認められる地域における特定外来生物による生態系に係る被害の防止のために必要な措置を講ずるものとする**（同条2項）。

国は，特定外来生物による生態系等に係る被害の防止のため，地方公共団体の施策の支援及び事業者，国民又はこれらの者の組織する民間の団体による活動の促進に必要な措置を講ずるものとする（同条3項）。

② 地方公共団体の責務
都道府県は，当該都道府県の区域における特定外来生物による生態系等に係る被害の発生の状況及び動向その他の実情を踏まえ，**我が国における定着が既に確認されている特定外来生物による生態系等に係る被害の防止のために必要な措置を講ずるものとする**（特定外来生物法2条の3第1項）。

国と都道府県とでは，措置を講じる対象が異なる。国の対象は，①定着が確認されていない又は分布が局地的である特定外来生物及び②生物の多様性の確保上重要と認められる地域における特定外来生物であるのに対して，都道府県の対象は，定着が既に確認されている特定外来生物である。

市町村（特別区を含む。以下同じ。）は，当該市町村の区域における特定外来生物による生態系等に係る被害の発生の状況及び動向その他の実情を踏まえ，都道府県の施策に準じて，**我が国における定着が既に確認されている特定外来生物による生態系等に係る被害の防止のために必要な措置を講ずるよう努めるものとする**（同条2項）。

国及び都道府県は措置を講ずる義務を負っているが，市町村は努力義務を負うにとどまっている。

③ 事業者及び国民の責務
事業者及び国民は，外来生物に関する知識と理解を深め，外来生物を適切に取り扱うよう努めるとともに，国及び地方公共団体が実施する特定外来生物に

よる生態系等に係る被害の防止に関する施策に協力するものとする（特定外来生物法2条の4第1項）。

物品の輸入，輸送又は保管を他人に請け負わせる者は，当該者から物品の輸入，輸送又は保管を請け負った事業者がこの法律及びこの法律に基づく命令を遵守して事業を遂行することができるよう，必要な配慮をするものとする（同条2項）。

④ 関係者の協力

国，都道府県，市町村，事業者，民間団体その他の関係者は，特定外来生物による生態系等に係る被害を防止するため，相互に連携を図りながら協力するよう努めるものとする（特定外来生物法2条の5）。

(4) 特定外来生物の取扱いに関する規制

① 飼養等の禁止

特定外来生物は，飼養等をしてはならない。ただし，次に掲げる場合は，この限りでない（特定外来生物法4条）。

一　次条第1項の許可を受けてその許可に係る飼養等をする場合
二　次章の規定による防除に係る捕獲等その他主務省令で定めるやむを得ない事由がある場合[165]

なおアカミミガメ及びアメリカザリガニについては，その飼養等を業として行う者のする飼養等が当該生物の個体（当該生物の個体を商業的目的で繁殖させる場合にあっては，生きていないもの及びその加工品を含む。）の**販売又は頒布をする目的以外の目的で，当該生物の種類ごとに主務大臣が定める方法によりなされる飼養等である場合**（法第5条第1項の許可を受けた者が輸入又は購入をした当該生物の個体について飼養等をする場合を除く。）には，**当分の間，法第4条の規定は，適用しない**（特定外来生物法施行令附則2条1項）。同項に規定する者以外の者のする飼養等についても同様である（同条2項）。これらの動物（通称「条件付特定外来生物」）は飼育者が多いため，通常の特定外来生物の指定をするとこれらの動物が飼育者により野外に放出され，かえって生態系が害される危険があることから，特定外来生物法を一部適用しないこととした（特定外来生物法附則15条1項）。

---

[165] 省令では，防除に伴う飼養等，農林水産省又は環境省の職員におる法に係る業務に伴う飼養等などが定められている（特定外来生物法施行規則2条）。

② 飼養等の許可

学術研究の目的その他主務省令で定める目的[166]で特定外来生物の飼養等をしようとする者は，主務大臣の許可を受けなければならない（特定外来生物法5条1項）。

主務大臣は，農林水産業に係る被害の防止に係る事項については環境大臣及び農林水産大臣，それ以外は環境大臣である（同法29条1項）。

③ 輸入の禁止

特定外来生物は，輸入してはならない。ただし，第5条第1項の許可を受けた者がその許可に係る特定外来生物の輸入をする場合は，この限りでない（特定外来生物法7条）。

④ 譲渡し等の禁止

特定外来生物は，譲渡し若しくは譲受け又は引渡し若しくは引取り（以下「譲渡し等」という。）をしてはならない。ただし，第4条第1号に該当して飼養等をし，又はしようとする者の間においてその飼養等に係る特定外来生物の譲渡し等をする場合その他の主務省令で定める場合[167]は，この限りでない（特定外来生物法8条）。

---

[166] 省令では，以下の目的が定められている（特定外来生物法施行規則3条）。
　一　博物館，動物園その他これに類する施設における展示
　二　教育
　三　生業の維持
　四　特定外来生物の指定の際現に国内において飼養等をしている当該特定外来生物に係る愛玩又は観賞（当該特定外来生物を相続により取得した場合を含む。）
　五　国内において愛玩又は観賞の目的で特定外来生物の指定後に飼養等を開始した当該特定外来生物（施行令附則第2条第1項の表の種名の欄に掲げる種に属する生物の個体に限る。）を，海外に持ち出し，その後輸入して愛玩又は観賞する目的
　六　特定外来生物の指定の際現に海外において愛玩又は観賞の目的で飼養等をしている当該特定外来生物（施行令附則第2条第1項の表の種名の欄に掲げる種に属する生物の個体に限る。）を輸入して愛玩又は観賞する目的
　七　前各号に掲げるもののほか，特定外来生物による生態系等に係る被害の防止その他公益上の必要があると認められる目的
[167] 省令では，法第4条第1号に該当して飼養等をし，又はしようとする者の間においてその飼養等に係る特定外来生物の譲渡し等をする場合，法第4条第1号に該当して飼養等をし，又はしようとする者と同条第2号に該当して飼養等をし，又はしようとする者の間においてその飼養等に係る特定外来生物の譲渡し等をする場合等が定められている（特定外来生物法施行規則11条）。

⑤ 放出等の禁止

　飼養等，輸入又は譲渡し等に係る特定外来生物は，当該特定外来生物に係る特定飼養等施設の外で放出，植栽又はは種（以下「放出等」という。）をしてはならない。ただし，次に掲げる場合は，この限りでない（特定外来生物法9条）。
一　次条第1項の許可を受けてその許可に係る放出等をする場合
二　次章の規定による防除に係る放出等をする場合

　次章の規定による防除の推進に資する学術研究の目的で特定外来生物の放出等をしようとする者は，主務大臣の許可を受けなければならない（同法9条の2第1項）。

⑥ 措置命令等

　主務大臣は，特定外来生物による生態系等に係る被害の防止のため必要があると認めるときは，飼養等の禁止等の本法の規定に違反した者に対して，その防止のため必要な限度において，当該特定外来生物の飼養等の中止，当該特定外来生物に係る飼養等の方法の改善，放出等をした当該特定外来生物の回収その他の必要な措置を執るべきことを命ずることができる（特定外来生物法9条の3第1項）。

　主務大臣は，飼養等の許可を受けた者が本法に違反した場合において，特定外来生物による生態系等に係る被害が生じ，又は生じるおそれがあると認めるときは，その許可を取り消すことができる（同条2項）。

⑦ 報告徴収及び立入検査

　主務大臣は，この法律の施行に必要な限度において，第5条第1項又は第9条の2第1項の許可を受けている者に対し，特定外来生物の取扱いの状況その他必要な事項について報告を求めることができる（特定外来生物法10条1項）。

　主務大臣は，この法律の施行に必要な限度において，その職員に，特定外来生物の飼養等に係る施設又は放出等に係る区域に立ち入り，特定外来生物，書類その他の物件を検査させ，又は関係者に質問させることができる（同条2項）。

(5) 特定外来生物の防除

① 防除の原則

　特定外来生物法第3章の規定による防除を行う者は，この法律，鳥獣の保護及び管理並びに狩猟の適正化に関する法律（以下，鳥獣保護法）その他の法令の規定を遵守するとともに，住民の安全及び生物の多様性の確保のため適切な

方法により防除を行わなければならない（特定外来生物法10条の２）。

　令和４年の法改正により従来都道府県が防除を行うためには必要であった主務大臣の確認が不要になったこと等から，あらゆる主体に対して防除における法令遵守を求める本規定が新設された。

② 主務大臣等による防除
ア　主務大臣等による防除

主務大臣及び国の関係行政機関の長（以下「主務大臣等」という。）は，次に掲げる場合において，この節の規定により，防除を行うものとする（特定外来生物法11条１項）。

一　我が国における定着が確認されていない特定外来生物による生態系等に係る被害の発生を防止する必要があるとき。
二　我が国における分布が局地的である特定外来生物のまん延を防止する必要があるとき。
三　生物の多様性の確保上重要と認められる地域における特定外来生物による生態系に係る被害の発生を防止する必要があるとき。
四　前３号に掲げる場合のほか，主務大臣等が特定外来生物による生態系等に係る被害の発生又は特定外来生物のまん延を防止するため特に必要があると認めるとき。

イ　鳥獣保護法に関する特例

　主務大臣等（防除の一部を行う地方公共団体を含む。）が行う同条第１項の規定による防除に係る特定外来生物の捕獲等については，鳥獣保護法第３章（第15条を除く。）［鳥獣の捕獲禁止等の鳥獣保護管理事業の実施］，第４章（第35条，第36条及び第38条を除く。）［狩猟免許等の狩猟の適正化］及び第５章［報告徴収及び立入検査等の雑則］の規定は適用しないものとし，同法第15条［鉛製散弾等の指定猟法禁止区域の指定］，第35条［銃猟等の特定猟具使用禁止区域等の指定］，第36条［爆発物の飼養等の危険猟法の禁止］及び第38条［銃猟の制限］の規定は，特定外来生物の種類ごとに当該捕獲等を行う区域の状況その他の事情を勘案して適正な方法により防除を行うことができると認められる場合として主務大臣が定める場合を除き，適用する（特定外来生物法12条）。

　令和４年改正前の特定外来生物法では，防除に係る特定外来生物の捕獲等については鳥獣保護法の適用が全面的に排除されていた（改正前12条）。しかし**指定猟法禁止区域の指定等は，猟具の使用による危険を予防するための重要な規**

制であることから，令和4年の法改正により防除についても原則として適用することとした。

　ウ　土地への立入り等

　主務大臣等（防除の一部を行う地方公共団体の長を含む。以下この条において同じ。）は，特定外来生物の生息若しくは生育の状況又は特定外来生物による生態系等に係る被害の状況に関する情報その他特定外来生物の防除の必要性の判断又は当該防除の実施に必要となる情報（当該地方公共団体の長にあっては，当該地方公共団体が行う第11条第1項の規定による防除に関するものに限る。）を収集するための調査に必要な限度において，その職員又はその委任した者に，他人の土地又は水面に立ち入り，調査を行わせることができる（特定外来生物法13条1項）。

　主務大臣等は，第11条第1項の規定による防除に必要な限度において，その職員に，他人の土地若しくは水面に立ち入り，特定外来生物の捕獲等若しくは放出等をさせ，又は当該特定外来生物の捕獲等の支障となる立木竹を伐採させることができる（同条2項）。

③　地方公共団体による防除

　ア　都道府県による防除

　都道府県は，次に掲げる場合において，特定外来生物法第3章第3節の規定により，単独で又は共同して，防除を行うものとする（特定外来生物法17条の2第1項）。

一　我が国における定着が既に確認されている特定外来生物による生態系等に係る被害が生じ，又は生じるおそれがある場合において，当該特定外来生物による生態系等に係る被害の状況その他の事情を勘案して特定外来生物の防除を行う必要があると認めるとき。

二　前号に掲げる場合のほか，特定外来生物による生態系等に係る被害の発生を防止するため必要があると認めるとき。

　都道府県は，前項の規定による防除をするには，単独で又は共同して，次に掲げる事項を定め，主務省令で定めるところにより，遅滞なく，これを公示するとともに，主務大臣に通知しなければならない。これを変更したときも，同様とする（同条第2項）。

一　第11条第2項第1号から第3号までに掲げる事項

二　防除の一部を当該都道府県の区域内の市町村が行うときは，当該市町村の

名称

三　前2号に掲げるもののほか，主務省令で定める事項

　令和4年改正前は，地方公共団体が防除を行うためには，主務大臣の確認を受ける必要があった（旧法18条1項）。しかし都道府県がその責務を果たすために迅速に防除を行えるようにするため，法改正により防除を行うために主務大臣の確認を得る必要がなくなり，主務大臣に通知すればよいこととなった。

　　イ　鳥獣保護法に関する特例等

　第12条［鳥獣保護法に関する特例］，第16条［防除費用の原因者負担］及び前条［負担金の徴収方法］の規定は，都道府県（第2項第2号に規定する市町村を含む。）が行う**第1項の規定による防除**について準用する。この場合において，第16条中「国」とあるのは「都道府県」と，前条第1項から第4項までの規定中「主務大臣等」とあるのは「都道府県知事」と読み替えるものとする（特定外来生物法17条の2第5項）。

　　ウ　土地への立入り等

　都道府県知事（防除の一部を行う市町村の長を含む。次項において同じ。）は，特定外来生物の生息若しくは生育の状況又は特定外来生物による生態系等に係る被害の状況に関する情報その他特定外来生物の防除の必要性の判断又は当該防除の実施に必要となる情報（当該市町村の長にあっては，当該市町村が行う同条第1項の規定による防除に関するものに限る。）を収集するための調査に必要な限度において，その職員又はその委任した者に，他人の土地又は水面に立ち入り，調査を行わせることができる（特定外来生物法17条の3第1項）。

　都道府県知事は，前条第1項の規定による防除に必要な限度において，その職員に，他人の土地若しくは水面に立ち入り，特定外来生物の捕獲等若しくは放出等をさせ，又は当該特定外来生物の捕獲等の支障となる立木竹を伐採させることができる（同条2項）。

　④　市町村による防除

　　ア　市町村による防除

　市町村は，その行う特定外来生物の防除であって防除の実施体制及び方法その他の防除の内容について主務省令で定める基準に適合するものについて，単独で又は共同して，主務省令で定めるところにより，主務大臣のその旨の確認を受けることができる（特定外来生物法17条の4第1項）。

イ 鳥獣保護法に関する特例

　第12条〔鳥獣保護法に関する特例〕，第16条〔防除費用の原因者負担〕及び第17条〔負担金の徴収方法〕の規定は，市町村が行う第1項の確認を受けた防除について準用する。この場合において，第16条中「国」とあるのは「市町村」と，第17条第1項から第4項までの規定中「主務大臣等」とあるのは「市町村の長」と読み替えるものとする（特定外来生物法17条の4第4項）。

ウ 土地への立入り等

　市町村の長は，特定外来生物の生息若しくは生育の状況又は特定外来生物による生態系等に係る被害の状況に関する情報その他防除の必要性の判断又は前条第一項の確認を受けた防除の実施に必要となる情報を収集するための調査に必要な限度において，その職員又はその委任した者に，他人の土地又は水面に立ち入り，調査を行わせることができる（特定外来生物法17条の5第1項）。

　市町村の長は，前条第1項の確認を受けた防除に必要な限度において，その職員に，他人の土地若しくは水面に立ち入り，特定外来生物の捕獲等若しくは放出等をさせ，又は当該特定外来生物の捕獲等の支障となる立木竹を伐採させることができる（同条第2項）。

⑤ 国及び地方公共団体以外の者による防除

　国及び地方公共団体以外の者は，その行う特定外来生物の防除について，主務省令で定めるところにより，その者が適正かつ確実に実施することができ，及び第17条の4第1項の主務省令で定める基準に適合している旨の主務大臣の認定を受けることができる（特定外来生物法18条1項）。

　第12条〔鳥獣保護法に関する特例〕の規定は，国及び地方公共団体以外の者が行う第1項の認定を受けた防除について準用する（同条4項）。

　国及び地方公共団体以外の者による防除において，土地への立入り等は認められていない。

(6) 輸入品等の検査等

　主務大臣は，特定外来生物又は未判定外来生物[168]が付着し，又は混入して

---

(168) 未判定外来生物とは，在来生物とその性質が異なることにより生態系等に係る被害を及ぼすおそれがあるものである疑いのある外来生物として主務省令で定めるもの（生きているものに限る。）をいう（特定外来生物法21条）。具体的にはオポッサム属，オオミミハリネズミ属，タイワンザルがニホンザルと交雑することにより生じた生物及びアカゲザルがニホンザルと交雑することにより生じた生物以外のマカカ属内において

いるおそれがある輸入品又はその容器包装（当該輸入品につき関税法第67条の規定による輸入の許可を受ける前のものに限る。以下この条において「輸入品等」という。）があると認めるときは，その職員に，当該輸入品等の所在する土地又は施設（車両，船舶，航空機その他の移動施設を含む。以下この条及び次章において同じ。）に立ち入り，当該輸入品等若しくは当該輸入品等の所在する土地若しくは施設を検査させ，関係者に質問させ，又は検査のために必要な最小量に限り，当該輸入品等を無償で集取させることができる（特定外来生物法24条の2第1項）。

主務大臣は，前項の規定による検査の対象となる輸入品等又は施設（移動施設に限る。）に要緊急対処特定外来生物の疑いがある生物が存在し，付着し，又は混入しているときは，当該輸入品等又は当該施設を所有し，又は管理する者に対し，当該輸入品等又は当該施設の移動を制限し，又は禁止することを命ずることができる（同条2項）。

令和4年の法改正により，要緊急対処特定外来生物の疑いがある生物が付着している輸入品について，移動を制限することができるようになった。

第1項の規定による検査又はこれに相当すると認められるものとして主務大臣が定める検査の結果，輸入品等又は当該輸入品等の所在する土地若しくは施設に特定外来生物又は未判定外来生物が存在し，付着し，又は混入しているときは，主務大臣は，当該輸入品等，当該土地若しくは当該施設を消毒し，若しくは当該輸入品等若しくは当該施設を廃棄し，又は当該輸入品等，当該土地若しくは当該施設を所有し，若しくは管理する者に対して当該輸入品等，当該土地若しくは当該施設を消毒し，若しくは当該輸入品等若しくは当該施設を廃棄すべきことを命ずることができる（同条3項）。

(7) 要緊急対処特定外来生物

① 要緊急対処特定外来生物に対する検査等

主務大臣は，要緊急対処特定外来生物が物品若しくはその容器包装（以下この章において「物品等」という。）又は土地若しくは施設に存在し，付着し，又は混入している蓋然性が高いと認めるときは，その確認のために必要と認められる限度において，その職員に，当該土地又は当該施設に立ち入り，当該物品

交雑することにより生じた生物等である（特定外来生物法施行規則28条，別表第1・第2）。

等，当該土地若しくは当該施設を検査させ，関係者に質問させ，又は検査のために必要な最小量に限り，当該物品等を無償で集取させることができる（特定外来生物法24条の5第1項）。

　主務大臣は，前項の規定による検査の対象となる物品等又は施設（移動施設に限る。）に要緊急対処特定外来生物の疑いがある生物が存在し，付着し，又は混入しているときは，当該物品等又は当該施設を所有し，又は管理する者に対し，当該物品等又は当該施設の移動を制限し，又は禁止することを命ずることができる（同条2項）。

　第1項の規定による検査又はこれに相当すると認められるものとして主務大臣が定める検査の結果，物品等，土地又は施設に要緊急対処特定外来生物が存在し，付着し，又は混入しているときは，主務大臣は，当該物品等，当該土地若しくは当該施設を消毒し，若しくは当該物品等若しくは当該施設を廃棄し，又は当該物品等，当該土地若しくは当該施設を所有し，若しくは管理する者に対して当該物品等，当該土地若しくは当該施設を消毒し，若しくは当該物品等若しくは当該施設を廃棄すべきことを命ずることができる（同条3項）。

　令和4年の法改正により，要緊急対処特定外来生物の拡散を防止するためにこれらの規定が新設された

② 報告徴収

　主務大臣は，要緊急対処特定外来生物による生態系等に係る被害の発生を防止するために必要があると認めるときは，当該要緊急対処特定外来生物が存在し，付着し，又は混入しているおそれのある物品等，土地又は施設を所有する者若しくは管理する者又は当該物品等の経由地において当該物品等を扱った事業者に対し，当該物品等，土地又は施設に存在し，付着し，又は混入している要緊急対処特定外来生物の疑いがある生物に関する事項その他必要な事項について報告を求めることができる（特定外来生物法24条の6）。

　令和4年の法改正により，要緊急対処特定外来生物の拡散を防止するためには情報収集が重要であることから，この規定が新設された

◆5 生物の多様性に関する条約のバイオセーフティに関するカルタヘナ議定書（カルタヘナ議定書）及び遺伝子組換え生物等の使用等の規制による生物の多様性の確保に関する法律（カルタヘナ法）

(1) カルタヘナ議定書

カルタヘナ議定書は，生物の多様性に関する条約に基づき，**遺伝子組換え生物等が生物多様性に悪影響を及ぼす可能性があることから，特に遺伝子組み換え生物等の国境を越える移動を規制することを目的として締結された。**

カルタヘナ議定書では，遺伝子組み換え生物等の国境を越える移動に関して，輸出国の輸入国に対する情報提供義務などの規制がなされている。

但しカルタヘナ議定書は人の医薬品には適用されない（5条）。

(2) カルタヘナ法

この法律は，カルタヘナ議定書及びカルタヘナ議定書の責任及び救済に関する名古屋・クアラルンプール補足議定書の的確かつ円滑な実施を確保し，もって人類の福祉に貢献するとともに現在及び将来の国民の健康で文化的な生活の確保に寄与することを目的とする（1条）。

この法律において「生物」とは，一の細胞（細胞群を構成しているものを除く。）又は細胞群であって核酸を移転し又は複製する能力を有するものとして**主務省令で定めるもの，ウイルス及びウイロイドをいう**（2条1項）。

主務省令で定めるものは，次に掲げるもの以外のものとされている（遺伝子組換え生物等の使用等の規制による生物の多様性の確保に関する法律施行規則1条）。

一 ヒトの細胞等
二 分化する能力を有する，又は分化した細胞等（個体及び配偶子を除く。）であって，自然条件において個体に成育しないもの

つまり**ヒトの細胞及び個体は，本法における生物に該当しない。また培養細胞や動植物の死体も本法における生物に該当しない。**

本法では国内における遺伝子組換え生物等の使用や遺伝子組み換え生物等の輸出に関する規制がなされている。

◆ 章 末 問 題 ◆

問1　「身体障害者補助犬法」に関する記述として正しいのはどれか。（第74回獣医師国家試験）

1. 身体障害者補助犬とは，盲導犬，聴導犬，てんかん予知犬のことを指す。
2. 身体障害者補助犬は公共交通機関において鉄道には同伴できるが，航空機には同伴できない。
3. 身体障害者補助犬は救急車や病院内には同伴できない。
4. 飲食を伴う施設には身体障害者補助犬を同伴できない。
5. 身体障害者補助犬を同伴して各施設を利用する場合は，同伴する補助犬に関する表示や書類，行動管理の義務がある。

問2　カルタヘナ議定書の目的はどれか。（第75回獣医師国家試験）

1. 放射性物質の拡散防止
2. 動物実験の制限
3. 毒物及び劇物の適正管理
4. 生物多様性の保全
5. 野生動物の保護

◇ 章末問題の解説 ◇

問1　正答　5

1．てんかん予知犬は身体障害者補助犬に含まれない。
2．航空機にも身体障害者補助犬を同伴できる。
3．救急車も国等が管理する施設に該当する（消防庁救急企画室「救急業務における身体障害者が利用する身体障害者補助犬の救急車への同伴について」令和元年5月17日事務連絡）ので，身体障害者補助犬を同伴できる。
4．飲食を伴う施設であっても不特定かつ多数の者が利用する施設であれば身体障害者補助犬を同伴できる。
5．身体障害者補助犬を同伴する身体障害者は，当該補助犬について表示義務，書類所持及び提示義務並びに行動管理義務を負う。

問2　正答　4

　　カルタヘナ議定書は，生物の多様性に関する条約に基づき，遺伝子組換え生物等が生物多様性に悪影響を及ぼす可能性があることから，特に遺伝子組み換え生物等の国境を越える移動を規制することを目的として締結された。

索　引

◆ あ　行 ◆

愛玩動物 ……………………………… 65
愛玩動物看護師 ……………………… 66
愛護動物 ……………………………… 297
一般廃棄物 …………………………… 339
一般法 ………………………………… 11
委任命令 ……………………………… 7
犬猫等販売業 ………………………… 273
医薬品 ………………………………… 119
医薬部外品 …………………………… 120
医療機器 ……………………………… 120
応招（召）義務 ……………………… 35
卸売販売業 …………………………… 137

◆ か　行 ◆

介助犬 ………………………………… 325
外来生物 ……………………………… 344
覚醒剤 ………………………………… 157
覚醒剤研究者 ………………………… 158
覚醒剤原料 …………………………… 158
覚醒剤原料研究者 …………………… 158
覚醒剤原料取扱者 …………………… 158
覚醒剤施用機関 ……………………… 157
学　説 ………………………………… 9
家畜伝染病 …………………………… 78
家畜伝染病病原体 …………………… 96
家畜防疫員 …………………………… 104
家畜防疫官 …………………………… 103
家庭動物等の飼養及び保管に関する基準 … 271
科　料 ………………………………… 18
監視伝染病 …………………………… 81
慣習法 ………………………………… 8
感染症 ………………………………… 232
感染性一般廃棄物 …………………… 339
感染性産業廃棄物 …………………… 340
患　畜 ………………………………… 79
危険猟法 ……………………………… 308
疑似患畜 ……………………………… 79
規　範 ………………………………… 3

狭義の飼育動物 ……………………… 28
狂犬病予防員 ………………………… 260
強行法規 ……………………………… 12
行政上の責任 ………………………… 13
行政庁 ………………………………… 13
行政法 ………………………………… 19
許　可 ………………………………… 133
緊急指定種 …………………………… 311
Good Clinical Practice ……………… 130
Good Laboratory Practice …………… 129
刑事上の責任 ………………………… 13
劇　物 ………………………………… 161
劇　薬 ………………………………… 141
化粧品 ………………………………… 120
憲　法 ………………………………… 6
広義の飼育動物 ……………………… 28
拘禁刑 ………………………………… 18
広　告 ………………………………… 60
厚生科学審議会 ……………………… 193
向精神薬取扱者 ……………………… 153
公　法 ………………………………… 10
後法は前法を破る …………………… 8
後法優位の原則 ……………………… 8
拘　留 ………………………………… 18
国際希少野生動植物種 ……………… 310
国内希少野生動植物種 ……………… 310
コーデックス委員会 ………………… 198

◆ さ　行 ◆

再生医療等製品 ……………………… 121
在来生物 ……………………………… 344
産業動物の飼養及び保管に関する基準 … 271
産業廃棄物 …………………………… 339
死　刑 ………………………………… 18
事実上の法源 ………………………… 5
実験動物の飼養及び保管並びに苦痛の軽減に
　関する基準 ………………………… 271
執行命令 ……………………………… 7
実体法 ………………………………… 11
指定医薬品 …………………………… 137
指定検疫物 …………………………… 92

索　引

指定動物 ………………………………… 238
指定薬物 ………………………………… 142
指定猟法禁止区域 ……………………… 305
私　法 …………………………………… 10
獣医師名簿 ……………………………… 32
獣医療契約 ……………………………… 14
狩猟者登録 ……………………………… 309
狩猟鳥獣 ………………………………… 302
狩猟免許 ………………………………… 309
準委任契約 ……………………………… 14
飼養衛生管理基準 ……………………… 83
条件付特定外来生物 …………………… 346
承　認 …………………………………… 135
条　約 …………………………………… 6
条　理 …………………………………… 9
省　令 …………………………………… 7
条　例 …………………………………… 7
食　鳥 …………………………………… 219
食鳥検査 ………………………………… 221
食鳥処理場 ……………………………… 219
食　品 …………………………………… 189
食品衛生 ………………………………… 190
食品衛生監視員 ………………………… 207
食品衛生管理者 ………………………… 206
食品衛生基準審議会 …………………… 193
食品，添加物等の規格基準 …………… 199
食品等事業者 …………………………… 188
侵害留保説 ……………………………… 20
新疾病 …………………………………… 82
身体障害者補助犬 ……………………… 325
制定法 …………………………………… 6
制度上の法源 …………………………… 5
生物由来製品 …………………………… 122
成文法 …………………………………… 10
政　令 …………………………………… 7
善良な管理者の注意 …………………… 15

◆た　行◆

第1種社会福祉事業 …………………… 327
第1種動物取扱業 ……………………… 272
体外診断用医薬品 ……………………… 122
第2種社会福祉事業 …………………… 327
第2種動物取扱業 ……………………… 272
鳥　獣 …………………………………… 302
鳥獣保護区 ……………………………… 308
聴導犬 …………………………………… 326
適正製造管理基準 ……………………… 205

手続法 …………………………………… 12
添　加 …………………………………… 190
展示動物の飼養及び保管に関する基準 … 271
店舗販売業 ……………………………… 137
道　徳 …………………………………… 5
動物愛護管理センター ………………… 290
動物愛護管理担当職員 ………………… 290
動物愛護週間 …………………………… 269
動物愛護推進員 ………………………… 291
動物取扱責任者 ………………………… 278
動物用一般医療機器 …………………… 121
動物用医薬品特例店舗販売業 ………… 140
動物用管理医療機器 …………………… 121
動物用高度管理医療機器 ……………… 121
登　録 …………………………………… 133
登録販売者 ……………………………… 138
特定外来生物 …………………………… 344
特定家畜伝染病 ………………………… 79
特定生物由来製品 ……………………… 122
特定第1種国内希少野生動植物種 …… 310
特定第2種国内希少野生動植物種 …… 310
特定動物 ………………………………… 284
特定販売 ………………………………… 140
特定病原体等 …………………………… 242
特定猟具使用禁止区域等 ……………… 308
毒　物 …………………………………… 161
特別管理一般廃棄物 …………………… 339
特別管理産業廃棄物 …………………… 340
特別法 …………………………………… 11
特別法は一般法を破る ………………… 8
特別法優位の原則 ……………………… 8
特別保護地区 …………………………… 308
毒　薬 …………………………………… 141
と畜業者 ………………………………… 212
と畜検査 ………………………………… 216
と畜検査員 ……………………………… 218
と畜場 …………………………………… 212
届　出 …………………………………… 135
届出伝染病 ……………………………… 81

◆な　行◆

乳及び乳製品の成分規格等に関する命令 … 199
任意法規 ………………………………… 13
認　証 …………………………………… 135

360

索　引

◆ は 行 ◆

廃棄物 …………………………………… 339
廃棄物処理法に基づく感染性廃棄物処理マニュアル ……………………………………… 342
配置販売業 ……………………………… 137
HACCP …………………………………… 197
　――に基づく衛生管理基準 …………… 201
　――の考え方を取り入れた衛生管理 … 201
罰　金 ……………………………………… 18
販売禁止鳥獣等 ………………………… 305
判　例 ………………………………………… 9
不文法 ……………………………………… 10
法 …………………………………………… 4
法　源 ……………………………………… 5
法定猟法 ………………………………… 303
法　律 ……………………………………… 6
　――による行政の原理 ………………… 19
　――の法規創造力の原則 ……………… 19
　――の優位の原則 ……………………… 20
　――の留保の原則 ……………………… 20
ポジティブ・リスト制度 ……………… 200
没　収 ……………………………………… 18

◆ ま 行 ◆

マイクロチップ ………………………… 292
麻薬管理者 ……………………………… 152
麻薬業務所 ……………………………… 152
麻薬研究者 ……………………………… 152
麻薬施用者 ……………………………… 152
麻薬診療施設 …………………………… 152
麻薬取扱者 ……………………………… 152
未判定外来生物 ………………………… 352
民事上の責任 ……………………………… 13
命　令 ………………………………………… 7
盲導犬 …………………………………… 325

◆ や 行 ◆

薬　局 …………………………………… 122
要緊急対処特定外来生物 ……………… 344
要指示医薬品 …………………………… 138

◆ ら 行 ◆

臨床研修 …………………………………… 33

361

〈著者紹介〉

渡邉 剛央（わたなべ・たけひさ）

1994年　一橋大学法学部卒業
2003年　一橋大学大学院法学研究科博士後期課程単位取得満期退学
2014年　関東学園大学経済学部准教授
2018年　岡山理科大学獣医学部准教授
2023年　同教授（現在に至る）

〈主要著作〉

「獣医師の説明義務違反に関する裁判例についての法的考察：獣医療におけるインフォームド・コンセントに関する予備的研究」『岡山理科大学紀要』B（人文・社会科学），59号（2024年）

「自然災害に対する教員の情報収集義務の分類および各類型において求められる具体的態様──学校運営協議会を核とした学校防災・減災対策の提案」『日本義務教育学会紀要』6号（2023年）［共著］

「『忘れられる権利』に関するEU法の域外適用」『国際法外交雑誌』117巻4号（2019年）

獣医事法規

2025（令和7）年3月30日　第1版第1刷発行

著　者　渡　邉　剛　央
発行者　今井　貴　今井　守
発行所　株式会社　信山社
〒113-0033 東京都文京区本郷 6-2-9-102
Tel 03-3818-1019　Fax 03-3818-0344
info@shinzansha.co.jp
出版契約 2025-5089-01010 Printed in Japan

Ⓒ 渡邉剛央, 2025. 印刷・製本／藤原印刷・渋谷文泉閣
ISBN978-4-7972-5089-3 C3332 分類480.000-a001獣医事法
5089-0101：012-050-010 p.386《禁無断複写》

JCOPY　〈(社)出版者著作権管理機構　委託出版物〉
本書の無断複写は著作権法上での例外を除き禁じられています。複写される場合は、そのつど事前に、(社)出版者著作権管理機構（電話03-5244-5088, FAX03-5244-5089, e-mail:info@jcopy.or.jp）の許諾を得てください。

（ はじめての法律の学習に最適の六法・本 ）

法学六法

池田真朗・宮島司・安冨潔・三上威彦
三木浩一・小山剛・北澤安紀 編集代表

入門段階の学生、授業で人気の六法。どこでも使える薄型・軽量六法。かばんに入れて日々の持ち運びにも利便。

法を学ぼう

三上威彦編著
横大道聡・金尾悠香・荒木泰貴・金安妮

これから法律を学ぼうとする方々に最適のテキスト。第Ⅰ部で法の基礎知識を学び、第Ⅱ部で六法を中心に、各法律について解説する。

嫌いにならない法学入門（第3版）

村中洋介・川島翔・奥忠憲・前田太朗・竹村壮太郎
色川豪一・山科麻衣・宮下摩維子・岡﨑頌平・若生直志
金﨑剛志・釼持麻衣・永島史弥　著

学校生活、就職、日常（買い物、食事など）、事故等、法に関わる社会生活上のルールや「法」の基本を学ぶ。初学者や高校生にも、これならわかる！法学への誘い。法改正や最新判例を盛り込み益々充実の第3版。

信山社